Martin Löffler-Mang

Optische Sensorik

**Fertigungsmesstechnik**
von W. Dutschke und C. P. Keferstein

**Praxiswissen Schweißtechnik**
von H. J. Fahrenwaldt und V. Schuler

**Spanlose Fertigung: Stanzen**
von W. Hellwig

**Coil Coating**
von B. Meuthen und A.-S. Jandel

**Zerspantechnik**
von E. Paucksch, S. Holsten, M. Linß und F. Tikal

**Praxis der Zerspantechnik**
von H. Tschätsch

**Einführung in die Fertigungstechnik**
von E. Westkämper und H.-J. Warnecke

**Aufgabensammlung Fertigungstechnik**
von U. Wojahn

**www.viewegteubner.de**

Martin Löffler-Mang

# Optische Sensorik

Lasertechnik, Experimente, Light Barriers

STUDIUM

VIEWEG+
TEUBNER

Bibliografische Information der Deutschen Nationalbibliothek
Die Deutsche Nationalbibliothek verzeichnet diese Publikation in der
Deutschen Nationalbibliografie; detaillierte bibliografische Daten sind im Internet über
<http://dnb.d-nb.de> abrufbar.

**Martin Löffler-Mang** ist Professor an der HTW des Saarlandes in Saarbrücken im Studiengang Mecha-
tronik/Sensortechnik. Seine Arbeitsschwerpunkte liegen u. a. auf dem Gebiet der optischen Sensorik,
Partikel- und Lasermesstechnik.

1. Auflage 2012

Alle Rechte vorbehalten
© Vieweg+Teubner Verlag | Springer Fachmedien Wiesbaden GmbH 2012

Lektorat: Thomas Zipsner | Ellen Klabunde

Vieweg+Teubner Verlag ist eine Marke von Springer Fachmedien.
Springer Fachmedien ist Teil der Fachverlagsgruppe Springer Science+Business Media.
www.viewegteubner.de

Umschlaggestaltung: KünkelLopka Medienentwicklung, Heidelberg
Satz: Fromm Media Design, Selters/Ts.
Druck und buchbinderische Verarbeitung: AZ Druck und Datentechnik, Berlin
Gedruckt auf säurefreiem und chlorfrei gebleichtem Papier
Printed in Germany

ISBN 978-3-8348-1449-4

# Prolog

Licht ist unglaublich schnell und stört in aller Regel ein untersuchtes System nicht. Auch aus diesen Gründen erfreuen sich optische Sensoren immer größerer Beliebtheit. Gut 400 Jahre nach den ersten Fernrohren und 50 Jahre nach dem ersten Laser wird das 21. Jahrhundert auch als das Jahrhundert des Lichts und der optischen Sensoren bezeichnet. Das vorliegende Buch möchte einen kleinen Beitrag zu dieser aus meiner Sicht erfreulichen Entwicklung leisten.

Entstanden ist das Buch auf der Basis eines Manuskripts für eine vierstündige Lehrveranstaltung für Studierende der Mechatronik/Sensortechnik im fünften Semester an der Hochschule für Technik und Wirtschaft des Saarlands. Ergänzt wurde es um einige Grundlagen aus der Geometrischen Optik, sowie aus der Wellenoptik und aus der Laseroptik.

In Teil I (Kapitel 1 bis 7) werden diese Grundlagen behandelt, wobei immer wieder auch Wert gelegt wird auf den modellhaften Charakter physikalischer Beschreibungen. Teil I wird abgerundet durch zwei Kapitel (8 und 9), in denen einerseits Abbildungsfehler und Auflösungsvermögen von optischen Systemen behandelt werden, andererseits die häufig vernachlässigte Photometrie kurz eingeführt wird.

Teil II behandelt einzelne optische Elemente, aus denen optische Sensoren meist zusammengesetzt sind. Zunächst sind das verschiedene Lichtquellen (Kapitel 10 bis 12), wobei ein Schwerpunkt auf einer Einführung zur Laserphysik liegt. An dieser Stelle finden sich auch zwei Unterkapitel von Spezialisten zum aktuellen Stand in der Lasermaterialbearbeitung und in der Lasermedizintechnik. Dann folgen vier Kapitel zu Lichtdetektoren (13 bis 16) und schließlich zwei Kapitel (17 und 18) zu Lichtwellenleitern und ihrer Verbindungstechnik.

Als Abschluss werden in Teil III optische Systeme vorgestellt, die im Kern aus den vorher behandelten Elementen zusammengesetzt sind und natürlich teilweise meine Vorlieben widerspiegeln. Verschiedene Massenanwendungen optischer Sensorsysteme sind hier zu finden (Kapitel 19 bis 21), aber auch hochentwickelte Lasermesstechnik, die aus der modernen Forschung und Entwicklung nicht mehr wegzudenken ist (Kapitel 22 bis 24). Mit dem letzten Kapitel des Buchs (25) über Teleskope möchte ich etwas über den Tellerrand hinausblicken und versuchen, in mehrfacher Hinsicht den Horizont zu erweitern.

Wenn Sie bis zum dritten Teil des Buchs durchgehalten haben, werden Sie entdecken, dass die Kapitel 19 bis 21 zweisprachig verfasst sind. Auf der rechten Seite steht der Text in deutscher Sprache und links steht dazu eine Übersetzung ins Englische. Ursprünglich war es mein Wunsch, das ganze Buch zweisprachig zu gestalten. Das hätte aber den Zeitpunkt der Erscheinung deutlich verzögert und den Preis nicht unwesentlich erhöht. Deshalb wollen der Verlag und ich Ihre Reaktion, liebe Leserinnen und Leser, zu diesem deutsch/englischen Experiment abwarten, um dann bei positiver Resonanz hoffentlich ab der nächsten Auflage vollständig zweisprachig zu erscheinen.

## Verdankungen

Eine ganze Reihe Menschen hat auf die eine oder andere Weise zum Entstehen dieses Buchs beigetragen, weil es ohne kompetente Hilfe für mich kaum möglich gewesen wäre (trotzdem bin für alle inhaltlichen Fehler ich alleine verantwortlich!). Beginnen möchte ich mit meinem Dank bei Stefanie Aydin für die über 150 Skizzen und bei Sebastian Mang für eine Reihe von speziellen Fotos; des Weiteren bei Birgit Morche und Carmen Krämer für das Schreiben der Texte und Formeln sowie bei Markus Landry für Bilder, Fotos, Recherchen und vieles andere mehr.

Ein spezieller Dank geht an Thomas Zipsner vom Vieweg+Teubner Verlag für sein Vertrauen in dieses Buch und für seine Hilfe. Den Kollegen Jürgen Griebsch und Michael Möller möchte ich ganz herzlich danken für die zwei besonderen Kapitel, die sie beigesteuert haben. Und bei Hans Schillo und Ken Rotter bedanke ich mich für die Übersetzung der drei Kapitel im dritten Teil des Buchs.

Die Hochschule hat mir durch die Bewilligung eines Forschungssemesters überhaupt erst die Möglichkeit eröffnet, dieses Buch zu schreiben, der Fakultät und der Hochschulleitung Dank dafür. Ein besonderer Dank gebührt Magi und Jürg Joss, die mir während meines Forschungssemesters immer wieder Quartier gewährt haben, um in der für mich inspirierenden Umgebung des Centovalli die Rohfassung des Buchs zu Papier bringen zu können. Außerdem denke ich in diesem Zusammenhang besonders gerne an die kleine Abschlussfeier der Schreibarbeiten mit Lotti Ursa und Tonio Hernandez.

Zum Schluss möchte ich von ganzem Herzen meinen tiefen Dank an meine Frau Ulrike Mang sagen für Ihre Unterstützung meiner diversen Projekte, für geduldigstes Zuhören inklusive Problemlösen und überhaupt für den Rückhalt in allen Lebenslagen.

Bauen, Juli 2011

*Martin Löffler-Mang*

# Inhaltsverzeichnis

# Teil I: Grundlagen

# 1 Geometrische Optik

## 1.1 Wesen des Lichtes

Die Lehre vom Licht befasst sich mit Erscheinungen, die wir mit unseren Augen bzw. optischen Apparaturen wahrnehmen können. Es gibt eine lange Tradition und mehrere historische Umwälzungen im Verständnis optischer Phänomene. Die grundlegende Idee über das Wesen des Lichtes und seine Ausbreitung hat sich mehrfach gewandelt zwischen teilweise gegensätzlichen Auffassungen.

1672 entwickelte Newton die Idee von Lichtkorpuskeln (Lichtteilchen), die von Lichtquellen ausgesandt werden und sich geradlinig mit großer Geschwindigkeit ausbreiten. Eventuell über Reflexionen an Gegenständen gelangen sie in unser Auge und lösen dort einen Reiz aus.

Im 18. Jahrhundert erklärten Huygens, Young und Fresnel die optischen Phänomene (vor allem Beugung und Interferenz) mit einer der Korpuskeltheorie diametral entgegenstehenden Wellentheorie.

Mitte des 19. Jahrhunderts konnte Maxwell durch theoretische Überlegungen zeigen, dass Licht eine elektromagnetische Welle ist. Die Gesetze der Optik ließen sich aus den vier Maxwell-Gleichungen beweisen. Die Optik schien dadurch zu einem Unterkapitel der Elektrodynamik geworden zu sein (siehe auch Kapitel 2.1).

Das Übertragungsmedium für Licht war der postulierte „Weltäther". Damit war scheinbar alles klar, bis um die Wende zum 20. Jahrhundert Experimente bekannt wurden, die mit der Wellenvorstellung überhaupt nicht verstanden werden konnten, z. B. der Photoeffekt (siehe Bild 1-1).

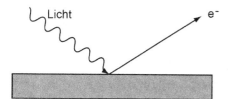

**Bild 1-1**
Beim Photoeffekt werden Elektronen durch Photonen aus einer Metallplatte herausgelöst

Dabei trifft Licht auf Materie und löst Elektronen heraus. Planck und Einstein konnten diese experimentellen Befunde 1905 mit der Wiedereinführung von Energiequanten deuten, die dem Licht erneut Teilchencharakter gaben.

Von Bohr, Heisenberg und anderen wurde dann in der ersten Hälfte des 20. Jahrhunderts eine umfangreiche Theorie formuliert, die gleichzeitig Wellen- und Teilcheneigenschaften des Lichtes zulässt und beschreibt (Welle – Teilchen – Dualismus in der Quantenphysik). Je nach Versuch oder Erscheinung treten unterschiedliche Aspekte der gemeinsamen Theorie in den Vordergrund.

Aber damit nicht genug, hatten Michelson und Morley 1881 den experimentellen Nachweis erbracht, dass ein Weltäther *nicht* existiert. Verwirrendes Ergebnis war, dass Licht sich immer mit $c \approx 3 \cdot 10^8$ m/s ausbreitet, egal ob und wie schnell man sich relativ zur Quelle oder zum Lichtstrahl bewegt! Dieser Widerspruch zur klassischen Mechanik wurde von Einstein 1916 durch die Relativitätstheorie überwunden.

**Aktueller Kenntnisstand:**

1.   Die elektromagnetische Strahlung umfasst einen Bereich von ca. 20 Dekaden, von extrem kurzwelligen γ-Quanten mit $\lambda \approx 10^{-14}$ m über Röntgenstrahlung, UV, sichtbares Licht, IR, Mikrowellen bis zu Radiowellen mit $\lambda \approx 10^6$ m.
     Ein kleiner Bereich wird als optische Strahlung bezeichnet:

     100 nm $\leq \lambda \leq$ 1 mm (DIN 5031)

     sichtbar davon ist der Bereich von

     380 nm      bis    780 nm
     violett             dunkelrot

     Mit diesem Bereich werden wir uns in diesem Buch im Wesentlichen beschäftigen.

2.   Licht breitet sich in allen Bezugssystemen unabhängig von der Relativgeschwindigkeit mit der Geschwindigkeit $c \approx 3 \cdot 10^8$ m/s aus (im Vakuum).

3.   Licht hat Wellen- *und* Teilchencharakter: (i) Phänomene wie z. B. Beugung an Kanten und Interferenz an optischen Gittern lassen sich mit Welleneigenschaften erklären und berechnen. Für die Wellenausbreitung gilt $c = \lambda v$ (Wellenlänge $\lambda$, Frequenz $v$). (ii) Aber z. B. der Photoeffekt hat gezeigt, dass die Energie des Lichtes gequantelt ist, d. h., sie setzt sich aus kleinen Stücken zusammen. Ein Photon ist die kleinste Einheit der elektromagnetischen Strahlung (Quant), es trägt die Energie $E_{Ph} = hv$ mit $h = 6{,}63 \cdot 10^{-34}$ Js (Planck'sches Wirkungsquantum).

## 1.2  Reflexion an ebenen Flächen

In der geometrischen Optik wird die Ausbreitung des Lichtes durch Lichtstrahlen beschrieben. In homogenen Materialien breiten sich die Lichtstrahlen geradlinig aus. Es werden folgende Strahlformen unterschieden:

*   divergente Strahlen (von einem Punkt ausgehend)
*   konvergente Strahlen (auf einen Punkt zulaufend)
*   diffuse Strahlen (z. B. von rauer Oberfläche reflektiert)
*   parallel Strahlen (z. B. Laser oder von sehr weit entfernter Quelle ausgehend)

Der Zusammenhang zwischen Strahlen und Wellen ist offensichtlich, die Strahlen stehen immer senkrecht auf den Wellenfronten. Hierbei ist eine Wellenfront genau das, was man sich intuitiv bei dem Wort vorstellt: Die Verbindungslinie durch „zusammengehörende" Punkte einer Welle, also z. B. ein Wellenberg.

Trifft ein Lichtstrahl auf eine ebene Fläche, dann wird er daran mindestens teilweise reflektiert.

Bild 1-2 zeigt, dass einfallender Strahl, reflektierter Strahl und Lot in einer Ebene liegen, es gilt $\varepsilon = \varepsilon_r$ (Einfallswinkel = Ausfallswinkel). Wichtig hierbei ist – vor allem auch im Hinblick auf die folgenden Überlegungen zur Brechung – dass der Winkel immer zum Lot hin angegeben wird! Der Reflexionswinkel $\varepsilon_r$ ist für alle Wellenlängen gleich, d. h. es gibt keine Farbfehler bei der Abbildung durch Spiegel.

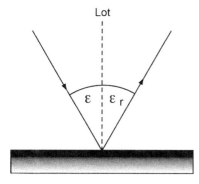

**Bild 1-2**
Einfallender Strahl, reflektierter Strahl und Lot liegen bei der Reflexion in einer Ebene; die Winkel werden zum Lot hin angegeben

Die Bildentstehung beim Spiegel wird mithilfe von Bild 1-3 erläutert.

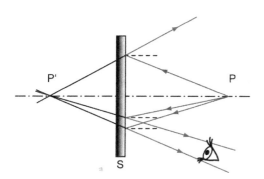

**Bild 1-3**
Strahlengang zur Bildentstehung am ebenen Spiegel

Das Licht geht vom Punkt P aus, für das Auge scheinen die reflektierten Strahlen vom virtuellen Bildpunkt P′ zu kommen.

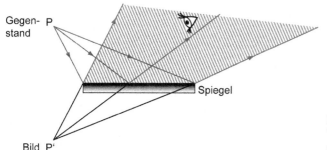

**Bild 1-4**
Wahrnehmungsbereich des Bilds am ebenen Spiegel

Dabei kann das Bild in Bild 1-4 überall im schraffierten Bereich wahrgenommen werden. Ein virtuelles Bild kann im Gegensatz zu einem reellen Bild, bei dem sich die Strahlen wirklich schneiden, nicht auf einem Schirm sichtbar gemacht werden.

*Beispiel:* Wie hoch muss ein senkrecht hängender Spiegel mindestens sein, damit eine Person von 1,80 m sich vollständig sehen kann? (Augenhöhe 1,7 m)

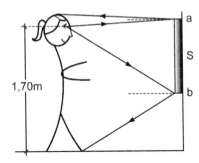

**Bild 1-5**
Skizze zur Bestimmung der Spiegelgröße

Aus Bild 1-5 ist zu erkennen, dass sich mit dem Reflexionsgesetz ergibt:

$$\text{Unterkante } b = \frac{170 \text{ cm}}{2} = 85 \text{ cm}$$

$$\text{Oberkante } a = 170 \text{ cm} + \frac{10 \text{ cm}}{2} = 175 \text{ cm}$$

Die Spiegelhöhe muss also mindestens 175 cm – 85 cm = 90 cm sein. Die Mindesthöhe ist die halbe Länge der Person, das Ergebnis hängt nicht vom Abstand der Person vom Spiegel ab (weiter weg gehen nutzt nichts).

## 1.3  Brechung

Trifft Licht auf die Grenzfläche zweier Medien (z. B. Luft und Glas), dann wird ein Teil des Lichts reflektiert, ein Teil tritt in das andere Medium ein. Die Ausbreitungsrichtung dieses transmittierten Strahls ändert sich dabei, er wird gebrochen (siehe Bild 1-6).

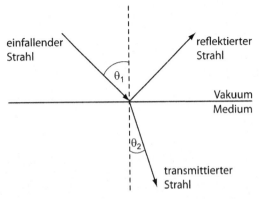

**Bild 1-6**  Einfallender Strahl, reflektierter Strahl, transmittierter Strahl und Lot liegen bei der Brechung in einer Ebene; die Winkel werden zum Lot hin angegeben

Ursache für die Richtungsänderung ist die geänderte Ausbreitungsgeschwindigkeit des Lichts im Medium. Im Vakuum beträgt die Lichtgeschwindigkeit $c_0 = 2{,}99 \cdot 10^8$ m/s, in allen anderen Medien breitet sich das Licht *langsamer* aus! Die Maßzahl für die Verringerung der Lichtgeschwindigkeit ist die Brechzahl $n$ (auch Brechungsindex genannt):

$$n = \frac{c_0}{c_{Medium}}$$                                                                          (1-1)

Das Medium mit der höheren Brechzahl heißt „optisch dichter". Die Brechzahl ist im Allgemeinen wellenlängenabhängig und materialspezifisch.

***Zahlenbeispiele*** für die Brechzahl $n$ mit $\lambda = 589$ nm bei 20 °C gegen Vakuum siehe in Tabelle 1-1.

**Tabelle 1-1**   Brechzahl verschiedener Medien für $\lambda = 589$ nm, 20 °C

| Material | $n$ | $c_{Medium}$ |
|---|---|---|
| Luft (1013 hPa) | 1,00027 | $2{,}99 \cdot 10^8$ m/s |
| Wasser | 1,33 | $2{,}25 \cdot 10^8$ m/s |
| Kronglas BK1 | 1,51 | $1{,}98 \cdot 10^8$ m/s |
| Flintglas F3 | 1,63 | $1{,}83 \cdot 10^8$ m/s |
| Diamant | 2,42 | $1{,}24 \cdot 10^8$ m/s |

Die Wellenlängenabhängigkeit der Brechzahl $n(\lambda)$ heißt Dispersion; im Normalfall nimmt die Brechzahl mit wachsender Wellenlänge ab. Zeigt ein Medium keine Abhängigkeit der Brechzahl von der Wellenlänge, nennt man es dispersionsfrei.

Für die Lichtgeschwindigkeit $c$ gilt immer die schon früher erwähnte Beziehung

$$c = \lambda \cdot v$$                                                                                 (1-2)

Hierbei ist zu beachten, dass die Frequenz $v$ unabhängig vom Medium ist (sich also nicht ändert beim Übergang von einem Medium ins andere, weil die zeitliche Abfolge von „Berg und Tal" auf beiden Seiten der Grenzfläche gleich bleiben muss) und nur die Wellenlänge $\lambda$ im optisch dichteren Medium kürzer wird.

$$\lambda_{Medium} = \frac{c_{Medium}}{v} = \frac{c_0/n}{v} = \frac{\lambda_0}{n}$$                      (1-3)

Dieser Zusammenhang wird in den Bild 1-7 und 1-8 plausibel gemacht und man erkennt, dass im Medium die Wellenlänge $\lambda$ „zusammengeschoben" und die Ausbreitungsgeschwindigkeit $c$ verlangsamt wird, beides um den Faktor $n$.

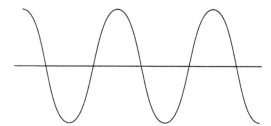

**Bild 1-7**   Wellenzug im Vakuum

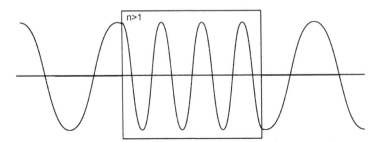

**Bild 1-8**   Wellenzug beim Übergang vom Vakuum in ein Medium

Bereits 1621 hatte Snell das Brechungsgesetz formuliert. Sowohl für den Übergang vom optisch dünneren zum optisch dichteren Medium als auch für den umgekehrten Fall gilt:

$$n_1 \sin \theta_1 = n_2 \sin \theta_2 \tag{1-4}$$

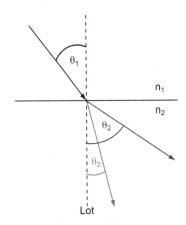

**Bild 1-9**
Brechung beim Übergang zum optisch dichteren Medium (roter Strahl) bzw. zum optisch dünneren Medium (blauer Strahl)

Aus Bild 1-9 wird klar, dass für $n_2 > n_1$ zum Lot hin gebrochen wird, für $n_2 < n_1$ dagegen vom Lot weg. Das Snell'sche Brechungsgesetz gilt für alle Arten von Wellen (auch Schallwellen, Wasserwellen) am Übergang von Medien mit verschiedenen Ausbreitungsgeschwindigkeiten.

*Zahlenbeispiel:* Ein Lichtstrahl fällt unter 45° aus Luft in Wasser. Wie groß ist der Brechungswinkel?

$$\sin \theta_2 = \frac{n_1}{n_2} \sin \theta_1 = \frac{1,00}{1,33} \sin 45° = 0,53 \quad \rightarrow \quad \theta_2 = \underline{\underline{32°}}$$

Das Brechungsgesetz hat eine interessante Konsequenz für den Übergang vom optisch dichteren ins optisch dünnere Medium: Austretende Strahlen werden vom Lot weggebrochen, bei wachsendem Einfallswinkel wird $\theta_2$ irgendwann 90° und es tritt kein Strahl mehr aus. Diesen Fall nennt man Totalreflexion, siehe Bild 1-10.

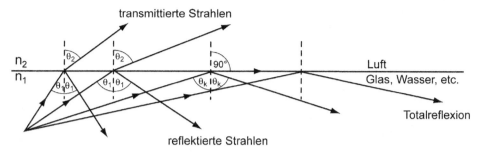

**Bild 1-10**  Übergang vom optisch dichteren ins optisch dünnere Medium mit Totalreflexion

Der kritische Winkel $\theta_k$, ab dem Totalreflexion auftritt, lässt sich einfach aus dem Brechungsgesetz berechnen:

$$n_1 \sin \theta_1 = n_2 \sin \theta_2 \qquad (1\text{-}5)$$

$$\sin \theta_1 = \frac{n_2}{n_1} \sin \theta_2 \qquad (1\text{-}6)$$

Für $\theta_2 = 90°$ wird der Sinus gerade eins und es ergibt sich die Gleichung für den kritischen Winkel zu:

$$\sin \theta_k = \frac{n_2}{n_1} \qquad (1\text{-}7)$$

Alle Lichtstrahlen mit Einfallswinkeln $\theta_i > \theta_k$ können das dichtere Medium nicht verlassen, sondern werden nur reflektiert. Anwendung findet das z. B. bei der Umlenkung von Lichtstrahlen in Prismen oder in Lichtwellenleitern.

*Zahlenbeispiel* für den Grenzwinkel der Totalreflexion beim Übergang Glas – Luft:

$$\theta_k = arc\sin \frac{1}{1,5} \approx \underline{\underline{42°}}$$

## 1.4 Prinzip von Fermat

Warum nimmt das Licht bei Reflexion und Brechung genau den durch die angeführten Gesetze beschriebenen Weg? Das wurde erstmals von Pierre de Fermat (1601–1165) erklärt und man nennt es heute das Fermat'sche Prinzip.

Wir führen dazu den optischen Weg $\Delta$ ein, der das Produkt aus Brechzahl $n$ und geometrischem Weg $s$ ist:

$$\Delta = ns \qquad (1\text{-}8)$$

Der optische Weg ist immer größer oder gleich dem geometrischen Weg, da für die Brechzahl gilt $n \geq 1$.

Das Fermat'sche Prinzip besagt nun, dass der optische Weg bei der Ausbreitung von Licht-strahlen im Vakuum und beim Durchgang durch Medien immer ein Minimum annimmt, das Licht sich also den kürzesten optischen Weg sucht:

$$\Delta = \sum_i n_i s_i = \text{min}!$$
(1-9)

Die Summe beschreibt dabei die Ausbreitung durch i Schichten mit unterschiedlichen Brech-zahlen. Die allgemeine Form der Gleichung erhält man durch den Übergang von der Summe zum Integral mit den infinitesimalen geometrischen Wegen ds:

$$\Delta = \int n(s)\, ds = \text{min}!$$
(1-10)

***Erstes Beispiel:*** Herleitung des Reflexionsgesetzes aus dem Fermat'schen Prinzip mit den Bezeichnungen aus Bild 1-11.

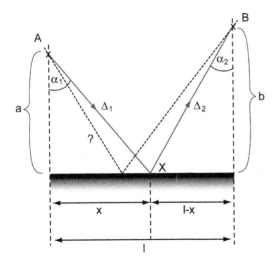

**Bild 1-11**
Skizze zum Fermat'schen Prinzip bei der Reflexion

Bei der Reflexion von A nach B ist die Lage des Reflexionspunktes X gesucht, der gesamte optische Weg ist dabei

$$\Delta(x) = \Delta_1(x) + \Delta_2(x)$$
(1-11)

oder

$$\Delta(x) = \sqrt{a^2 + x^2} + \sqrt{b^2 + (l - x)^2}$$
(1-12)

Fermat: $\Delta(x) = \text{min}!$

Also muss die erste Ableitung von $\Delta(x)$ nach $x$ Null gesetzt werden:

$$\frac{d\,\Delta(x)}{dx} = 0$$
(1-13)

$$\frac{d\,\Delta(x)}{dx} = \frac{1}{2\sqrt{a^2 + x^2}} \cdot 2x + \frac{1}{2\sqrt{b^2 + (l-x)^2}} \cdot 2(l-x)(-1)$$

$$= \frac{x}{\sqrt{a^2 + x^2}} - \frac{l-x}{\sqrt{b^2 + (l-x)^2}} = 0 \tag{1-14}$$

$\Delta_1$ und $\Delta_2$ eingesetzt und umgeformt liefert

$$\frac{x}{\Delta_1(x)} = \frac{l-x}{\Delta_2(x)} \tag{1-15}$$

Mit den trigonometrischen Beziehungen aus Bild 1-12

$$\sin\alpha_1 = \frac{x}{\Delta_1} \qquad \sin\alpha_2 = \frac{l-x}{\Delta_2} \tag{1-16}$$

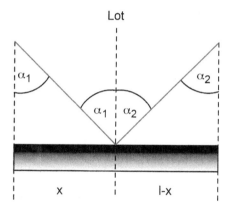

**Bild 1-12**
Abstände und Wechselwinkel bei der Reflexion

und unter Berücksichtigung der Wechselwinkel $\alpha_1$ und $\alpha_2$ bleibt genau:

$$\sin\alpha_1 = \sin\alpha_2 \tag{1-17}$$

oder das Reflexionsgesetz:

$$\alpha_1 = \alpha_2 \tag{1-18}$$

***Zweites Beispiel:*** Herleitung des Brechungsgesetzes aus dem Fermat'schen Prinzip mit den Bezeichnungen aus Bild 1-13.

Beim Übergang eines Lichtstrahles von Medium 1 in Medium 2 ist Lage des Punktes X gesucht. Für den gesamten optischen Weg gilt wieder:

$$\Delta(x) = \Delta_1 + \Delta_2 = n_1 s_1 + n_2 s_2 = n_1\sqrt{a^2 + x^2} + n_2\sqrt{b^2 + (l-x)^2} \tag{1-19}$$

Fermat: $\Delta(x) = \text{min!} \rightarrow \dfrac{d\,\Delta(x)}{dx} = 0$

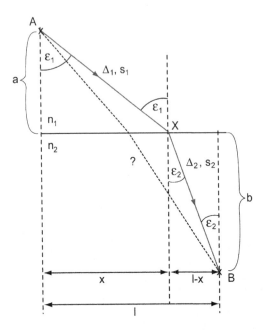

**Bild 1-13**
Zum Fermat'schen Prinzip
bei der Brechung

Die Ableitung erfolgt analog zum vorangegangenen Beispiel, hier machen wir gleich weiter mit dem Ergebnis:

$$n_1 \frac{x}{s_1} - n_2 \frac{l-x}{s_2} = 0 \tag{1-20}$$

Mit den gleichen trigonometrischen Umformungen wie im vorangegangenen Beispiel folgt hier direkt das Brechungsgesetz:

$$n_1 \sin \alpha_1 = n_2 \sin \alpha_2 \tag{1-21}$$

## 1.5 Elementarwellen

Im vorangegangenen Unterkapitel hatten wir uns mit der Frage beschäftigt, warum das Licht genau den Weg nimmt, den wir beobachten können. Die Modellvorstellung von Fermat gibt darauf eine relativ einfache Antwort: Das Prinzip ist die minimale Laufzeit.

In diesem Unterkapitel wollen wir uns mit einem weiteren Modell befassen, das Antworten für die gleiche Frage liefert. Das Huygens'sche Prinzip geht eigentlich über die geometrische Optik hinaus, benötigt aber für das Grundverständnis noch keinen Formalismus von Wellen, nur eine Vorstellung von Wellenfronten.

C. Huygens (1629–1695) hat folgendes Modell vorgeschlagen: Jeder Punkt einer bestehenden Wellenfront ist Ausgangspunkt einer neuen kugelförmigen Elementarwelle; diese Kugelwellen haben dieselbe Frequenz wie die ursprüngliche Welle und ihre Ausbreitungsgeschwindigkeit verhält sich ebenfalls wie die der ursprünglichen Welle im jeweiligen Medium; die Einhüllende aller Elementarwellen ergibt die Wellenfront für einen späteren Zeitpunkt.

Dieses Modell hat Gültigkeit sowohl für ebene Wellen als auch für Kreis- und Kugelwellen, siehe Bild 1-14.

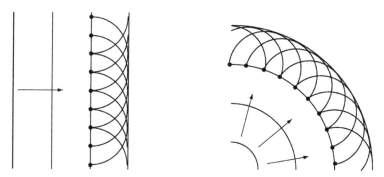

**Bild 1-14**   Zusammensetzung von ebenen Wellen und Kreiswellen aus Elementarwellen nach dem
Huygens'schen Modell

Mit den Huygens'schen Elementarwellen lassen sich die Lichtwege von Reflexion und Brechung konstruieren und verstehen, siehe Bild 1-15.

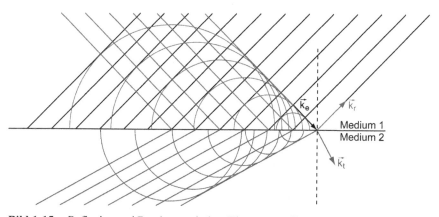

**Bild 1-15**   Reflexion und Brechung mit dem Elementarwellen-Modell

Bei der Brechung muss man berücksichtigen, dass die Elementarwellen in Medium 2 langsamer sind als in Medium 1. Die resultierende gebrochene Welle ändert dadurch ihre Laufrich-
tung, der entsprechende Strahl ist zum Lot hin geneigt. Die Richtungen der einfallenden (e),
reflektierten (r) und transmittierten (t) Wellen sind in Bild 1-15 durch die entsprechenden Wel-
lenzahlvektoren $\vec{k}$ angedeutet. Darüber hinaus kann das Huygens'sche Modell aber auch Beugungserscheinungen veranschaulichen. In Bild 1-16 ist die Beugung an einem Spalt dargestellt,
einmal für einen schmalen und einmal für einen breiten Spalt.

Es kommt relativ klar zum Ausdruck, dass an einem breiten Spalt die Welle nur wenig gestört
wird und mit geringen Beugungseffekten durch den Spalt tritt. Am schmalen Spalt hingegen ist
die Beugung viel stärker und man findet Wellen noch weit im geometrischen Schatten des
Hindernisses. Eine weitgehende Behandlung dieser Phänomene mit komplexeren und noch
leistungsfähigeren Modellen erfolgt in Kapitel 6.

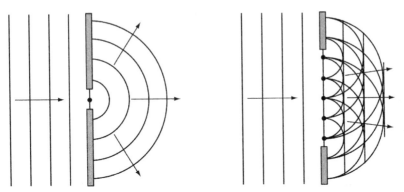

**Bild 1-16**   Beugung am Spalt mit dem Elementarwellen-Modell

## 1.6 Abbildung mit Spiegeln

Gehen wir von ebenen zu beliebigen Flächen über und betrachten die Reflexion von Lichtstrahlen an gekrümmten Flächen, dann können wir die wichtige Gruppe der Konkav- und Konvexspiegel behandeln. Natürlich gilt wie beim ebenen Spiegel: Einfallswinkel = Ausfallswinkel, wobei das Lot die Normale auf die Tangentialebene zur Spiegelfläche am Einfallsort ist.

Für Hohlspiegel (Konkavspiegel) werden normalerweise die in Bild 1-17 skizzierten Kenngrößen verwendet.

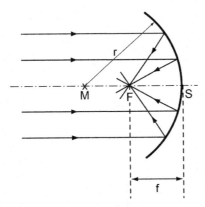

**Bild 1-17**   Kenngrößen bei der Fokussierung am Hohlspiegel
Scheitelpunkt S – Schnittpunkt der optischen Achse mit der Spiegelfläche
Brennpunkt F   – Punkt, in dem sich achsennahe parallele Strahlen schneiden
Brennweite f   – Entfernung zwischen F und S, $f = \overline{FS}$
Mittelpunkt M und Krümmungsradius $r$ (für Kugelspiegel = sphärischer Spiegel)

Die wichtigsten Vertreter aus der Gruppe der Hohlspiegel sind die sphärischen Spiegel und die
Parabolspiegel mit dem in Bild 1-18a und 1-18b dargestellten Unterschied.

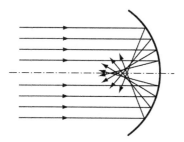

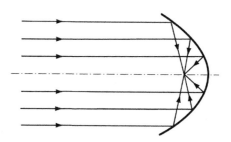

**Bild 1-18a**  Sphärischer Spiegel; nur achsennahe, parallele Strahlen (paraxiale Strahlen) gehen durch einen Brennpunkt, achsenferne Strahlen haben andere Treffpunkte → Bild wird unscharf, Bildfehler heißt sphärische Aberration

**Bild 1-18b**  Parabolspiegel; alle achsenparallele Strahlen gehen durch einen gemeinsamen Brennpunkt (wird angewendet bei Satellitenschüsseln, großen Teleskopen)

Da Lichtstrahlen prinzipiell immer auch umkehrbar sind, liefert eine Lichtquelle im Brennpunkt eines Hohlspiegels ein paralleles Strahlenbündel. Dies findet z. B. in Autoscheinwerfern Anwendung, siehe Bild 1-19.

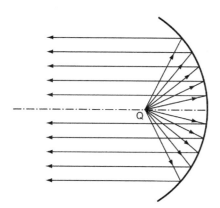

**Bild 1-19**
Umgekehrter Strahlengang am Hohlspiegel mit einer Lichtquelle im Brennpunkt

Im folgenden soll die Abbildungsgleichung für sphärische Spiegel hergeleitet werden, zur Unterstützung siehe Bild 1-20.

Zwei Strahlen reichen aus, um den Bildpunkt P′ des Gegenstandspunktes P zu konstruieren. Gewählt wird der Strahl auf der Achse, der auf sich selber zurück fällt und ein beliebiger Strahl mit $\theta_e = \theta_a$ zum Lot.

Gegenstandsweite  $g = \overline{SP}$

Bildweite  $b = \overline{SP'}$

Der unter $\theta$ zur Normalen MA einfallende Strahl PA wird in A unter $\theta$ reflektiert und liefert am Schnittpunkt mit der Achse den Bildpunkt P′.

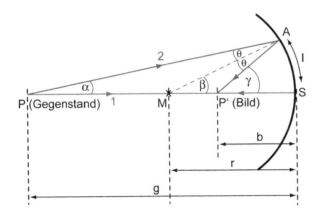

**Bild 1-20**
Konstruktion des Bildpunkts bei
der Abbildung am Hohlspiegel

Zunächst suchen wir nach der Verknüpfung von Gegenstandsweite $g$ und Bildweite $b$ mit dem Krümmungsradius $r$.

$$\text{Für } \beta \text{ gilt: } \alpha + \theta + (180 - \beta) = 180° \quad \rightarrow \quad \beta = \alpha + \theta \tag{1-22}$$

$$\text{Für } \gamma \text{ gilt: } \alpha + 2\theta + (180° - \gamma) = 180° \quad \rightarrow \quad \gamma = \alpha + 2\theta \tag{1-23}$$

$\theta$ kann eliminiert werden, indem (1-22) in (1-23) eingesetzt wird:

$$\gamma = \alpha + 2(\beta - \alpha) \quad \rightarrow \quad 2\beta = (\alpha + \gamma) \tag{1-24}$$

Setzt man nun die Winkel, ausgedrückt über den jeweiligen Kreisbogen,

$$\alpha = \frac{l}{g}; \quad \beta = \frac{l}{r}; \quad \gamma = \frac{l}{b} \tag{1-25}$$

in Gleichung (1-24) ein, dann ergibt sich:

$$2\frac{l}{r} = \frac{l}{g} + \frac{l}{b} \tag{1-26}$$

und nach Division durch $l$:

$$\frac{2}{r} = \frac{1}{g} + \frac{1}{b} \tag{1-27}$$

Beim Arbeiten mit Spiegeln und Linsen verwendet man lieber die Brennweite $f$ als den Krümmungsradius $r$, unter anderem weil die Brennweite direkt experimentell zugänglich ist. Deshalb formen wir die Abbildungsgleichung mit einer Überlegung zur Brennweite im letzten Schritt noch ein wenig um.

Wenn die Gegenstandsweite $g$ sehr viel größer als der Krümmungsradius $r$ gewählt wird, dann kann $1/g$ im Vergleich zu $2/r$ vernachlässigt werden.

Das heißt, für $g \rightarrow \infty$ bleibt $b = r/2$.

Wenn der Gegenstand sehr weit weg ist, bedeutet das, dass die Strahlen quasi parallel auf den Spiegel treffen. Den speziellen Abstand $b$ des Bildpunktes von parallelen Strahlen hatten wir bereits weiter vorne als Brennweite $f$ des sphärischen Spiegels bezeichnet. Wir haben hier die Begründung dafür gefunden, warum beim sphärischen Spiegel gilt : $f = r/2$.

Der Brennpunkt F im Abstand $f$ vom Scheitelpunkt ist also der Punkt, in dem achsenparallel einfallende Strahlen nach Reflexion am Spiegel fokussiert werden.

Damit erhalten wir die allgemeine Abbildungsgleichung für sphärische Spiegel:

$$\frac{1}{g} + \frac{1}{b} = \frac{1}{f} \tag{1-28}$$

Im letzten Schritt dieses Unterkapitels soll die graphische Konstruktion eines Bildes an Konkav- und Konvexspiegeln betrachtet werden. Man wählt ausgezeichnete Strahlen von der Spitze des Gegenstands aus, sogenannte Hauptstrahlen, mit einfachem Ausbreitungsverhalten und damit einfachen Konstruktionsvorschriften:

(i)     achsenparalleler Strahl, wird nach Reflexion zum Brennpunktstrahl;
(ii)    Brennstrahl, wird nach Reflexion zum Parallelstrahl (Umkehrung von i);
(iii)   Mittelpunktstrahl, verläuft durch den Krümmungsmittelpunkt und wird in sich selbst reflektiert.

Die drei Hauptstrahlen (i), (ii) und (iii) schneiden sich im Abstand $b$ und bilden die Spitze des Bildes (siehe Bild 1-21). Der Fußpunkt des Gegenstands liegt auf der optischen Achse, also wird auch der Fußpunkt des Bildes auf der Achse sein. Im Abstand $b$ entsteht somit für die in Bild 1-21 gewählte Gegenstandsweite g ein umgekehrtes reelles Bild.

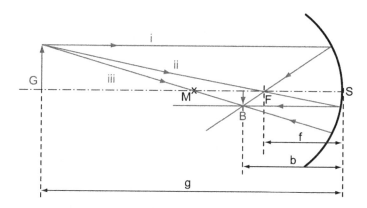

**Bild 1-21**
Konstruktion des Bilds am Hohlspiegel mit den Hauptstrahlen

Für den Abbildungsmaßstab (Vergrößerung bzw. Verkleinerung) ergibt sich aus Bild 1-22 unter Anwendung des Strahlensatzes, der Abbildungsgleichung und einiger mathematischer Umformungen:

$$\frac{\text{Bildgröße}}{\text{Gegenstandsgröße}} = \frac{B}{G} = -\frac{b}{g} \tag{1-29}$$

Um unangenehmen Überraschungen vorzubeugen, sollte man bei der Abbildungsgleichung und dem Abbildungsmaßstab konsequent auf die Vorzeichen achten. Leider sind nicht alle Lehrbücher einheitlich in der Behandlung der Vorzeichen, trotzdem hier ein Vorschlag zur Vorzeichenkonvention:

$g, b, r, f$     positiv, wenn vor dem Spiegel; negativ, wenn hinter dem Spiegel
$r, f$           negativ beim Konvexspiegel (logische Folge)
$G, B$           positiv, wenn aufrecht; negativ, wenn umgekehrt

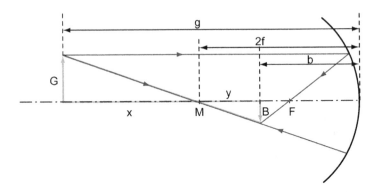

**Bild 1-22**
Zur Herleitung des
Abbildungsmaßstabs

Wenn die Bildweite $b$ negativ wird, nennt man das Bild virtuell, ansonsten reell.

***Beispiele*** für verschiedene Abbildungen:

a)  $g > 2f$              reelles, umgekehrtes, verkleinertes Bild zwischen $f$ und $2f$
b)  $g = 2f = r$        reelles, umgekehrtes, vergrößertes Bild bei $b = 2f$
c)  $2f > g > f$         reelles, umgekehrtes, vergrößertes Bild bei $b > 2f$
d)  $g < f$               virtuelles, aufrechtes, vergrößertes Bild (Kosmetik-Spiegel)
e)  Konvexspiegel    virtuelles, aufrechtes, verkleinertes Bild (Überwachungsspiegel)

Der Autor möchte die Leser unbedingt ermutigen, etliche (am besten alle) Beispiele a) bis e)
selber graphisch zu konstruieren. Das ist nicht schwer, aber wenn man zum ersten Mal in einer
Prüfung oder gar im Berufsleben vor einem weißen Blatt Papier sitzend mit einem Bleistift
eine Konstruktion durchführen soll, dann viel Erfolg!

## 1.7 Abbildung mit Linsen

Kommen wir nun zur Betrachtung von sphärischen Linsen, also zum Durchgang von Lichtstrahlen durch kugelförmige Oberflächen, die Medien mit unterschiedlichen Brechzahlen voneinander trennen. Wir werden hierbei auf die Linsengleichung für den vereinfachten Fall der
dünnen Linsen hinarbeiten, mit denen man in der Praxis aber schon ziemlich weit kommt.

Ausgangspunkt ist eine kugelförmige Grenzfläche zwischen zwei Medien, siehe Bild 1-23.

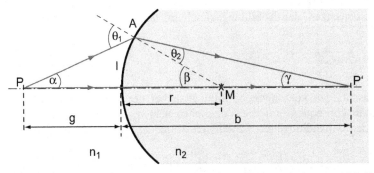

**Bild 1-23**    Brechung an einer sphärischen Grenzfläche zwischen zwei Medien

Im Medium 1 befindet sich ein leuchtender Punkt P, gesucht ist die Lage des Bildpunkts P′ im Medium 2. Die Betrachtung erfolgt analog zum Hohlspiegel, aber jetzt mit Verwendung des Brechungsgesetzes

$$n_1 \sin \theta_1 = n_2 \sin \theta_2 \qquad (1\text{-}30)$$

Zur Vereinfachung beschränken wir uns auf achsennahe Strahlen und können damit den Sinus des Winkel durch den Winkel selbst ersetzen:

$$n_1 \theta_1 = n_2 \theta_2 \qquad (1\text{-}31)$$

***Zahlenbeispiel:*** Um ein quantitatives Gefühl für die häufig verwendete Näherung $\sin \alpha \approx \alpha$ zu bekommen, ist in Tabelle 1-2 eine kleine Wertetabelle zusammengestellt.

**Tabelle 1-2**    Quantitative Abweichung zwischen $\alpha$ und $\sin(\alpha)$

| Winkel $\alpha$ | $\sin(\alpha)$ | Abweichung |
|:---:|:---:|:---:|
| 5° | 0,087 | 0,1 % |
| 10° | 0,174 | 0,5 % |
| 15° | 0,259 | 1,2 % |
| 20° | 0,342 | 2,1 % |
| 30° | 0,500 | 4,7 % |
| 45° | 0,707 | 11,1 % |

Die Abweichung ist berechnet als die Differenz zwischen dem $\sin(\alpha)$ und dem Winkel $\alpha$ (in Bogenmaß) bezogen auf $\sin(\alpha)$. Bis zu einem Winkel von 10° ist die Abweichung kleiner als 0,5 % und auch bei 30° sind noch keine 5 % erreicht.

Für die Winkel ergibt sich aus Bild 1-23

Winkel $\beta$:

$$\gamma + \theta_2 + \left(180° - \beta\right) = 180° \;\; \rightarrow \;\; \beta = \theta_2 + \gamma = \frac{n_1}{n_2}\theta_1 + \gamma \qquad (1\text{-}32)$$

Winkel $\theta$:

$$\alpha + \beta + \left(180° - \theta_1\right) = 180° \;\; \rightarrow \;\; \theta_1 = \alpha + \beta \qquad (1\text{-}33)$$

Nun wird Gleichung (1-33) in (1-32) eingesetzt

$$\beta = \frac{n_1}{n_2}\left(\alpha + \beta\right) + \gamma \qquad (1\text{-}34)$$

$$n_2 \beta = n_1 \alpha + n_1 \beta + n_2 \gamma \qquad (1\text{-}35)$$

$$n_1 \alpha + n_2 \gamma = \left(n_2 - n_1\right) \beta \qquad (1\text{-}36)$$

und die Winkel über die entsprechende Bogenlängen ausgedrückt

$$\alpha = \frac{l}{g}; \quad \beta = \frac{l}{r}; \quad \gamma = \frac{l}{b} \tag{1-37}$$

$$n_1 \frac{l}{g} + n_2 \frac{l}{b} = (n_2 - n_1) \frac{l}{r} \tag{1-38}$$

$$\frac{n_1}{g} + \frac{n_2}{b} = \frac{n_2 - n_1}{r} \tag{1-39}$$

Das ist die Vorstufe der Linsengleichung, die wir noch auf dünne Linsen mit jeweils zwei brechenden Flächen umarbeiten müssen. Dafür betrachten wir die Brechung an einer dünnen Linse, wie in Bild 1-24 dargestellt.

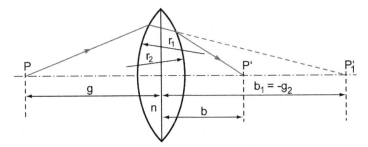

**Bild 1-24**    Strahlengang für die Brechung an einer dünnen Linse

Die Linse hat die Brechzahl $n$, links und rechts sei Luft mit $n = 1$, die Oberflächen haben die Krümmungsradien $r_1$ und $r_2$. Der Gegenstand in P hat den Abstand $g$ zur Linse, da für eine dünne Linse gilt: Abstand zur Linse = Abstand zur Mittelebene der Linse.

Jetzt vollziehen wir die Abbildung in zwei Schritten. Zunächst bestimmen wir für die Brechung an der ersten Fläche die Bildweite $b_1$ mit Gleichung (1-39) für $n_1 = 1$, $n_2 = n$:

$$\frac{1}{g} + \frac{n}{b_1} = \frac{n-1}{r_1} \tag{1-40}$$

Dieses Bild entsteht aber nicht wirklich, weil das Licht an der zweiten Linsenoberfläche nochmals gebrochen wird. Die Strahlen in der Linse scheinen aber von $P_1'$ zu kommen, deshalb wird dieses Bild im zweiten Schritt zum virtuellen Gegenstand für die Abbildung durch die zweite Fläche. Da das Licht in diesem Schritt aus dem optisch dichteren Medium kommt, müssen die Brechzahlen entsprechend eingesetzt werden ($n_1 = n$, $n_2 = 1$):

$$\frac{n}{g_2} + \frac{1}{b} = \frac{1-n}{r_2} \tag{1-41}$$

und dazu die virtuelle Gegenstandsweite $g_2 = -b_1$

$$-\frac{n}{b_1} + \frac{1}{b} = \frac{1-n}{r_2} \tag{1-42}$$

Durch Addition der Gleichungen (1-40) und (1-42), wird $b_1$ eliminiert:

$$\frac{1}{g} + \frac{1}{b} = (n-1)\left(\frac{1}{r_1} - \frac{1}{r_2}\right) \qquad (1\text{-}43)$$

Diese Gleichung liefert eine Verknüpfung von Gegenstandsweite, Bildweite, Linsenbrechzahl und den Krümmungsradien.

Im letzten Schritt muss nur noch analog zur Herleitung bei den Spiegeln die Linsenbrennweite eingeführt werden. Die Brennweite $f$ ist bei Linsen ebenfalls definiert als Bildweite eines unendlich entfernten Gegenstandes, d. h., auch bei Linsen schneiden sich Parallelstrahlen im Brennpunkt. Eine Gegenstandsweite $g = \infty$ liefert also eine Bildweite $b = f$:

$$\frac{1}{f} = (n-1)\left(\frac{1}{r_1} - \frac{1}{r_2}\right) \qquad (1\text{-}44)$$

Das ist die Linsengleichung in ihrer üblichen Form für dünne Linsen. Sie beschreibt die reziproke Brennweite (= Brechkraft) alleine durch Eigenschaften der Linse, nämlich durch die Krümmungsradien $r_1$, $r_2$ und die Brechzahl $n$ des Linsenmediums.

Die Brechkraft $D = 1/f$ ist eine vor allem in der Augenoptik übliche Größe, sie hat die Dimension $1/m = 1$ dp (1 Dioptrie).

Kehren wir noch einmal kurz zurück zur Linsengleichung. Man sieht, dass die rechten Seiten der beiden Gleichungen (1-43) und (1-44) identisch sind, dann also auch die linken:

$$\frac{1}{g} + \frac{1}{b} = \frac{1}{f} \qquad (1\text{-}45)$$

Damit haben wir erfreulicherweise dieselbe Abbildungsgleichung für dünne Linsen gefunden wie vorher schon für sphärischen Spiegel (aber Vorzeichen beachten, siehe Vorzeichenkonvention unten). Auch die Bildkonstruktion mit Hauptstrahlen erfolgt bei dünnen Linsen ganz analog zur Konstruktion bei sphärischen Spiegeln. Bei den Linsen erfolgt die Brechung graphisch an der Mittelebene.

Ohne weitere Erläuterung sollte plausibel sein, dass auch die Vergrößerung analog zur Gleichung für sphärische Spiegel berechnet wird:

$$V = \frac{B}{G} = -\frac{b}{g} \qquad (1\text{-}46)$$

Das Minuszeichen in der Vergrößerung macht die Erfahrung deutlich, dass das Bild hinter einer einzelnen Sammellinse auf dem Kopf steht.

Hier wird noch ein weiterer Vorschlag zur Vorzeichenkonvention gemacht, der, konsequent durchgehalten, zu sinnvollen Ergebnissen bei Linsen führt:

$g$: positiv/negativ = Gegenstand links/rechts von der Linse
$b$: positiv/negativ = Bild rechts/links von der Linse (reell/virtuell)
$r$: positiv/negativ = Krümmungsmittelpunkt rechts/links von der Linse
$f$: positiv/negativ = Sammellinse/Zerstreulinse

Abschließend werden die üblichen Linsenbezeichnungen aufgeführt, die nach Sammel- und Zerstreulinsen mit jeweils drei Untertypen aufgeteilt sind:

a)   Sammellinsen sind in der Mitte dicker als am Rand (Bild 1-25).

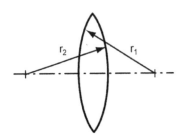  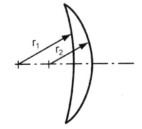

**Bild 1-25**   Sammellinsen
                a) bikonvex          b) plankonvex        c) konkav-konvex
                $r_1 > 0$            $r_1 = \infty$       $r_1 < r_2 < 0$
                $r_2 < 0$            $r_2 < 0$

b)   Zerstreulinsen sind in der Mitte dünner als am Rand (Bild 1-26).

**Bild 1-26**   Zerstreulinsen
                a) bikonkav          b) plankonkav        c) konvex-konkav
                $r_1 < 0$            $r_1 = \infty$       $r_2 < r_1 < 0$
                $r_2 > 0$            $r_2 > 0$

# 2 Elektromagnetische Wellen

In diesem Kapitel tauchen wir erstmals tiefer ein in die Wellennatur des Lichts. Wir werden sehen, dass elektrische Felder sowohl von elektrischen Ladungen als auch von zeitlich sich ändernden magnetischen Feldern erzeugt werden können. Andererseits können magnetische Felder sowohl von elektrischen Strömen als auch von zeitlich sich ändernden elektrischen Feldern erzeugt werden.

Diese Verflechtung von elektrischen und magnetischen Phänomenen lassen sich durch einen Satz von vier Gleichungen beschreiben, die von Maxwell (1831–1879) zusammengestellt wurden. Aus diesen Gleichungen folgt unter anderem eine Wellengleichung für elektromagnetische Wellen und die Ausbreitungsgeschwindigkeit von ca. $c = 3 \cdot 10^8$ m/s im Vakuum.

Im ersten Teil des Kapitels werden die Maxwell-Gleichungen kurz angesprochen, für ein weiterreichendes Verständnis sei auf Grundlagenwerke der Elektrotechnik verwiesen. Der zweite Teil hat einige physikalische Anschauungen und Interpretationen zum Inhalt.

## 2.1 Maxwell-Gleichungen

Eine der ganz großen Leistungen in der Entwicklung der Naturwissenschaften gelang James Clerk Maxwell mit dem Zusammentragen des Satzes von vier Gleichungen, die das elektromagnetische Feld vollständig in integraler und differentieller Form beschreiben. Sein Modell war so leistungsfähig, dass man für fast 50 Jahre dachte, der Streit um Teilchen- oder Wellencharakter des Lichts sei endgültig zugunsten der Welle entschieden. Vorübergehend schien die gesamte Optik ein Unterkapitel der Elektrotechnik geworden zu sein.

Die vier Maxwell-Gleichungen haben keine feste Ordnung, sondern sind eher über Kreuz miteinander verknüpft. Deshalb ist die hier gewählte Reihenfolge genauso frei wie jede andere Möglichkeit.

**I. Gauß'scher Satz für das elektrische Feld:**

$$\oiint_A \vec{E}\, \vec{df} = \frac{Q\,eingeschl.}{\varepsilon_0} \tag{2-1}$$

Diese Integralgleichung sagt aus, dass der Fluss des elektrischen Feldes durch eine geschlossene Oberfläche (der Kringel am Doppelintegral soll die geschlossene Fläche verdeutlichen) gleich ist mit der von der Oberfläche eingeschlossenen Ladung.

Hierbei ist $\varepsilon_0 = 8,85 \cdot 10^{-12}\, \dfrac{C^2}{Nm^2}$ die Dielektrizitätskonstante.

In Bild 2-1 ist eine Skizze zur Veranschaulichung des Gauß'schen Satzes gezeigt.

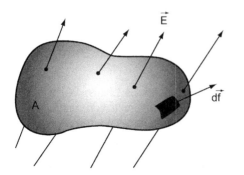

**Bild 2-1**

Fluss des elektrischen Feldes $\vec{E}$ durch
eine geschlossene Oberfläche

Die Quellen des elektrischen Feldes sind vereinbarungsgemäß positive Ladungen, die Senken
sind negative Ladungen. Aus dem Gauß'schen Satz folgt z. B. für das Feld einer Punktladung
das Coulomb-Gesetz. Dafür stellen wir uns eine einzelne positive Ladung mit ihrem strahlen-
förmigen radialen Feld im Ursprung des Koordinatensystems vor und wählen eine Kugel um
die Ladung als Integrationsfläche:

$$\oiint_A \vec{E}\,\vec{df} = \frac{q}{\varepsilon_0} \tag{2-2}$$

Da $\vec{E}$ an jeder Stelle parallel zu $\vec{df}$ (Flächennormale) ist, müssen nur die Beträge berücksichtigt werden. Außerdem ist der Betrag von $E$ konstant, kann also vor das Integral gezogen
werden:

$$E \oiint_A df = \frac{q}{\varepsilon_0} \tag{2-3}$$

Damit bleibt nur noch die Integration über die gesamte Kugeloberfläche:

$$E\,4\pi r^2 = \frac{q}{\varepsilon_0} \tag{2-4}$$

und es folgt das Coulomb-Gesetz:

$$E = \frac{1}{4\pi\varepsilon_0}\,\frac{q}{r^2} \tag{2-5}$$

**II. Gauß'scher Satz für das magnetische Feld:**

$$\oiint_A \vec{B}\,\vec{df} = 0 \tag{2-6}$$

Analog zu I. sagt diese Gleichung aus, dass der Fluss des magnetischen Feldes durch irgend-
eine geschlossene Oberfläche immer gleich Null ist, siehe auch die Skizze in Bild 2-2. Das ist
deshalb so einfach, weil das magnetische Feld keine Quellen und Senken hat. Es gibt keine
magnetischen Monopole! Also sind Magnetfelder immer in sich geschlossene Feldwirbel.

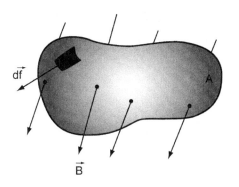

**Bild 2-2**

Fluss des magnetischen Feldes $\vec{B}$ durch eine geschlossene Oberfläche

### III. Faraday'sches Induktionsgesetz:

$$\oint_c \vec{E}\ d\vec{s} = -\frac{d}{dt}\iint_A \vec{B}\ d\vec{f}$$

(2-7)

Die Aussage dieses Gesetzes ist, dass das Linienintegral des elektrischen Feldes entlang einer geschlossenen Kurve C (Kringel am Integral!) gleich ist der zeitlichen Änderung des magnetischen Flusses durch eine beliebige von C umrandete Fläche (keine geschlossene Oberfläche, also kein Kringel), siehe Skizze in Bild 2-3.

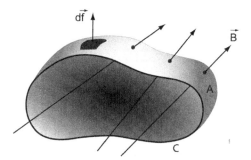

**Bild 2-3**

Elektrischer Strom im Leiter C durch zeitlich sich änderndes Magnetfeld

Handfestes Beispiel zur Veranschaulichung der Geometrie: Wenn die Integrationsfläche A ein offener Brotbeutel wäre, dann wäre die Kordel an der Öffnung die geschlossene Kurve C.

Eine physikalische Aussage, die im Induktionsgesetz steckt, ist z. B. die folgende: Ein zeitlich sich änderndes Magnetfeld durch eine geschlossene Leitschleife induziert einen elektrischen Strom in dem Leiter.

### IV. Ampere-Maxwell'sches Gesetz:

$$\oint_c \vec{B}\ d\vec{s} = \mu_0 I + \mu_0\varepsilon_0 \frac{d}{dt}\iint_A \vec{E}\ d\vec{f}$$

(2-8)

mit der Permeabilitätskonstanten $\mu_0 = 4\pi\cdot 10^{-7}\ \dfrac{\mathrm{Ns}^2}{\mathrm{C}^2}$.

Das ist die Analogie zu III. für das magnetische Feld. Hierin zusammengefasst ist die Erkenntnis, dass geschlossene magnetische Wirbelfelder sowohl durch einen Stromfluss $I$ als auch durch die zeitliche Änderung des elektrischen Flusses entstehen können. In Bild 2-4 ist dieser Sachverhalt für den Aufladevorgang eines Kondensators dargestellt.

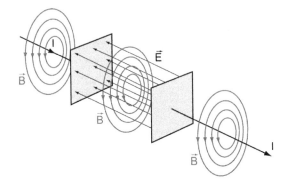

**Bild 2-4**
Magnetische Wirbelfelder beim Aufladen eines Kondensators

Fassen wir diese vier Gleichungen nochmals in ihrer einfachsten Form zusammen. Im Vakuum gibt es weder Ladungen noch Ströme, deshalb reduzieren sich die Maxwell-Gleichungen auf folgenden Satz:

$$\oiint_A \vec{E}\, \vec{df} = 0 \qquad\qquad (2\text{-}9)$$

$$\oiint_A \vec{B}\, \vec{df} = 0 \qquad\qquad (2\text{-}10)$$

$$\oint_c \vec{E}\, \vec{ds} = -\frac{d}{dt}\iint_A \vec{B}\, \vec{df} \qquad\qquad (2\text{-}11)$$

$$\oint_c \vec{B}\, \vec{ds} = \mu_0 \varepsilon_0 \frac{d}{dt}\iint_A \vec{E}\, \vec{df} \qquad\qquad (2\text{-}12)$$

Bis auf den Zahlenfaktor $-\mu_0\varepsilon_0$ sind die Maxwell-Gleichungen in dieser Darstellung in $\vec{E}$ und $\vec{B}$ symmetrisch.

Eine wichtige Erkenntnis aus der Verknüpfung von $\vec{E}$ und $\vec{B}$ ist in Bild 2-5 nochmals veranschaulicht: zeitlich veränderliche elektrische Felder erzeugen einen magnetischen Fluss und umgekehrt.

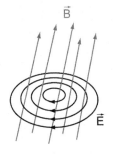 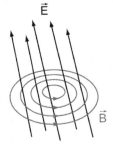

**Bild 2-5**
Zusammenhang von elektrischen und magnetischen Feldern

Abschließend sei hier noch darauf hingewiesen, dass aus den Maxwell-Gleichungen auch Wellengleichungen für $\vec{E}$ und $\vec{B}$ folgen. Die Herleitung dafür findet man z. B. im Anhang des hervorragenden Optik-Lehrbuchs von Hecht. Hier beschränken wir uns auf die Darstellung des Spezialfalls der elektromagnetischen Welle mit Ausbreitung in x-Richtung:

$$\frac{\partial^2 \vec{E}}{\partial t^2} = c^2 \frac{\partial^2 \vec{E}}{\partial x^2} \tag{2-13}$$

$$\frac{\partial^2 \vec{B}}{\partial t^2} = c^2 \frac{\partial^2 \vec{B}}{\partial x^2} \tag{2-14}$$

Diese Gleichungen haben als Lösung z. B. harmonische ebene Wellen der Form

$$\vec{E}(x,t) = E_0\, e^{i(kx-\omega t)} \tag{2-15}$$

worauf an dieser Stelle aber nicht weiter eingegangen wird.

Und ebenfalls aus den Maxwell-Gleichungen folgt für die Ausbreitungsgeschwindigkeit im Vakuum

$$c = \frac{1}{\sqrt{\mu_0 \varepsilon_0}} \tag{2-16}$$

Für die Lichtgeschwindigkeit gab es zu Maxwells Zeit schon gute Zahlenabschätzungen. Durch den Vergleich dieser Werte mit den Berechnungen für die elektromagnetischen Wellen kam Maxwell zu der Erkenntnis: Licht ist eine elektromagnetische Welle!

## 2.2 Physikalische Interpretation

Im vorangegangenen Unterkapitel wurde auf die mathematische Herleitung der Wellengleichungen verzichtet, dafür gibt es jetzt noch etwas pragmatische physikalische Betrachtungen zur Entstehung von elektromagnetischen Wellen.

Beginnen wir zunächst mit einer ruhenden Ladung, deren radiales, gleichförmiges elektrisches Feld bis ins Unendliche reicht. Jetzt bewegen wir die Ladung aus der Ruhestellung weg, sie wird also beschleunigt. Dadurch wird das elektrische Feld in der Nähe der Ladung verändert und diese Änderung pflanzt sich in den Raum fort.

Das zeitliche variierende elektrische Feld $\vec{E}$ erzeugt gemäß den Maxwell-Gleichungen einen magnetischen Fluss $\vec{B}$. Weil die Ladung beschleunigt wird, ist die zeitliche Variation von $\vec{E}$ nicht konstant und damit ist auch $\vec{B}$ zeitabhängig. Als Konsequenz aus dem zeitlich variablen magnetischen Fluss entsteht nach Maxwell erneut ein elektrisches Feld.

$\vec{E}$ und $\vec{B}$ Felder sind eigentlich keine unabhängigen Phänomene, sondern zwei Aspekte des einen physikalischen Phänomens der elektromagnetischen Welle. Diese Welle bewegt sich unabhängig von der ursprünglichen Ladung und erneuert sich wechselseitig (durch $\vec{E}$ und $\vec{B}$) in einem quasi endlosen Zyklus, sie hält sich damit selbst am Leben.

Dieser Prozess ist äußerst effektiv und kann im Vakuum über Jahrmillionen fortgesetzt werden. Bild 2-6 zeigt unsere Nachbargalaxie Andromeda (M 31); die elektromagnetischen Wellen, die wir in einer klaren Nacht mit bloßem Auge als Lichtfleck am Himmel sehen können, waren über 2 Millionen Jahre unterwegs, bis sie uns erreicht haben!

**Bild 2-6** Unsere Nachbargalaxie Andromeda in 2,3 Millionen Lichtjahren Entfernung (Quelle: NASA)

Wir hatten festgestellt, dass elektromagnetische Wellen durch beschleunigte Ladungen entstehen. Je nach Art der Quelle und den darin bewegten Ladungen ist die Wellenlänge bzw. die Frequenz der Strahlung sehr unterschiedlich. Der insgesamt überdeckte Bereich umfasst dabei annähernd 20 Zehnerpotenzen. So oszillieren in großen Sendeantennen zur Erzeugung von Radiowellen makroskopische Ströme, zur Generierung von Mikro- und Radarwellen werden Elektronen in Vakuumröhren moduliert, Licht entsteht in der Hülle von Atomen beim Übergang von Elektronen zwischen den Energieniveaus und $\gamma$-Strahlung entsteht in Atomkernen bei der Umwandlung von Nukleonen.

Fassen wir als Ergebnis abschließend nochmals zusammen: Licht ist auch eine elektromagnetische Welle; alle elektromagnetischen Wellen sind transversale Wellen, d. h. $\vec{E}$ und $\vec{B}$ stehen senkrecht zur Ausbreitungsrichtung; des weiteren steht $\vec{E}$ immer senkrecht auf $\vec{B}$ und die beiden Felder haben eine feste Phasenbeziehung; schließlich ist die Ausbreitungsgeschwindigkeit aller elektromagnetischen Wellen in Vakuum $c = 2{,}99 \cdot 10^8$ m/s.

Der Spezialfall einer linear polarisierten elektromagnetischen Welle ist in Bild 2-7 dargestellt. Nähere Erläuterungen zur Polarisation finden sich in einem späteren Kapitel.

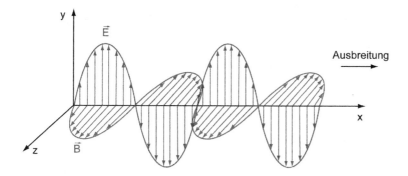

**Bild 2-7**   Elektrisches und magnetisches Feld für den Spezialfall einer linear polarisierten elektromagnetischen Welle

# 3 Gauß-Strahlen

Wir haben im vorangegangenen Kapitel gesehen, dass die Ausbreitung elektromagnetischer Wellen durch eine Wellengleichung beschrieben wird, die aus den Maxwell-Gleichungen hergeleitet werden kann:

$$\frac{\partial^2 E}{\partial x^2} = \frac{1}{c^2}\frac{\partial^2 E}{\partial t^2} \tag{3-1}$$

Als Lösung für diese Gleichung haben wir die ebene Welle kennen gelernt, die aber einen realen Lichtstrahl und im besonderen einen Laserstrahl schlecht beschreibt.

Eine viel bessere Beschreibung dafür ist der Gauß-Strahl, der ebenfalls eine Lösung der Wellengleichung darstellt. Der Gauß-Strahl ist eine elektromagnetische Welle, die rotationssymmetrisch zur Ausbreitungsrichtung ist und deren Intensität in radialer Richtung gaußförmig abnimmt:

$$I(r) = I_0\, e^{-2(r/w)^2} \tag{3-2}$$

Für den Abstand r = w von der Strahlachse ergibt sich

$$I(w) = I_0 e^{-2(w/w)^2} = I_0 e^{-2} \tag{3-3}$$

Bei diesem speziellen Radius ist also die Intensität auf $1/e^2$ ($\approx$ 13,5 %) abgeklungen und man nennt ihn normalerweise Strahlradius (englisch: waist). Diese Definition erscheint zunächst willkürlich und wir sollten im Sinn behalten, dass der Gauß-Strahl auch noch außerhalb dieses Strahlradius weit ausgedehnt ist. Für unsere Wahrnehmung mit dem Auge ist die Definition aber gut geeignet, weil wir aufgrund der Dynamik des Auges einen Strahl nur erkennen können, bis er auf ungefähr $1/e^2$ abgeklungen ist.

Der Strahlradius ist aber im Allgemeinen nicht konstant, sondern er ändert sich mit der Lauflänge z. Dies wird durch einen zweiten Term in der Gleichung beschrieben:

$$I(z,r) = I_0 \left(\frac{w_0}{w(z)}\right)^2 e^{-2(r/w(z))^2} \tag{3-4}$$

Hierin ist $w_0$ die Strahltaille bei $z = 0$ und $w(z)$ ist gegeben durch

$$w(z) = w_0 \sqrt{1 + (z/z_R)^2} \tag{3-5}$$

mit der Rayleigh-Länge

$$z_R = \frac{\pi\, w_0^2}{\lambda} \tag{3-6}$$

die als charakteristisches Längenmaß für den Gauß-Strahl interpretiert werden kann (für die Lauflänge $z = z_R$, also nach einer Rayleigh-Länge, ist der Strahlradius auf $\sqrt{2}\, w_0$ angewachsen, was durch Einsetzen von $z_R$ in Gleichung (3-4) überprüft werden kann). Die Rayleigh-Länge $z_R$ ist festgelegt durch die Wellenlänge $\lambda$ und den anfänglichen Strahlradius $w_0$; $w_0$ wiederum ist für einen Laser, der in seiner Grundmode schwingt (TEM00) vorgegeben durch die

Resonatorbauform (Näheres dazu findet sich im Kapitel Laser im zweiten Teil dieses Buchs). In Bild 3-1 sind normierte gaußförmige Intensitätsprofile für verschiedene Lauflängen dargestellt.

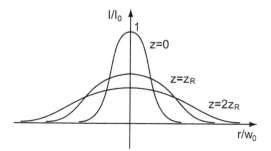

**Bild 3-1**  Normierte gaußförmige Intensitätsprofile für verschiedene Lauflängen
(Erläuterungen im Text)

Wir können zwei klare Fälle unterscheiden:

(i)  Im Nahfeld mit $z << z_R$ liefert Gleichung (3-5) für den Strahlradius $w(z) \approx w_0$, da der zweite Term unter der Wurzel vernachlässigt werden kann.

(ii)  Im Fernfeld mit $z >> z_R$ liefert Gleichung (3-5) die Näherung $w(z) \approx \dfrac{w_0}{z_R} z$, da die 1 unter der Wurzel vernachlässigt werden kann.

Im Fernfeld verhält sich der Gauß-Strahl also linear mit einem konstanten Öffnungswinkel

$$\theta_0 = \tan \theta_0 = \frac{w_0}{z_R} = \frac{\lambda}{\pi w_0} \tag{3-7}$$

Hier wurde im letzten Schritt die Rayleigh-Länge aus Gleichung (3-6) eingesetzt. Diese Gleichung ist ein gutes Hilfsmittel zur Abschätzung der Divergenz eines vorgegebenen Lasers.

Einen wesentlichen Unterschied von Gauß-Strahlen und ebenen Wellen haben wir gerade besprochen, nämlich das charakteristische radiale Abklingen des Gauß-Strahls, wohingegen die ebene Welle quer zur Ausbreitung unendlich ausgedehnt ist mit konstanter Intensität. Ein zweiter Unterschied ist, dass die Wellenfronten (Phasenflächen) im Gauß-Strahl nicht eben sind, sondern durch Kugelflächen angenähert werden, siehe Bild 3-2.

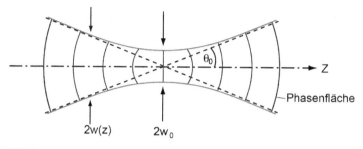

**Bild 3-2**  Phasenflächen im Bereich der Taille eines gaußförmigen Strahls

Die Unterschiede von Gauß-Strahl und ebener Welle haben Auswirkungen auf das Ausbreitungsverhalten von Laserstrahlen, speziell beim Durchgang durch optische Systeme. Das soll im Abschluss dieses Kapitels anhand von zwei grundlegenden technischen Vorgängen erläutert werden.

Als erstes betrachten wir die Fokussierung eines Gauß-Strahls, Bild 3-3 zeigt den prinzipiellen Strahlverlauf. Die Gleichung zur Berechnung der neuen fokussierten Strahltaille hinter der Linse $2w_0'$ folgt mit einigen Schritten aus der allgemeinen Abbildungsgleichung (siehe Kapitel 1):

$$w_0' = \frac{\lambda f}{\pi w_0} \qquad\qquad (3\text{-}8)$$

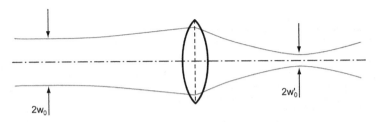

**Bild 3-3**    Fokussierung eines gaußförmigen Strahls durch eine Linse

Das Ergebnis ist verblüffend: Je größer $w_0$ vor der Linse, desto kleiner wird $w_0'$ nach der Fokussierung! Der Strahlradius $w_0$ kann aber nicht größer als der halbe Linsendurchmesser $D/2$ werden, d. h. die maximal mögliche Fokussierung ist

$$w_0' = \frac{2\lambda f}{\pi D} \qquad\qquad (3\text{-}9)$$

Die Erkenntnis daraus lautet, dass eine große Linse einen kleinen Fokus macht. Das findet häufig Anwendung in der Messtechnik, wenn möglichst scharfe Fokussierungen angestrebt werden. In diesen Fällen weitet man einen Laserstrahl zunächst auf und fokussiert ihn dann mit einer größeren Linse (siehe Beispiele in Teil III dieses Buchs).

Das führt uns direkt zum zweiten wichtigen Vorgang, zur Aufweitung eines Gauß-Strahls. Im einfachsten Fall nimmt man dafür ein umgekehrtes Kepler-Fernrohr zu Hilfe (siehe Kapitel über Teleskope). Zwei Linsen mit unterschiedlichen Brennweiten und einem gemeinsamen Fokuspunkt (für den geometrischen Strahlengang siehe Bild 3-4) liefern eine Strahlaufweitung von $D/d = f_2/f_1$.

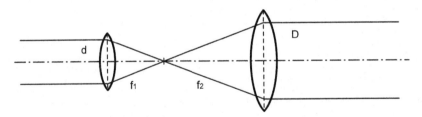

**Bild 3-4**    Strahlaufweitung mit Kepler-Fernrohr, geometrische Optik

Wählen wir die gleiche Anordnung auch für den Gauß-Strahl, dann ergibt sich der prinzipielle Strahlverlauf von Bild 3-5. Wie bei der Fokussierung folgt auch bei der Aufweitung mit einigen Schritten aus der allgemeinen Abbildungsgleichung die Gleichung für die neue aufgeweitete Strahltaille $2w_{02}'$:

$$w_{02}' = w_{01} \frac{f_2}{f_1} \sqrt{\left((a - f_1)^2 + z_R^2\right)/z_R^2} \qquad (3\text{-}10)$$

Setzen wir nun für den Abstand a der Strahltaille $2w_{01}$ vor der ersten Linse genau die Brennweite $f_1$ dieser Linse ein, dann ergibt sich wie bei der geometrischer Optik:

$$w_{02}' = w_{01} \frac{f_2}{f_1} \qquad (3\text{-}11)$$

wobei die Divergenz des Strahles abnimmt durch die Aufweitung:

$$\theta_2 = \theta_1 \frac{f_1}{f_2} \qquad (3\text{-}12)$$

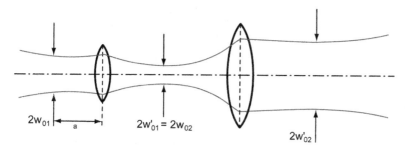

**Bild 3-5**   Strahlaufweitung mit Kepler-Fernrohr für gaußförmige Strahlen

# 4 Termschema und Energiebänder

Als Quelle von elektromagnetischen Wellen im sichtbaren Bereich haben wir im 2. Kapitel Vorgänge in Atomhüllen identifiziert, deshalb folgt nun ein kleiner Ausflug in die Atomphysik. Da Atome zu klein sind, um sie direkt zu beobachten, wurden die wesentlichen Erkenntnisse über den Bau der Atome aus spektroskopischen Untersuchungen und aus Streuexperimenten gewonnen.

Mit dem Begriff Spektroskopie ist hier ganz allgemein die Untersuchung der Intensität von Strahlung in Abhängigkeit von der Wellenlänge bzw. der Frequenz gemeint. Auf spezielle Bauformen und Möglichkeiten von Spektrometern wird in Teil III dieses Buchs näher eingegangen.

Bei der Emissions-Spektroskopie wird eine Probe zum Strahlen angeregt. Das kann erfolgen durch eine Funkenentladung, oder auch thermisch (also z. B. durch Erhitzen in einer Flamme). Zur Analyse wird die ausgesandte Strahlung der Probe untersucht, wie z. B. die charakteristische Gelbfärbung einer Natrium-Flamme.

Bei der Absorptions-Spektroskopie wird eine Probe z. B. mit IR-Licht oder Laserlicht bestrahlt und es wird die durchgelassene Strahlung analysiert. Dabei findet man normalerweise bestimmte charakteristisch geschwächte Wellenlängen, bei denen Energie von der Probe absorbiert wird.

Für Streuexperimente werden bekannte Teilchen wie Elektronen, Neutronen oder Heliumkerne (α-Teilchen) auf Proben geschossen und aus der räumlichen Verteilung der Streuteilchen um die Probe herum Rückschlüsse gezogen auf z. B. die Größe der beschossenen Strukturen oder auf ihre Bindungseigenschaften.

Dieses Kapitel geht nicht weiter auf spektroskopische Messungen und Streuexperimente ein. Es werden vielmehr von physikalischen Atommodellen ausgehend Zusammenhänge hergeleitet, die dann mit Experimenten verglichen werden können. Im Einzelnen soll die Entstehung von sichtbarem Licht in Atomhüllen näher betrachtet werden, das Verständnis für die quantenoptischen Vorgänge (Kapitel 5) vorbereitet werden und die Grundlage für die energetische Betrachtung der Halbleiterelemente in Teil II dieses Buches gelegt werden.

## 4.1 Termschema von Wasserstoff

Ein erstes brauchbares Atommodell wurde von Rutherford 1911 vorgeschlagen. Es war eine Art Planetenmodell, bei dem die negativen Elektronen den positiven Kern umkreisten. Das Wasserstoffatom ist in diesem Modell das kleinste und einfachste System mit einem Proton und einem Elektron.

Allerdings würden nach klassischer Vorstellung beschleunigte Ladungen Energie abstrahlen in Form von elektromagnetischen Wellen. Dadurch käme das Elektron dem Kern immer näher und die Frequenz der abgestrahlten Welle würde kontinuierlich zunehmen. Schließlich würde das Elektron auf den Kern stürzen und das Atom wäre zerstört. Diese Vorstellung steht im Widerspruch zur beobachteten Stabilität der Atome. Ein weiteres Problem des Rutherford'schen Modells ist, dass es die Emission und Absorption von Strahlung in Form der beobachteten Linienspektren nicht erklären kann.

1913 konnte der dänische Physiker Bohr diese Probleme überwinden, indem er das Rutherford'sche Atommodell geeignet erweiterte. Bohr stellte dazu drei Postulate auf:

1. In der Atomhülle gibt es Kreisbahnen, auf denen das Elektron ohne Energieabstrahlung umlaufen kann. Das sind die sogenannten erlaubten Bahnen mit definierten Energieniveaus.

2. Es sind nur Bahnen mit Radien $r_n$ erlaubt, bei denen der Bahndrehimpuls $L_B$ des Elektrons einer Quantenbedingung gehorcht:

$$L_B = n\hbar = m_e r_n v \tag{4-1}$$

hierin bedeutet $n = 1, 2, \ldots$ die Hauptquantenzahl, $\hbar$ ist die kleinste in der Natur vorkommende Drehimpulseinheit (analog zur Elementarladung e), $m_e$ ist die Ruhemasse des Elektrons und $v$ seine Bahngeschwindigkeit.

3. Beim Übergang von einem Zustand höherer Energie in einen Zustand geringerer Energie wird die Energiedifferenz als Lichtquant mit der Energie $hv$ abgestrahlt:

$$\Delta E = E_2 - E_1 = h v \tag{4-2}$$

Das Elektron springt dabei von einer erlaubten Bahn höherer Energie auf eine andere mit geringerer Energie. Dieser Vorgang läuft nicht klassisch ab. Das Elektron fällt also nicht kontinuierlich von einer Bahn zur anderen (wie z. B. ein Apfel vom Baum), sondern schlagartig ohne Übergang. Umgekehrt können auch Quanten absorbiert und das Elektron dabei auf ein höheres Energieniveau angehoben werden.

Mit diesen drei Erweiterungen konnte Bohr die bekannten Spektrallinien des Wasserstoffs erklären und zahlenmäßig angeben. Aus einer klassischen Kräftebilanz, nach der die Coulombkraft das Elektron auf seiner Bahn um das Proton hält

$$\frac{m_e v^2}{r_n} = \frac{e^2}{4\pi\varepsilon_0 r_n^2} \tag{4-3}$$

ergeben sich mit der Gleichung für die Quantenbedingung aus dem 2. Bohr'schen Postulat

$$v = \frac{n\hbar}{m_e r_n} \tag{4-4}$$

die Radien der erlaubten Bahnen zu

$$r_n = \frac{4\pi\varepsilon_0 n^2 \hbar^2}{e^2 m_e} = \frac{\varepsilon_0 n^2 h^2}{\pi e^2 m_e}$$

$$n = 1, 2, \ldots \tag{4-5}$$

**Zahlenbeispiel:** Der kleinste Bahnradius ergibt sich für die Hauptquantenzahl $n = 1$ zu

$$r_1 = \left( \frac{8{,}85 \cdot 10^{-12} \, C/V_m \, \left(6{,}6 \cdot 10^{-34} \, Js\right)^2}{\pi \left(1{,}6 \cdot 10^{-19} C\right)^2 \, 9{,}1 \cdot 10^{-31} kg} \right) \approx \underline{\underline{0{,}5 \cdot 10^{-10} m}}$$

Das Elektron auf der Bahn mit $r_1$ befindet sich im Grundzustand, dem Zustand mit der geringsten Energie. Für $n > 1$ ergeben sich größere Bahnen, das sind die angeregten Zustände.

Aus der Gleichung für die erlaubten Bahnen ist ersichtlich, dass sich die Radien zueinander verhalten wie die Quadrate ganzer Zahlen:

$$\frac{r_n}{r_m} = \frac{n^2}{m^2}$$

($n, m$ ganzzahlig)                                                                                      (4-6)

Damit können wir nun die Energie eines emittierten Lichtquants beim Übergang des Elektrons von einem höherem zu einem geringeren Energieniveau bestimmen:

$$\Delta E = E_m - E_n = h\nu$$                                                                          (4-7)

wobei sich die Energien $E_m$ und $E_n$ zusammensetzen aus Anteilen potentieller und kinetischer Energie. Die potentielle Energie wird durch den Abstand des Elektrons zum Kern bestimmt, also durch das Coulomb-Potential, und die kinetische Energie durch die Bahnbewegung. Nach einigen Zwischenschritten ergeben sich daraus die Frequenzen des ausgestrahlten Lichts:

$$\nu = \frac{e^4 m_e}{8\varepsilon_0^2 h^3} \left( \frac{1}{n^2} - \frac{1}{m^2} \right)$$           (4-8)

Der gesamte Bruch vor der Klammer ist konstant und wird häufig mit $R_H$ abgekürzt, der Rydberg-Frequenz:

$$\nu = R_H \left( \frac{1}{n^2} - \frac{1}{m^2} \right)$$                                               (4-9)

Das sind die berechneten Frequenzen der Wasserstoffserien, die sehr gut mit den gemessenen Linien überein stimmen. Diese Übereinstimmung legt nahe, dass die Bohr'schen Postulate für das Wasserstoffatom vernünftige Annahmen machen.

Fast 30 Jahre früher hatte Balmer (1885) die Serie für $m > n = 2$ gemessen. Als Serie werden hierbei alle möglichen Übergänge auf ein und dieselbe Bahn bezeichnet, die aber nicht der Grundzustand sein muss. So hatte Balmer eben den Rücksprung von höheren Energien auf $n = 2$ vermessen, weil das die einzige Serie im sichtbaren Wellenlängen-Bereich ist und es zu seiner Zeit nur Spektroskope für die Beobachtung mit dem Auge als Detektor gab.

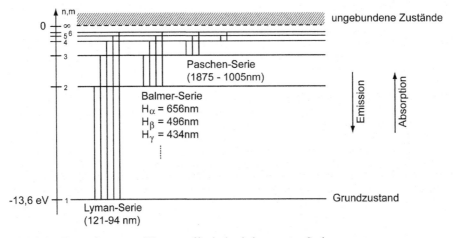

**Bild 4-1**   Termschema von Wasserstoff mit den bekanntesten Serien

Mit den Frequenzen der Wasserstoffserien können wir nun das Termschema des Wasserstoffs zeichnen, dies ist in Bild 4-1 getan. Dargestellt sind die den Bahnradien entsprechenden Energien vom Grundzustand über die angeregten Zustände bis zu den ungebundenen Zuständen. Ungebunden bedeutet hierbei, dass das Elektron vom Kern vollständig entfernt wurde, das Atom also ionisiert ist. Vereinbarungsgemäß entsprechen diese Zustände mit $n = \infty$ einer Energie von $E_\infty = 0$.

Der Grundzustand mit $n = 1$ hat dann die Energie

$$E_1 = h R_H / n^2 = -13,6\,\text{eV} \tag{4-10}$$

wobei der Wert von $-13,6$ eV der Bindungsenergie des Elektrons im Grundzustand und damit auch der Ionisierungsenergie zur Entfernung des Elektrons vom Kern entspricht.

Hierbei wurde die in der Atomphysik gebräuchliche Form der Energieeinheit 1 eV verwendet. 1 eV entspricht der kinetischen Energie eines Elektrons, das durch eine Spannung von $U = 1$ V beschleunigt wurde:

$$E_{kin} = e\,U \tag{4-11}$$

Es hat den Zahlenwert von 1 eV = 1,6 · 10$^{-19}$ J und ist eine handliche Einheit für sehr kleine Energien.

## 4.2 Energiebänder

Wir hatten im vorangegangenen Unterkapitel gesehen, dass Elektronen nur bestimmte Energieniveaus einnehmen können, Zwischenzustände also nicht möglich sind. Diese Niveaus waren als Linien im Energiediagramm dargestellt (siehe Bild 4-1) für den idealisierten Fall einzelner Atome.

In festen, flüssigen und dichten Stoffen existieren aber die Atome und damit auch die Elektronen nicht unabhängig voneinander. Vielmehr befindet sich die Hülle jedes Atoms im elektrischen Feld der benachbarten Atome. Dadurch werden die Energieniveaus der einzelnen Atome in sehr viele, dicht nebeneinander liegende Niveaus aufgespalten, in einem gewissen Bereich sind sie quasi kontinuierlich und es entstehen Energiebänder anstatt scharfer Linien.

Die Energiebänder bleiben aber immer noch durch verbotene Bereiche (sogenannte Gaps) voneinander getrennt. Die äußeren, höheren Niveaus haben breitere Bänder, weil sie stärker von den Nachbaratomen beeinflusst werden. In Kernnähe dagegen bleiben die Bänder schmal. In Bild 4-2 ist das Bändermodell eines metallischen Leiters dargestellt.

Als Valenzband (V-Band) wird das letzte bei tiefen Temperaturen voll besetzte Energieband bezeichnet, manchmal heißt es auch Grundband. Das Leitungsband (L-Band) ist das höchste nur teilweise oder auch nicht besetzte Energieband. Die Energielücke zwischen V- und L-Band wird Bandabstand genannt.

Für die elektrische Leitfähigkeit sind nur das V- und L-Band relevant. Leitung ist nur möglich, wenn das L-Band nicht vollständig besetzt ist. Dann nämlich können Elektronen im L-Band mit geringstem Energieaufwand in unbesetzte Bereiche des Bandes gelangen. Die Bindung des Elektrons an einen Atomkern ist dort so schwach, dass keine direkte Zugehörigkeit mehr zu einem bestimmten Kern besteht. Die Elektronen bewegen sich vielmehr relativ frei in den Gitterzwischenräumen, sie bilden eine Art „Elektronengas".

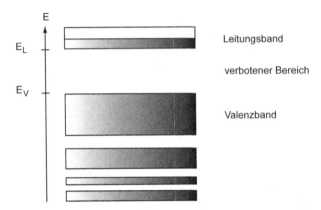

**Bild 4-2**    Energetisches Bändermodell eines metallischen Leiters

Für Halbleiter und Nichtleiter gilt prinzipiell das gleiche Modell mit nur geringen Modifikationen. Dies ist dargestellt in Bild 4-3a und 4-3b.

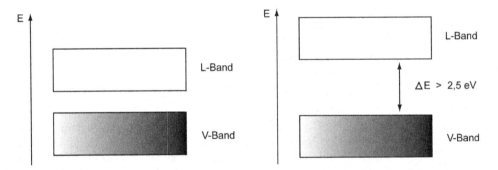

**Bild 4-3a**  Bändermodell Halbleiter                **Bild 4-3b**  Bändermodell Nichtleiter (Isolator)

In beiden Fällen ist das L-Band zunächst leer, beim Halbleiter ist der Abstand zum V-Band relativ klein, wohingegen er beim Nichtleiter mindestens 2,5 eV beträgt. Damit reicht für Halbleiter bei entsprechenden Temperaturen die thermische Energie noch aus, um einzelne Elektronen ins L-Band zu bringen, während beim Isolator der Bandabstand dafür zu groß ist.

In Teil II dieses Buches werden wir auf einige Halbleiterelemente noch etwas eingehen. Für eine tiefer gehende Darstellung sei auf entsprechende Lehrbücher verwiesen.

# 5 Quantenoptik

Mit diesem Kapitel vertiefen wir die Beschreibung von Licht im Teilchenbild, wir werden uns also mit Lichtquanten oder Photonen befassen. Im vorangegangenen Kapitel hatten wir gesehen, dass Elektronen beim Übergang von einem höheren zu einem geringeren Energieniveau Lichtquanten mit der Energie $E = h\nu$ aussenden. Wir hatten das für ein einzelnes Wasserstoffatom ausführlicher betrachtet, es gilt aber auch für Bandübergänge vom Leitungsband ins Valenzband.

Werden im umgekehrten Fall Photonen mit einer Energie größer als der Bandabstand $\Delta E$ eingestrahlt, dann können diese absorbiert werden indem sie Elektronen vom V-Band ins L-Band anheben, siehe das Energieschema in Bild 5-1.

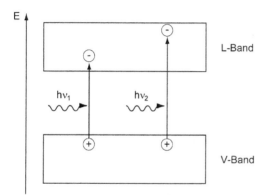

**Bild 5-1**
Absorption von Photonen im Bändermodell

Es werden durch die Absorption von Lichtquanten Ladungsträgerpaare erzeugt, bestehend aus negativen Elektronen im L-Band und zurückbleibenden positiven Löchern im V-Band. Die Energie der Lichtquanten muss groß genug sein, damit die Elektronen den Bandabstand überwinden können:

$$h\nu \geq \Delta E \tag{5-1}$$

Aus dieser Bedingung kann die Grenzfrequenz bestimmt werden, die für die Absorption von Photonen durch einen Halbleiter überschritten, bzw. die Grenzwellenlänge, die unterschritten werden muss:

$$h\nu_{grenz} = h\frac{c}{\lambda_{grenz}} = \Delta E \tag{5-2}$$

Aufgelöst nach der Grenzwellenlänge ergibt sich

$$\lambda_{grenz} = \frac{hc}{e\Delta U} \tag{5-3}$$

Für einen Bandabstand von 1 eV ergibt sich eine Grenzwellenlänge von $\lambda_{grenz} = 1,24\mu m$.

Nach dieser Einleitung zu den Lichtquanten werden wir im weiteren Verlauf des Kapitels zwei Effekte betrachten, die das moderne Modell für Licht (den Welle-Teilchen Dualismus) auf der Teilchen-Seite maßgeblich geprägt haben.

## 5.1 Photoeffekt

Bereits 1887 wurde entdeckt, dass sich eine negativ geladene Metallplatte bei der Bestrahlung mit kurzwelligem Licht entlädt. Es entstand die Vorstellung, dass durch die Bestrahlung Elektronen aus dem Metall herausgeschlagen werden. Dieser Effekt wurde zunächst als lichtelektrischer Effekt bezeichnet, später bekam er den Namen Photoeffekt.

Die klassische experimentelle Anordnung zum Photoeffekt ist in Bild 5-2 dargestellt.

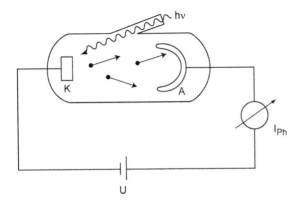

**Bild 5-2**
Prinzipskizze zum Photoeffekt in einer Vakuumphotozelle

In einer Vakuumphotozelle mit der Photokathode K und der Anode A werden durch kurzwelliges Licht Elektronen aus der Kathode herausgelöst. Diese werden von der Anode abgesaugt und sind als Photostrom $I_{ph}$ messbar.

Bei diesem Experiment sind drei wichtige Dinge beobachtbar:

1. Die kinetische Energie der Photoelektronen $E_{kin}$ hängt nicht von der Intensität, sondern nur von der Frequenz des eingestrahlten Lichts ab.

2. Unterhalb einer bestimmten Grenzfrequenz gibt es keine Photoemission.

3. Eine höhere Lichtintensität erhöht den Strom der Elektronen, aber nicht deren kinetische Energie.

Bei diesem beschriebenen äußeren Photoeffekt steht die Metalloberfläche dem Vakuum gegenüber, was sich im Energieschema wie in Bild 5-3 darstellt.

Metalle haben Austrittsarbeiten $W_A$ im Bereich von 3 eV bis 5 eV (analog zum Bandabstand $\Delta E$ von Halbleitern), das ergibt Grenzwellenlängen von 220 nm bis 370 nm. Der Photoeffekt bei Metallen ist daher erst mit UV-Licht beobachtbar. Alternativ kann zur Verringerung der Austrittsarbeit die Kathode vorgeheizt werden.

Nun aber zur Interpretation der Beobachtungen beim Photoeffekt. Im Wellenbild gab es keinen Mechanismus, der das beobachtete Herauslösen von Elektronen aus einer Metalloberfläche hätte beschreiben können. Das gelang erst, als die Vorstellung von Lichtquanten herangezogen wurde. Es trifft in diesem Bild ein Photon auf die Metallplatte, löst ein Elektron aus der Kathode und gibt ihm dabei seine Energie ab. Bei diesem Vorgang wird die notwendige Austrittsarbeit verbraucht und steht nicht als kinetische Energie für das Elektron zur Verfügung. Unterhalb der Grenzfrequenz (bzw. oberhalb der Grenzwellenlänge) reicht die Energie des Photons nicht aus, um ein Elektron auszulösen.

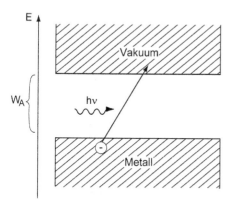

**Bild 5-3**
Energieschema zum äußeren Photoeffekt an Metallen

Diese Interpretation lässt sich in einer linearen Gleichung zusammenfassen, einer Art Energiebilanz:

$$E_{kin} = h\nu - W_A \tag{5-4}$$

mit $E_{kin}$ = kinetische Energie der Elektronen

$h\nu$ = Photonenenergie

$W_A$ = Austrittsarbeit

und ist in Bild 5-4 graphisch veranschaulicht.

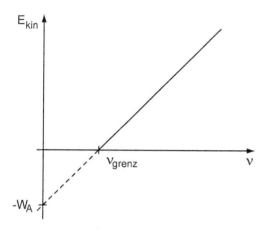

**Bild 5-4**
Kinetische Energie der Elektronen als Funktion der Photonenenergie beim Photoeffekt

Analog zum äußeren gibt es den inneren Photoeffekt bei Halbleitern. Wie in der Einleitung zu diesem Kapitel angeführt, werden hierbei Elektronen/Loch-Paare erzeugt, die sich im Halbleiter relativ frei bewegen können. Das heißt, die Leitfähigkeit des Halbleiters nimmt bei Beleuchtung zu, der Halbleiter stellt einen Photowiderstand dar. Je nach Bandabstand sind Halbleiter im Infrarotbereich oder für sichtbares Licht empfindlich.

***Zahlenbeispiele*** für Bandabstände $\Delta E$ und Grenzwellenlängen $\lambda_{grenz}$ sind in Tabelle 5-1 zusammengestellt.

**Tabelle 5-1**     Bandabstand und Grenzwellenlänge verschiedener Materialien

| Material | $\Delta E$ in eV | $\lambda_{grenz}$ in nm |
|----------|------------------|-------------------------|
| IvSb     | 0,16             | 7750                    |
| Pb S     | 0,41             | 3020                    |
| Ge       | 0,66             | 1880                    |
| Si       | 1,12             | 1110                    |
| GaAs     | 1,43             | 870                     |
| CdSe     | 1,70             | 730                     |
| GaP      | 2,24             | 550                     |
| CdS      | 2,42             | 510                     |

Wird die Grenzwellenlänge unterschritten, dann können die Photonen absorbiert werden. Oberhalb der Grenzwellenlänge nimmt die spektrale Empfindlichkeit des Halbleitermaterials drastisch ab, der Halbleiter wird quasi transparent.

Ein typischer Aufbau für Photowiderstände ist in Bild 5-5 dargestellt.

CdS-Schicht

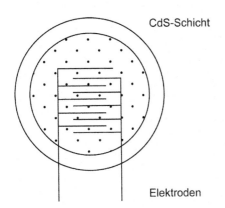

Elektroden

**Bild 5-5**
Beispiel für den Aufbau eines Halbleiter-Photowiderstands

Auf dem Halbleitermaterial (im Beispiel eine CdS-Schicht) werden ohmsche Kontakte angebracht, z. B. in einer Kammstruktur oder meanderförmig. Eine weitere Anwendung des inneren Photoeffekts ist die Photodiode, auf die in Teil II dieses Buches näher eingegangen wird.

## 5.2 Compton-Effekt

Eine weitere Unterstützung für das Lichtquantenmodell wurde von Compton 1923 geliefert. Er untersuchte die Streuung von Röntgenstrahlen an schwach gebundenen Elektronen. Dazu schoss er einen Röntgenstrahl mit bekannter Wellenlänge auf einen Graphitblock und maß sowohl die Intensität als auch die Wellenlänge der gestreuten Strahlung in Abhängigkeit vom Streuwinkel, siehe Bild 5-6.

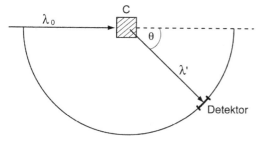

**Bild 5-6**
Prinzipskizze zum Versuchsaufbau für den Compton-Effekt

Seine Beobachtung war verblüffend: Die gestreute Strahlung enthält zusätzlich zur primären Komponente mit der Wellenlänge $\lambda_0$ eine spektral verschobene Komponente mit der Wellenlänge $\lambda'$, wobei $\lambda'$ winkelabhängig unterschiedlich ist, also $\lambda' = \lambda'(\theta)$.

Schematisch ist das in Bild 5-7 dargestellt.

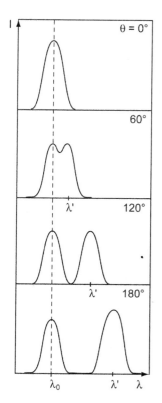

**Bild 5-7**
Intensität der Streustrahlung beim Compton-Effekt als Funktion der Wellenlänge unter verschiedenen Beobachtungswinkeln

Im Wellenbild werden gebundene Elektronen in den Atomen durch die elektromagnetische Welle in Schwingungen versetzt mit der Wellenlänge der Welle und sie senden Strahlung mit ebendieser Wellenlänge $\lambda_0$ in alle Richtungen aus. In diesem Modell ist die verschobene Komponente $\lambda'$ nicht erklärbar, wohl aber mit der Vorstellung eines elastischen Stoßes zwischen Photon und ruhendem Elektron. Für die Energiehaltung beim Stoß gilt:

$$h\nu_0 + m_0 c^2 = h\nu' + mc^2 \tag{5-5}$$

Die linke Seite der Gleichung beinhaltet die Energie des Photons vor dem Stoß ($h\nu_0$) und die Ruheenergie des Elektrons. Auf der rechten Seite steht die Energie des Photons nach dem Stoß und die kinetische Energie des relativistischen Elektrons

$$E = mc^2 = \frac{m_0}{\sqrt{1 - v^2/c^2}} c^2 \tag{5-6}$$

Außerdem gilt für den Stoß die Impulserhaltung mit dem Impuls des Photons

$$p_{Ph} = m_{Ph} c \tag{5-7}$$

worin wir die Masse $m_{Ph}$ direkt durch die Äquivalenz von Masse und Energie ersetzen

$$p_{Ph} = \frac{E}{c^2} c = \frac{E}{c} \tag{5-8}$$

und mit der Energie $h\nu_0$ des Photons wird der Impuls zu

$$p_{Ph} = \frac{h\nu_0}{c} = \frac{h}{\lambda} \tag{5-9}$$

Da wir an der Winkelabhängigkeit interessiert sind, müssen wir den Stoß vektoriell betrachten, siehe Bild 5-8.

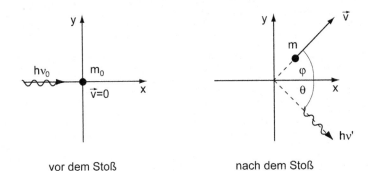

vor dem Stoß                              nach dem Stoß

**Bild 5-8**   Modell für den Stoß zwischen Photon und Elektron beim Compton-Effekt

Der Einfachheit halber betrachten wir die Komponenten in x- und y-Richtung getrennt:

in x-Richtung

$$\frac{h\nu_0}{c} = \frac{h\nu'}{c}\cos\vartheta + mv\cos\varphi \tag{5-10}$$

in y-Richtung

$$0 = \frac{h\nu'}{c}\sin\vartheta - mv\sin\varphi \tag{5-11}$$

Die linken Seiten sind die Komponenten vor dem Stoß, hier liefert das Elektron noch keinen Beitrag, weil es ruht. Die rechten Seiten beschreiben die richtungsabhängigen Komponenten des Photons und des Elektrons (Geschwindigkeit $v$) nach dem Stoß.

Kombiniert man nun die Energieerhaltung und die Impulserhaltung, dann erhält man daraus nach wenigen Rechenschritten eine Gleichung für die Verschiebung der Wellenlänge:

$$\Delta\lambda = \lambda' - \lambda_0 = \frac{h}{m_0 c}\left(1 - \cos\vartheta\right) \tag{5-12}$$

Der Vorfaktor in dieser Gleichung heißt Compton-Wellenlänge und hat den Wert

$$\lambda_c = \frac{h}{m_0 c} = 2{,}4\cdot 10^{-12}\, m \tag{5-13}$$

Wie im Experiment gefunden, hängt die Wellenlängenverschiebung nur vom Streuwinkel $\theta$ ab und nicht vom Streumaterial oder der Wellenlänge $\lambda_0$ des eingestrahlten Röntgenquants.

Zum Schluss behalten wir im Sinn: Die Herleitung der Gleichung für die Verschiebung der Wellenlänge wurde durchgeführt unter der Annahme, dass ein ganzes Photon am Stoß beteiligt ist und gestreut wird, nicht ein Halbes oder ein Viertel. Für Bruchteile von Photonen hätten die Erhaltungssätze andere Ergebnisse geliefert. Der Compton-Effekt legt also nahe, dass Photonen nicht aufgeteilt werden können. Ein Photon mit der Frequenz $\nu$ trägt immer die Energie $h\nu$ und den Impuls $h/\lambda$.

# 6 Beugung und Interferenz

Es ist eine Erfahrung des täglichen Lebens: Licht breitet sich geradlinig aus und hinter beleuchteten Gegenständen gibt es Schatten. Beim genaueren Hinsehen kann man aber auch im Schattenbereich Licht finden. Das hatte bereits Leonardo da Vinci im 15. Jahrhundert entdeckt und es wurde von Grimaldi 1665 erstmals näher beschrieben. Diese Beobachtungen standen im klaren Widerspruch zur damals akzeptierten Korpuskulartheorie des Lichts und führten 1690 schließlich zur Wellentheorie von Huygens mit dem Modell der Elementarwellen, siehe auch erstes Kapitel in diesem Buch. Fresnel verbesserte Anfang des 19. Jahrhunderts die Elementarwellentheorie. In seinem Modell werden bei der Überlagerung von Elementarwellen die Amplituden phasenrichtig addiert. In diesem Kapitel werden wir nach prinzipiellen Überlegungen zur Überlagerung von Wellen (Interferenz) zunächst die Beugung an Spalt und Gitter auf klassische Weise betrachten. Danach werden wir eine relativ elegante Methode zur Berechnung von Beugungsbildern kennen lernen und im abschließenden Unterkapitel die technisch besonders relevante Beugung an kreisförmigen Blenden mit dieser Methode behandeln.

## 6.1 Interferenz

Unter Interferenz versteht man die stationäre (zeitlich konstante) Überlagerung von Wellen. Dabei kann es je nach Phasenlänge zur Auslöschung oder Verstärkung kommen. Grundsätzliche Voraussetzung für Interferenz ist eine feste Beziehung zwischen den Wellen, die überlagert werden. Es gibt verschiedene Anordnungen, mit denen man Interferenz erzeugen kann:

a) Beugung von Licht an Öffnungen und Kanten:
   Darauf wird im weiteren Verlauf dieses Kapitels noch ausführlich eingegangen.

b) Reflexion von Licht an dünnen Schichten:

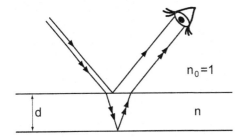

**Bild 6-1**
Interferenz durch Reflexionen an der Ober- und Unterseite einer dünnen Schicht

In Bild 6-1 sind Lichtstrahlen dargestellt, die z. B. an einer dünnen Seifenhaut reflektiert werden. Dabei wird ein Teil des Lichts an der Vorderseite reflektiert und überlagert sich am Auge mit dem anderen Teil, der in die Schicht eindringt und an der Rückseite reflektiert wird. Je nach Winkel, Wellenlänge und Schichtdicke haben die beiden Wege einen Gangunterschied, der zur Auslöschung oder Verstärkung führt. Dadurch entstehen bei Beleuchtung mit z. B. Sonnenlicht die schillernden Farben an Seifenblasen oder an einem Ölfilm auf Wasser. Interferenz an dünnen Schichten findet heutzutage z. B. Anwendung zum Entspiegeln von Brillengläsern und zum Vergüten von Linsen. Es gibt Optiken mit bis zu 50 optimierten dünnen Schichten.

c) Überlagerung von Licht in Interferometern:
   Interferometer sind optische Instrumente zur hochaufgelösten Bestimmung von Längen,
   Winkeln, Wellenlängen, Brechzahlen usw. durch Ausnutzen von Interferenzerscheinungen
   an Wellen mit unterschiedlichen Laufwegen. Ein wichtiger Grundtyp ist das Michelson-
   Interferometer, dargestellt in Bild 6-2.

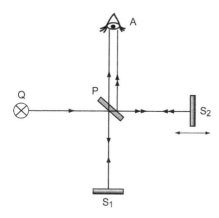

**Bild 6-2**
Prinzipieller Aufbau eines Michelson-Interferometers

Licht wird von der Quelle Q ausgesendet und trifft auf die halbdurchlässige Platte P. Ein Teil
des Lichts wird am festen Spiegel S1 reflektiert, der andere Teil am beweglichen Spiegel S2.
Im Detektor oder Auge A beobachtet man die Überlagerung der beiden Teilwellen. Im ideal
aufgebauten Michelson-Interferometer kann man S2 so einstellen, dass man am Detektor maximale Verstärkung (hell) oder maximale Abschwächung (dunkel) erhält. Der Verschiebeweg
des Spiegels von hell bis dunkel beträgt dabei nur ein Viertel der Wellenlänge der Lichtquelle,
das Interferometer reagiert also äußerst empfindlich.

***Zahlenbeispiel:*** Bei Verwendung eines HeNe-Lasers mit einer Wellenlänge von $\lambda = 632,8$ nm
hat der Verschiebeweg von hell bis dunkel einen Wert von 158,2 nm. Wenn man nur zehn
Helligkeitsstufen auflösen könnte, wäre schon eine Längenauflösung von ca. 16 nm möglich!

## 6.2 Beugung an Spalt und Gitter

In der Einleitung zu diesem Kapitel hatten wir bereits festgehalten, dass sich Licht geradlinig
ausbreitet, aber auch, dass an Hindernissen, Öffnungen und Kanten Beugung auftreten kann.
Experimentelles Beispiel: Beleuchtet man einen engen Spalt mit dem Licht einer grünen Laserdiode, dann beobachtet man auf einem entfernten Schirm die in Bild 6-3 dargestellte Licht-
verteilung.

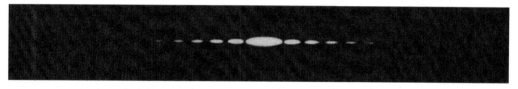

**Bild 6-3**   Beugungsbild hinter einem Einzelspalt mit 0,5 mm Spaltbreite

Es entsteht ein zentraler heller Streifen, der symmetrisch von weiteren hellen Streifen mit abnehmender Intensität und dunklen Zwischenräumen flankiert ist. Die Ausdehnung des Musters ist quer zur Spaltausrichtung.

Eine quantitative Beschreibung dieses Befunds kann mit Huygens'schen Elementarwellen vorgenommen werden, siehe Bild 6-4.

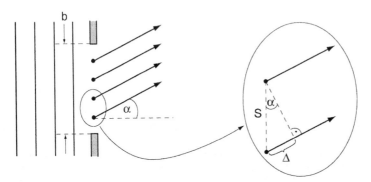

**Bild 6-4**    Betrachtung am Einzelspalt zur Erklärung von Beugungsminima

Von links trifft eine ebene Welle auf den Spalt der Breite *b*. Die Beobachtung erfolgt an einem weit entfernten Schirm an einem Punkt, der durch den Winkel $\alpha$ festgelegt wird. Nach dem Huygens'schen Prinzip sendet jeder Punkt im Spalt Elementarwellen aus. Der Gangunterschied $\Delta$ zweier Teilstrahlen ergibt sich direkt aus der Geometrie zu

$$\Delta = s \cdot \sin \alpha \tag{6-1}$$

Daraus kann man eine Beziehung für die Minima des Beugungsbildes herleiten:

$$\sin \alpha_{min} = \pm m \frac{\lambda}{b} \tag{6-2}$$

mit der Beugungsordnung $m = 1, 2, \ldots$

Graphisch kann man das recht einfach erläutern, siehe Bild 6-5.

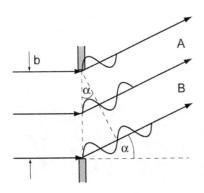

**Bild 6-5**
Zerlegung des Lichtbündels am Spalt zur Erklärung
der Auslöschung

Für den Winkel $\alpha$ entsteht ein Minimum, weil es zu jedem Teilstrahl im oberen Halbbereich A genau einen Teilstrahl im unteren Halbbereich B gibt, der einen Gangunterschied von $\lambda/2$ hat. Damit löschen sich die Teilstrahlen paarweise aus. Für den Winkel $\alpha$ kann man Bild 6-5 direkt entnehmen:

$$\sin \alpha = \frac{\lambda}{b} \qquad (6\text{-}3)$$

das ist der Winkel für das erste Minimum.

Am Rande sei hier das Babinet'sche Theorem erwähnt. Es besagt, dass komplementäre Hindernisse die gleiche Beugungsfigur liefern. Das Muster des Einzelspalts kann also auch durch ein Haar oder einen Draht gleicher Dicke erzeugt werden. Dies legt nahe, dass für die Beugung nur die Kanten des Hindernisses relevant sind und nicht seine Lage relativ zu den Kanten.

Der grundlegende Versuch zur Interferenz des Lichts war von Young 1807 ausgeführt worden. Er benutzte einen Doppelspalt, den er mit quasi-ebenen Wellen aus einer Bogenlampe in ca. 1 m Entfernung beleuchtete. Sein Experiment lieferte ein Beugungsbild ähnlich dem in Bild 6-6 gezeigten.

**Bild 6-6**  Beugungsbild hinter einem Doppelspalt

Dem uns schon bekannten Beugungsbild des Einzelspaltes (gröbere Struktur) ist eine feinere Komponente überlagert von der Wechselwirkung der Lichtwellen aus den beiden Spalten.

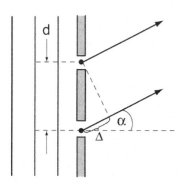

**Bild 6-7**
Betrachtung am Doppelspalt zur Erklärung
von Beugungsmaxima

Wenden wir nochmals die Elementarwellentheorie an, dann wird aus Bild 6-7 die Struktur des Doppelspaltbildes klar. Geht von jedem Spalt eine Elementarwelle aus, dann überlagern sich diese konstruktiv (Verstärkung) bei einem Gangunterschied von einem Vielfachen der Wellenlänge:

$$\sin \alpha_{max} = \pm m \frac{\lambda}{d} \qquad (6\text{-}4)$$

Da der Spaltabstand $d$ in aller Regel größer ist als die Spaltbreite $b$, sind die Winkel $\alpha_{max}$ für den Doppelspalt kleiner als die Winkel $\alpha_{min}$ für den Einzelspalt. Das führt zu der oben beschriebenen feineren Interferenzstruktur für den Doppelspalt auf dem gröberen Hintergrund des Einzelspaltes.

Erhöht man die Anzahl der Spalte auf N in einem regelmäßigen Abstand g, dann spricht man von einem Beugungsgitter mit der Gitterkonstanten g. Zwei benachbarte Strahlen haben den Gangunterschied

$$\Delta = g \sin \alpha \tag{6-5}$$

und es entsteht ein Beugungsmuster wie in Bild 6-8 gezeigt.

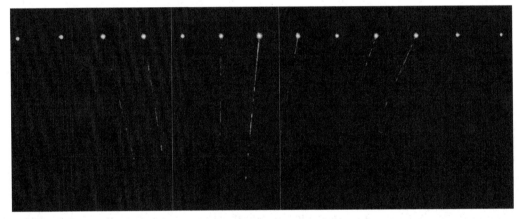

**Bild 6-8**    Beugungsbild hinter einem Beugungsgitter mit 500 Linien/mm

Es entstehen Hauptmaxima und jeweils dazwischen (N-2) Nebenmaxima. Wie schon beim Doppelspalt ist das Beugungsbild auch beim Gitter von zwei Faktoren bestimmt, dem langsamen Spaltterm und dem rascheren Gitterterm. Je mehr Linien das Gitter aufweist, desto schärfer werden die Hauptmaxima und desto schwächer die Nebenmaxima.

*Experimentierbeispiel:* Hält man eine CD ins Sonnenlicht, dann sieht man aufgrund der wellenlängenabhängigen Gitterbeugung sehr schön die Farbaufspaltung (ähnlich wie bei Seifenblasen). Beleuchtet man eine CD mit Laserlicht, erhält man in Reflexion ein typisches Gitterbeugungsmuster.

Im weiteren Verlauf dieses Buches werden wir bei der Strömungsmesstechnik die Gitterbeugung in einer Bragg-Zelle zur Beeinflussung von Laserstrahlen kennen lernen. Bei der Partikelmesstechnik hingegen werden Methoden auftauchen, welche die Beugung an kleinen Teilchen ausnutzen, um deren Größe zu bestimmen.

## 6.3 Fraunhofer-Beugung

Im vorangegangenen Unterkapitel war mehrfach Wert darauf gelegt worden, dass der Schirm zur Betrachtung des Beugungsbildes „weit entfernt" ist. Diese Bedingung vereinfacht die Beschreibung der Beugungsphänomene. Der allgemeine Fall der Beugung mit Lichtquelle und Schirm in beliebiger Entfernung zum beugenden Objekt wird Fresnel-Beugung genannt.

Schiebt man Lichtquelle und Schirm jeweils ins Unendliche (oder zumindest weit weg), dann
hat man den wichtigen Spezialfall der Fraunhofer-Beugung. In diesem Fall erfolgt die Beleuchtung nicht mehr durch Kugelwellen, sondern durch ebene Wellen und auch die interferierenden
Wellen können als eben betrachtet werden. Da man einen experimentellen Aufbau nicht bis ins
Unendliche ausdehnen kann, ist die beste Lösung die Verwendung von Linsen im Strahlengang. Bild 6-9 zeigt eine experimentelle Anordnung zur Realisierung von Fraunhofer-
Beugung.

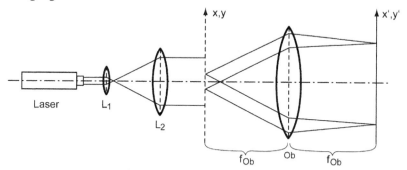

**Bild 6-9**   Experimentelle Anordnung zur Realisierung von Fraunhofer-Beugung

Mit den Linsen $L_1$ und $L_2$ wird der Laserstrahl aufgeweitet zur Beleuchtung des beugenden
Objektes in der $x$, $y$-Ebene. Durch das Objektiv Ob wird das Fraunhofer-Beugungsbild bereits
in der $x'$, $y'$-Ebene auf einem Schirm sichtbar gemacht.

Ein vollständiger Weg zur Herleitung des Beugungsbildes beginnt mit dem Zusammensetzen
der elektrischen Feldstärken auf einem Halbkugelschirm hinter einem beliebigen beugenden
Objekt mit dem Kirchhoffschen Beugungsintegral. Im nächsten Schritt bläst man den Schirm
auf, d. h. man lässt seinen Radius gegen Unendlich gehen. Dann erhält man als Ergebnis ein
Integral über die Beugungsöffnung:

$$T\left(k_x, k_y\right) = \iint\limits_A e^{-i\left(k_x x + k_y y\right)} dx dy \tag{6-6}$$

Dieses Integral ist die phasenrichtige Addition aller Elementarwellen von den Punkten $x$, $y$ des
beugenden Objektes, die in die Richtung $k_x$, $k_y$ ausgesendet werden ($k_x$, $k_y$ sind die Komponenten des Wellenzahlvektors in die betrachtete Richtung). Lesern, die sich für die vollständige
Herleitung dieses Integrals interessieren, sei das hervorragende Buch von Stößel (Fourier-
Optik) empfohlen.

Wir formen das Integral noch leicht um, indem wir die Transmissionsfunktion $t(x,y)$ einführen.
Die Transmissionfunktion stellt hierbei die Durchlässigkeit des beugenden Objektes für die
elektrische Feldstärke der Lichtwelle an jeder Stelle $x$, $y$ dar:

$$T\left(k_x, k_y\right) = \int\limits_{-\infty}^{\infty}\int t\left(x, y\right) e^{-i\left(k_x x + k_y y\right)} dx dy \tag{6-7}$$

Jetzt beschreibt also $t(x,y)$ die Beugungsöffnung und wir können von $-\infty$ bis $\infty$ integrieren. Für
ein reines Amplitudenobjekt ist $t(x,y) = 1$ im Bereich der Öffnung, sonst überall Null. Mit der
Transmissionsfunktion können aber auch beugende Objekte mit variablem Transmissionsgrad
oder Phasenobjekte beschrieben werden. Der Wertebereich von $t(x,y)$ ist 0 bis 1. Betrachten
wir nochmals die gefundene Integralgleichung. Der geneigte Leser wird bereits gemerkt haben,

dass es sich dabei um die zweidimensionale Fourier-Transformierte der Transmissionsfunktion handelt. Es existiert daher die entsprechende Rücktransformation:

$$t(x,y) = \int\limits_{-\infty}^{\infty}\int T(k_x,k_y) e^{i(k_x x + k_y y)} \frac{dk_x}{2\pi} \frac{dk_y}{2\pi} \tag{6-8}$$

Fassen wir als Ergebnis zusammen: Die Verteilung der elektrischen Feldstärke im Fraunhofer-schen Beugungsbild ist gegeben durch die Fouriertransformierte $T(k_x, k_y)$ der Transmissions-funktion $t(x,y)$ des beugenden Objektes. Um von der elektrischen Feldstärke auf die Intensi-tätsverteilung zu kommen, müssen wir im Wesentlichen quadrieren (die Intensität ist proportional zum Quadrat der Amplitude!). Die Fraunhofer-Beugung ist also die räumliche harmonische Analyse des beugenden Objektes! Wir können das Ergebnis auch als eine Art Block-schaltbild darstellen:

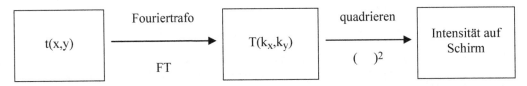

Beispiele zur Anwendung dieser Erkenntnis werden im folgenden Unterkapitel gezeigt.

## 6.4 Beugung an der kreisförmigen Blende

Die Kreisblende hat mit Abstand die größte Anwendungsrelevanz. So ist unser Sehen durch eine Kreisblende im Auge beeinflusst, aber auch viele technische Systeme, wie z. B. Kamera, Mikroskop und Teleskop, beinhalten meist mehrere kreisförmige Blenden. Nicht desto trotz wird in vielen Lehrbüchern auf die genauere Behandlung der Kreisblende verzichtet, weil sie mathematisch als zu anspruchsvoll eingeschätzt wird. Die Erkenntnisse des vorangegangenen Unterkapitels ermöglichen aber eine korrekte und verständliche Betrachtung.

Als kleine Vorübung verwenden wir nochmals den Einzelspalt (siehe Kapitel 6.2) als einfachs-tes beugendes Objekt.

$$t(x) = \begin{cases} 1 \text{ für } |x| < x_0/2 \\ 0 \text{ sonst} \end{cases} \tag{6-9}$$

Dies ist die Transmissionsfunktion für den eindimensionalen Spalt mit der Breite $x_0$.

Nun können wir das Beugungsbild durch Fourier-Transformation von $t(x)$ finden:

$$T(k_x) = \int\limits_{-\infty}^{\infty} t(x)e^{-ik_x x}dx = \int\limits_{-x_0/2}^{x_0/2} e^{-ik_x x}dx \tag{6-10}$$

Dieses Integral kann noch „zu Fuß" mit Hilfe einer Formelsammlung gelöst werden:

$$T(k_x) = x_0 \frac{\sin\dfrac{x_0 k_x}{2}}{\dfrac{x_0 k_x}{2}} = x_0 \text{ sinc}\left(\frac{x_0 k_x}{2}\right) \tag{6-11}$$

Hierin wurde die gebräuchliche Abkürzung mit der sinc-Funktion verwendet:

$$\operatorname{sinc} x = \frac{\sin x}{x} \tag{6-12}$$

Die Fourier-Transformierte $T(k_x)$ ist proportional zur elektrischen Feldstärke, wir suchen aber die Intensität $I$ (= Energiestromdichte $j$). Dafür müssen wir die Feldstärke quadrieren:

$$I = j(k_x) = \frac{1}{2}\varepsilon_0 c \left(E(k_x)\right)^2 \sim \left(T(k_x)\right)^2 \tag{6-13}$$

Setzen wir das gefundene $T(k_x)$ von oben ein und fassen alle Vorfaktoren in einem $I_0$ zusammen, dann erhalten wir die Intensitätsverteilung am Einzelspalt

$$I(k_x) = I_0 \operatorname{sinc2}\left(\frac{x_0 k_x}{2}\right) \tag{6-14}$$

**Beispiel:** Das Verhältnis $I/I_0$ (normiert auf 1) wird in einer Excel-Simulation berechnet. Die graphische Darstellung der Ergebnisse ist in Bild 6-10 gezeigt.

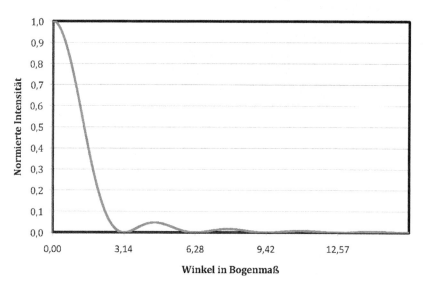

**Bild 6-10**　Darstellung der normierten und quadrierten sinc-Funktion

Diese Intensitätsverteilung ist direkt vergleichbar mit Bild 6-3 im Unterkapitel 6.2.

Analog ergibt sich für eine Rechteckblende mit den Kantenlängen $x_0$ und $y_0$ die Intensitätsverteilung

$$I(k_x, k_y) = I_0 \operatorname{sinc2}\left(\frac{x_0 k_x}{2}\right) \operatorname{sinc2}\left(\frac{y_0 k_y}{2}\right) \tag{6-15}$$

Damit sind wir bereit für die kreisförmige Blende. Aus der Erkenntnis von Kapitel 6.2, dass die beugende Kante für das Beugungsbild maßgeblich ist, leuchtet ein konzentrisches Kreisring-system als Beugungsbild der Kreisblende direkt ein, siehe Bild 6-11.

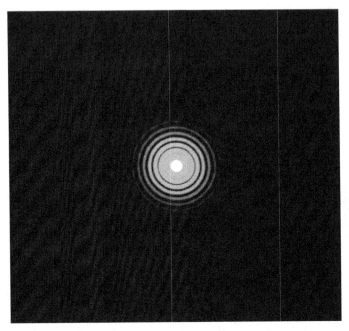

**Bild 6-11**   Beugungsbild hinter einer kreisförmigen Blende mit 0,3 mm Öffnung

Die Transmissionsfunktion für die kreisförmige Blende mit Radius $r_0$ kann geschrieben werden:

$$t(x,y) = \begin{cases} 1 \text{ für } x^2 + y^2 \leq r_0^2 \\ 0 \text{ } sonst \end{cases} \tag{6-16}$$

Aufgrund der Rotationssymmetrie ist es nahe liegend, Polarkoordinaten einzuführen:

$$x = r\cos\phi, \qquad y = r\sin\phi$$

$$k_x = k\cos\psi, \qquad k_y = k\sin\psi$$

Damit ergibt sich für die Fourier-Transformierte:

$$T(k,\psi) = \int\limits_0^{r_0} r \int\limits_0^{2\pi} e^{-ikr\cos(\phi-\psi)} d\phi\, dr \tag{6-17}$$

Dieses Integral ist nicht mehr so einfach zu lösen wie beim Spalt und bei der Rechteckblende. Unter anderem zerfällt es nicht mehr in zwei unabhängige Terme für die beiden Variablen (Raumrichtungen). Deshalb müssen wir uns in einem kurzen Einschub mit der Besselfunktion beschäftigen.

Diese Integralfunktion ist nach F. W. Bessel (1784–1846) benannt und löst unser Problem auf relativ einfache Weise. Die Besselfunktion $n$-ter Ordnung lautet:

$$J_n(x) = \frac{(-i)^n}{2\pi} \int\limits_0^{2\pi} e^{ix\cos\alpha} e^{in\alpha} d\alpha \tag{6-18}$$

und ihre Ableitung

$$\frac{d}{dx}\left[ x^{n+1} J_{n+1}(x) \right] = x^{n+1} J_n(x) \tag{6-19}$$

verändert nur die Ordnung von $J$!

Die Besselfunktion sieht mathematisch relativ kompliziert aus, die für uns relevanten Ordnungen 0 und 1 verhalten sich aber eher harmlos. Bild 6-12 zeigt die Kurven für $J_0(x)$ und $J_1(x)$, die beiden Ordnungen verhalten sich ähnlich wie eine gedämpfte Cosinus- bzw. Sinus-Funktion.

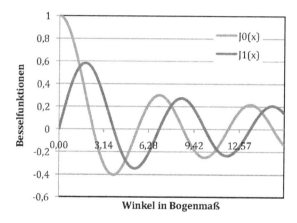

**Bild 6-12**
Besselfunktionen der Ordnungen 0 und 1

Kehren wir nun zurück zum gesuchten Beugungsbild durch Fouriertransformation, dann kann man erkennen, dass das innere Integral über $d\phi$ genau durch die Besselfunktion 0-ter Ordnung mit dem Vorfaktor $2\pi$ ersetzt werden kann:

$$T(k) = 2\pi \int\limits_0^{r_0} r J_0(kr)\, dr \tag{6-20}$$

Zur Vereinfachung der Integration führen wir die Variablentransformation $x = kr$ ein:

$$T(k) = 2\pi \frac{1}{k^2} \int\limits_0^{x_0 = kr_0} x J_0(x)\, dx \tag{6-21}$$

Die Stammfunktion des Integrals erhalten wir über die inverse Ableitung der Besselfunktion. Führen wir gleich noch die Variablenrücktransformation durch, dann erhalten wir:

$$T(k) = \pi r_0^2 \frac{2 J_1(r_0 k)}{r_0 k} \tag{6-22}$$

und damit für die Intensitätsverteilung

$$I(k) = I_0 \left( \frac{2J_1(r_0 k)}{r_0 k} \right)^2 \tag{6-23}$$

Diese Gleichung wurde erstmals von Sir G. B. Airy hergeleitet, deshalb nennt man heute das zentrale Beugungsmaximum bei der Kreisblende Airy-Scheibchen. Im Airy-Scheibchen wird ein Anteil von 84 % der gesamten Intensität abgestrahlt.

Zum Abschluss sollen noch kreisförmige und quadratische Blende miteinander verglichen werden. Der in der Literatur meist übliche Vergleich von sinc($x_0$) und $2J_1(r_0)/r_0$ liefert für die Lage des ersten Minimums (erste Nullstelle) den Faktor 1,22. Besser für den Vergleich geeignet wäre aber Flächengleichheit für beide Blenden, d. h. $x_0^2 = \pi r_0^2$ .

Dann muss man

$$\mathrm{sinc}\left( \frac{x_0 k_x}{2} \right) \tag{6-24}$$

vergleichen mit

$$\frac{2J_1\left( x_0 k/\sqrt{\pi} \right)}{x_0 k/\sqrt{\pi}} \tag{6-25}$$

Das Ergebnis ist in Bild 6-13 dargestellt und zeigt für die Lage der Nullstellen in der Intensitätsverteilung sehr ähnliche Werte. Allerdings erfolgt das Abklingen nach außen bei der Kreisblende schneller, weil hier der Energiestrom gleichmäßiger verteilt wird.

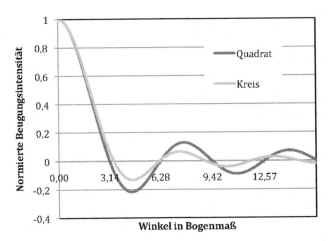

**Bild 6-13**    Vergleich der Beugungsintensitäten hinter quadratischer und kreisförmiger Blende bei Flächengleichheit der Öffnungen

# 7 Polarisation

In den vorangegangenen Kapiteln haben wir Licht immer wieder als elektromagnetische Welle betrachtet, die wir durch das elektrische Feld $\vec{E}$ und den magnetischen Fluss $\vec{B}$ beschrieben haben. In diesem Kapitel werden wir uns normalerweise auf die Orientierung des elektrischen Feldes zur Charakterisierung der Welle beschränken, da $\vec{B}$ aber immer senkrecht auf $\vec{E}$ steht, geht dadurch keine Information verloren.

Wir werden zunächst die verschiedenen Polarisationszustände kennen lernen, dann die physikalischen Mechanismen zur Erzeugung von polarisiertem Licht besprechen und schließlich einige Modulatoren als Anwendung der Polarisation betrachten.

## 7.1 Polarisationszustände

Betrachten wir ungestörtes Sonnenlicht, dann handelt es sich um kurze, willkürliche Wellenzüge ohne festen Bezug zueinander und ohne Vorzugsrichtung des elektrischen Feldes. Diesen Zustand nennen wir unpolarisiert.

In Kapitel 2, Bild 2-7 war eine elektromagnetische Welle graphisch dargestellt. Es handelte sich hierbei um einen Spezialfall mit konstanter Orientierung der Felder. Das elektrische Feld und der Ausbreitungsvektor lagen in einer feststehenden Ebene. Würde man die Welle in einer Ebene senkrecht zur Ausbreitungsrichtung beobachten, dann würde das elektrische Feld entlang einer Linie harmonisch schwingen, wie in Bild 7-1 angedeutet. Diesen Spezialfall nennt man lineare Polarisation und man spricht von linear polarisiertem oder manchmal auch vereinfacht von linearem Licht.

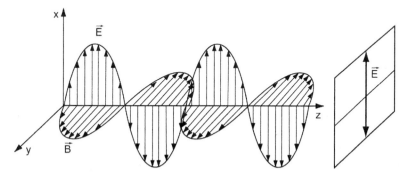

**Bild 7-1**  Elektrisches und magnetisches Feld einer linear polarisierten Welle

Für die weiteren Überlegungen stellen wir uns nun zwei harmonische, linear polarisierte Lichtwellen mit derselben Frequenz vor, deren elektrische Felder senkrecht aufeinander stehen. Je nach Phasenbeziehung zwischen den Wellen können wir daraus die unterschiedlichen Polarisationszustände herleiten. Die beiden Wellen können mathematisch dargestellt werden:

$$\vec{E}_x(z,t) = \vec{i}\, E_{0x} \cos(kz - \omega t) \tag{7-1}$$

$$\vec{E}_y(z,t) = \vec{j} E_{0y} \cos(kz - \omega t + \varepsilon) \tag{7-2}$$

$\varepsilon$ ist hierbei der relative Phasenunterschied zwischen den Wellen, $\vec{i}$ und $\vec{j}$ sind die Einheitsvektoren in $x$- und $y$-Richtung und $z$ ist die Ausbreitungsrichtung. Die resultierende optische Welle bei der Überlagerung ist gegeben durch die Vektoraddition:

$$\vec{E}(z,t) = \vec{E}_x(z,t) + \vec{E}_y(z,t) \tag{7-3}$$

Um den zweiten Spezialfall der zirkularen Polarisation zu erhalten, geben wir den Einzelwellen zunächst die gleichen Amplituden $E_{0x} = E_{0y} = E_0$.

Als relativen Phasenunterschied wählen wir $\varepsilon = -\dfrac{\pi}{2}$

Dann werden die Einzelwellen zu

$$\vec{E}_x(z,t) = \vec{i} E_0 \cos(kz - \omega t) \tag{7-4}$$

$$\vec{E}_y(z,t) = \vec{j} E_0 \sin(kz - \omega t) \tag{7-5}$$

weil der Cosinus bei einer Phasenverschiebung von $-\pi/2$ gerade zum Sinus wird. Die resultierende Welle kann geschrieben werden

$$\vec{E}(z,t) = E_0 \left[ \vec{i} \cos(kz - \omega t) + \vec{j} \sin(kz - \omega t) \right] \tag{7-6}$$

In einer festen Beobachtungsebene senkrecht zur Ausbreitungsrichtung ist das resultierende elektrische Feld ein umlaufender Zeiger, gegeben durch die Summe aus $\vec{i} \cos(\ ) + \vec{j} \sin(\ )$. Dies ist dargestellt in Bild 7-2.

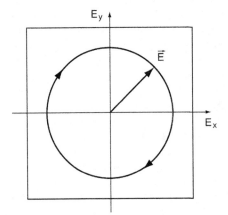

**Bild 7-2**
Elektrische Feldstärke einer zirkular polarisierten Welle beim Durchgang durch eine feste Ebene senkrecht zur Ausbreitungsrichtung

Geben wir nun im letzten Schritt die Einschränkungen von oben für Amplitude und Phase auf, dann ist ohne weitere Rechnung hoffentlich intuitiv klar, dass sich das resultierende elektrische Feld in einer Beobachtungsphase dreht und dabei seinen Betrag variiert. Der Endpunkt des $\vec{E}$-Vektors beschreibt eine Ellipse, deren Halbachsen durch die Amplituden $E_{0x}$ und $E_{0y}$ festgelegt werden und deren Schräglage durch die relative Phase $\varepsilon$ bestimmt wird. Diesen Zustand nennt man elliptische Polarisation, er ist dargestellt in Bild 7-3.

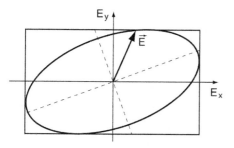

**Bild 7-3**
Elektrische Feldstärke einer elliptisch polari-
sierten Welle beim Durchgang durch eine feste
Ebene senkrecht zur Ausbreitungsrichtung

## 7.2 Physikalische Mechanismen

In diesem Unterkapitel werden wir uns mit den vier fundamentalen Mechanismen beschäftigen, die zur Erzeugung von polarisiertem Licht existieren. Eine grundlegende Eigenschaft der
Polarisation ist eine Form von Asymmetrie. Nur dadurch kann aus unpolarisiertem Licht ein
bevorzugter Polarisationszustand ausgewählt und abgetrennt werden. Im Folgenden werden
wir sehen, durch welche physikalischen Mechanismen diese Asymmetrie entsteht.

### a) Dichroismus

Mit Dichroismus bezeichnet man eine selektive Absorption. Durch eine physikalische Anisotropie absorbiert der Polarisator selektiv eine elektrische Feldkomponente, während er für
die andere (zur ersten Komponente senkrecht stehend) im Wesentlichen transparent ist. Ein
einfaches Modell dieser Art ist ein Drahtgitter, siehe Bild 7-4.

Im dargestellten Beispiel trifft eine unpolarisierte Welle von links auf ein Drahtgitter, das
elektrische Feld kann zu jedem Moment zerlegt werden in eine Komponente parallel und eine
senkrecht zu den Drähten.

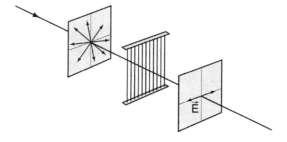

**Bild 7-4**
Polarisation einer Welle beim Durchgang
durch ein Drahtgitter

Die Komponente parallel zu den Drähten induziert einen elektrischen Strom in den Drähten
und erwärmt dadurch die Drähte. Es wird also Energie abgegeben, d. h. die Komponente wird
geschwächt bzw. absorbiert.

Die Komponente senkrecht zu den Drähten kann keine Elektronen in den Drähten bewegen
und bleibt deshalb im Wesentlichen unverändert. Aus dem unpolarisierten Gemisch lässt der
Polarisator also jeweils die Komponente senkrecht zu den Drähten passieren, übrig bleibt damit
eine linear polarisierte Welle. Ein solcher Drahtgitterpolarisator ist leicht verständlich, aufgrund der geometrischen Abmessungen aber nur für Mikrowellen oder fernes Infrarotlicht
einsetzbar. Für sichtbares Licht technisch eher relevant sind dichroitische Kristalle, wie z. B.
Turmalin. Mit Abstand am häufigsten verwendet wird aber das Polaroidfilter.

Zur Herstellung von Polaroidfiltern wird Folie aus Polyvinylalkohol erhitzt und gestreckt, dabei richten sich die langen Kohlenwasserstoffatome ähnlich einem Drahtgitter parallel aus. Danach wird die Folie in eine Farblösung mit Jod getaucht und es lagern sich leitfähige Jodketten an die Kohlenwasserstoffmoleküle an. Damit ist eine Struktur entstanden, deren Wirkungsweise prinzipiell dem Drahtgitter gleicht, die aber aufgrund ihrer feineren Struktur vor allem für sichtbares Licht geeignet ist.

*Experimentierbeispiel:* Das Licht eines Overhead-Projektors ist normalerweise unpolarisiert. Legt man ein Stück Polaroidfolie auf den Projektor, dann ist das Bild in der Projektion grau, weil das Licht um 50 % abgeschwächt wird durch die Folie. Legt man ein zweites Stück Polaroidfolie in gleicher Orientierung auf das erste Stück, sieht man kaum einen Unterschied, das lineare Licht wird quasi ungehindert durchgelassen. Verdreht man nun eine der beiden Folien relativ zur anderen langsam, dann wird das durchgelassene Licht immer weniger, bis das Bild bei 90° schwarz erscheint. Die gekreuzten Polarisatoren blockieren das Licht vollständig.

## b) Doppelbrechung

Viele kristalline Substanzen sind optisch anisotrop, d. h. ihre optischen Eigenschaften sind aufgrund der Kristallstrukturen nicht in alle Richtungen innerhalb des Kristalls identisch. Zum besseren Verständnis dieses Verhaltens betrachten wir die Ausbreitung von Licht in einem transparenten Stoff anhand eines Modells.

Wir können uns vorstellen, dass die Atome im Stoff durch das elektrische Feld zu Schwingungen angeregt werden und dadurch wieder ausstrahlen. Die Atomschwingungen sind die Quellen von Elementarwellen, die in der Überlagerung die resultierende Brechungswelle bilden.

Die Geschwindigkeit der Welle und damit die Brechzahl n (zur Erinnerung: Die Brechzahl gibt den Faktor an, um den die Lichtgeschwindigkeit in einem Medium geringer ist als in Vakuum; siehe Kapitel 1) wird bestimmt einerseits durch die Frequenz des elektrischen Feldes und andererseits durch die Eigenfrequenz der Atome. Diese Eigenfrequenz wiederum wird maßgeblich beeinflusst durch die Bindungskräfte. Eine Anisotropie der Bindungskräfte wird also eine Anisotropie der Brechzahl erzeugen.

Besonders deutlich wird das in einem mechanischen Analogon, in dem die Bindungskräfte durch Federn dargestellt werden (siehe Bild 7-5). Die negative Elektronenhülle ist an den positiven Kern durch Paare von Federn gekoppelt, die unterschiedliche Härten und damit auch verschiedene Eigenfrequenzen haben für jede Raumrichtung.

Mechanisches Modell

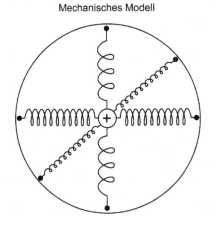

**Bild 7-5**
Mechanisches Modell für ein Atom, Veranschaulichung der unterschiedlichen Bindungskräfte durch Federn

Die elektrische Feldkomponente des ankommenden Lichts parallel zu harten Federn (d. h. in Richtung starker Bindungskräfte) wird mit einer höheren Geschwindigkeit transportiert als die Komponente parallel zu den weichen Federn. Ein Stoff dieser Art, der zwei verschiedene Brechzahlen zeigt, heißt doppelbrechend. Kubische Kristalle (z. B. NaCl) sind stark symmetrisch und deshalb nicht doppelbrechend, im Gegensatz zu hexagonalen, tetragonalen, trigonalen und anderen unsymmetrischen Systemen. Typisches Beispiel für einen doppelbrechenden Kristall ist der Kalkspat. Im Kalkspat sind Kohlenstoff, Calcium und Sauerstoff als Rhomboeder angeordnet, die optische Struktur ist in Bild 7-6 dargestellt.

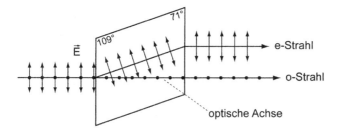

**Bild 7-6**    Schematische Darstellung von Doppelbrechung und Polarisation in Kalkspat

Charakteristisch für den Kalkspat sind die Bruchwinkel von 71° und 109°, die optische Achse liegt schräg zu den Außenflächen. Im dargestellten Beispiel fällt eine unpolarisierte Welle von links auf den Kristall, die elektrischen Feldkomponenten sind durch Pfeile (in der Papierebene) und durch Punkte (senkrecht dazu) verdeutlicht. Die Punkt-Komponente steht senkrecht auf der optischen Achse, das Licht geht gerade durch den Kristall und bildet den sogenannten ordentlichen Strahl (o-Strahl).

Die Pfeil-Komponente hat einen Anteil senkrecht und einen parallel zur optischen Achse. Wegen der Doppelbrechung haben die beiden Anteile unterschiedliche Ausbreitungsgeschwindigkeiten und die Komponente erfährt eine Ablenkung. Dieser Strahl wird extraordinär genannt (e-Strahl).

Bild 7-6 ist zu entnehmen, dass durch einen doppelbrechenden Kristall unpolarisiertes Licht in zwei Teilstrahlen aufgespalten wird, die senkrecht zueinander linear polarisiert sind.

*Experimentierbeispiel:* Ergänzend zu dem Beispiel weiter vorne in diesem Unterkapitel mit den Polaroidfolien auf dem Overhead-Projektor bietet ein Stück Kalkspat interessante Möglichkeiten. Legt man eine Folie mit Text auf den Projektor und den Kalkspat darüber, kann man sofort die Doppelbrechung wahrnehmen, weil die Schrift doppelt erscheint. Hält man nun ein Stück Polaroidfolie über den Kalkspat und dreht sie langsam, dann verschwindet einmal der eine Schriftzug und wenn man um 90° weiterdreht, der andere. Damit kann man einfach nachvollziehen, dass o-Strahl und e-Strahl jeweils linear polarisiert sind und zwar senkrecht zueinander.

## c) Streuung

Mit Streuung bezeichnet man alle Effekte der Energieaufnahme und Wiederausstrahlung bei der Wechselwirkung von Licht mit Partikeln. Das Modellbild hierbei ist die elektromagnetische Welle, die auf ein Teilchen trifft, wo sie mit den Atomen interagiert. In den Atomen werden Dipolschwingungen der Elektronen relativ zu den Atomkernen induziert. Die Atome nehmen dabei Energie auf und strahlen sie ganz oder teilweise wieder ab.

Streuung ist also ein Sammelbegriff für Reflexion, Brechung und Beugung von Licht an Partikeln. Sind die Partikeln klein im Vergleich zur Wellenlänge des Lichts, spricht man von Rayleigh-Streuung. Sind sie groß, dann haben wir geometrische Optik. Eine allgemeine Beschreibung der Streuung mit vollständiger, mathematischer Lösung existiert nur für homogene kugelförmige Teilchen, dies ist die Mie-Theorie.

Im Modellbild der Dipolschwingungen kann auch der Mechanismus für Polarisation durch Streuung erklärt werden. Die induzierten Atomschwingungen sind parallel zum elektrischen Feld, also senkrecht zur Ausbreitungsrichtung. Nun müssen wir im Sinn haben, dass ein Dipol in alle Richtungen abstrahlt, nur nicht in die Richtung seiner Achse. Wenn man sich dieses für zwei senkrecht aufeinander stehende elektrische Feldkomponenten vor Augen führt, dann erkennt man, dass der Dipol bei horizontaler Anregung in Vorwärtsrichtung abstrahlt und auch nach unten und oben, aber nicht horizontal quer zur Einstrahlung. Analoges gilt für die vertikale Komponente, nur dass hier vertikal zur Einstrahlung nichts abgestrahlt wird.

Das Ergebnis ist eine Abstrahlung, die in Vorwärtsrichtung vollkommen unpolarisiert bleibt, die aber unter 90° zum Primärstrahl linear polarisiert ist!

*Experimentierbeispiel:* Lokalisieren Sie die Sonne und betrachten Sie dann den Himmel mit zwei gekreuzten, nur geringfügig sich überlappenden Polarisationsfolien unter 90° zu den Sonnenstrahlen. Im Überlappungsbereich ist es natürlich dunkel, die beiden einzelnen Folien zeigen aber deutlich verschiedene Helligkeit. Das bedeutet, dass das Himmelslicht unter 90° zu den Sonnenstrahlen zumindest teilweise polarisiert ist durch die Streuung an den Luftmolekülen.

### d) Reflexion

Die Reflexion an dielektrischen Medien ist die häufigste Quelle von polarisiertem Licht in unserer Umwelt. So ist z. B. die Reflexion von Licht an einer Fensterscheibe oder an einer Pfütze teilweise polarisiert. Auch für das Verständnis dieses Mechanismus ist das Elektronen-Oszillatormodell geeignet.

Wir betrachten wieder getrennt zwei senkrechte elektrische Feldkomponenten. Zunächst sei die Schwingungsebene der Welle senkrecht zur Einfallsebene auf eine dielektrische Oberfläche gewählt. Unter der Einfallsebene versteht man die durch den einfallenden Strahl und das Lot aufgespannte Ebene. Die Dipole im Medium schwingen parallel zur Oberfläche und damit ungehindert. Die reflektierte und die transmittierte Welle behalten also ihre Polarisationsrichtung.

Anders sieht es für die zweite Komponente aus mit der Schwingungsebene in der Einfallsebene. Bild 7-7 zeigt eine Skizze der Situation.

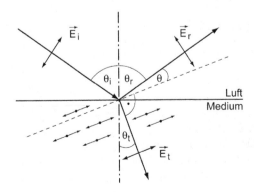

**Bild 7-7**
Skizze zur Erläuterung der Polarisation durch Reflexion an einer Grenzfläche zwischen zwei Medien

Die Dipole an der Oberfläche schwingen unter dem Einfluss der gebrochenen Welle (senkrecht zum gebrochenen Strahl), sie sind behindert und strahlen natürlich nicht in Richtung ihrer Dipolachse ab. Dadurch kann die reflektierte Welle dieser Feldkomponente sehr schwach werden, weil ihr Winkel $\theta$ mit der Dipolachse klein ist.

Es gibt sogar einen Winkel $\theta_i$, für den der Winkel $\theta$ zu Null wird. Für diesen speziellen Einfallswinkel wird nur die elektrische Feldkomponente senkrecht zur Einfallsebene reflektiert, das reflektierte Licht ist also linear polarisiert. Dieser Winkel heißt Brewsterwinkel und wird normalerweise mit $\theta_p$ bezeichnet.

Zum Abschluss wollen wir den Brewsterwinkel noch bestimmen. Es gilt das Reflexionsgesetz

$$\theta_i = \theta_r = \theta_p \tag{7-7}$$

und das Brechungsgesetz

$$n_i \sin \theta_i = n_t \sin \theta_t \tag{7-8}$$

mit dem Brewsterwinkel eingesetzt

$$n_i \sin \theta_p = n_t \sin \theta_t \tag{7-9}$$

Die Bedingung für den Brewsterwinkel war, dass der Winkel $\theta$ zu Null wird, oder äquivalent für die Summe $\theta_r + \theta_t = 90°$ gilt (siehe Bild 7-7).

Also kann man $\theta_t$ ausdrücken durch

$$\theta_t = 90° - \theta_r = 90° - \theta_p \tag{7-10}$$

und dieses in das Brechungsgesetz einsetzen:

$$n_i \sin \theta_p = n_t \sin \left(90° - \theta_p\right) \tag{7-11}$$

Da der Sinus von 90° minus einem Winkel gleich dem Cosinus des Winkels ist, ergibt sich:

$$n_i \sin \theta_p = n_t \cos \theta_p \tag{7-12}$$

und daraus schließlich das Brewster'sche Gesetz

$$\tan \theta_p = \frac{n_t}{n_i} \tag{7-13}$$

**Zahlenbeispiel:** Für den Übergang Luft-Glas mit $n_i = 1$ und $n_t = 1,5$ ergibt sich der Brewsterwinkel zu $\theta_p = 56°$. Für den Übergang Luft-Wasser mit $n_t = 1,33$ ergibt sich $\theta_p = 53°$.

**Anwendungsbeispiel:** Die Endflächen von Laserröhren werden häufig im Brewsterwinkel angestellt, siehe Skizze in Bild 7-8. Damit wird die im Resonator zwischen den Spiegeln S1 und S2 verstärkte Welle automatisch linear polarisiert.

**Bild 7-8**
Schematische Laserröhre
mit Brewsterfenstern

S1                                   S2

## 7.3 Modulatoren

Modulatoren sind Bauteile, die erzwungene optische Effekte nutzen, um Licht zu beeinflussen. Eine wichtige Gruppe von Modulatoren verwendet dafür die Polarisation. Im Folgenden werden drei verschiedene Effekte besprochen, die alle drei die Schwingungsebene von linear polarisiertem Licht auf unterschiedliche Weise beeinflussen. Zur Detektion der Effekte kann man einen zusätzlichen Polarisator zu Hilfe nehmen und das Gesetz von Malus ausnutzen:

$$I(\theta) = I(0)\cos^2 \theta \tag{7-14}$$

Es besagt, dass die Intensität hinter dem Polarisator gegeben ist durch die Intensität des linearen Lichts vorher und dem Cosinus zum Quadrat des Winkels, den der Polarisator relativ zur Polarisationsrichtung des Lichts hat. Damit kann man die Veränderung der Schwingungsebene im Modulator z. B. durch eine Fotozelle hinter dem Polarisator in ein Spannungssignal umwandeln.

*Zahlenbeispiel:* Unpolarisiertes Licht fällt auf eine Reihe von vier hinter einander aufgestellten Polarisatoren, die jeweils um 60° gegeneinander verdreht sind. Gesucht ist die Intensität hinter jedem Polarisator relativ zur Anfangsintensität $I_0$. Zu berücksichtigen ist, dass ein Polarisator unpolarisiertes Licht auf 50 % abschwächt, weil im Mittel die Hälfte der jeweiligen elektrischen Feldkomponenten senkrecht zur Polarisationsrichtung liegt und damit abgeblockt wird. Für die weiteren Polarisatoren kann direkt das Gesetz von Malus angewendet werden, das Ergebnis ist in Tabelle 7-1 dargestellt.

**Tabelle 7-1**    Relative Intensitäten in einer Reihe von jeweils um 60° gegeneinander verdrehten Polarisatoren

| Anfang | nach P1 | nach P2 | nach P3 | nach P4 |
|--------|---------|---------|---------|---------|
| $I_0$ | $I_1 = \dfrac{1}{2} I_0$ | $I_2 = \dfrac{1}{2}\dfrac{1}{4} I_0 = \dfrac{1}{8} I_0$ | $I_3 = \dfrac{1}{32} I_0$ | $I_4 = \dfrac{1}{128} I_0$ |

Nun kommen wir zu den Modulationseffekten:

### a) Kerr-Effekt

Bringt man isotrope transparente Substanzen, wie z. B. Benzol, Nitrobenzol oder Wasser, in ein elektrisches Feld $E$, dann werden sie doppelbrechend. Das Medium nimmt Eigenschaften eines Kristalls an, wobei die optische Achse in Richtung des elektrischen Feldes zeigt. Für die Differenz der Brechzahlen hat man gefunden:

$$n_e - n_0 = \lambda_0 \, K \, E^2 \tag{7-15}$$

mit der Kerr-Konstante $K$. Der Kerr-Effekt ist also proportional zum Quadrat des elektrischen Feldes!

Ein Modulator, der den Kerr-Effekt ausnutzt, heißt Kerr-Zelle und kann als optischer Verschluss verwendet werden. Dazu bringt man die Kerr-Zelle zwischen zwei gekreuzte Polarisatoren. Liegt keine Spannung an der Zelle an, gibt es auch kein elektrisches Feld und der Verschluss ist aufgrund der gekreuzten Polarisatoren geschlossen.

Durch eine Spannung kann der Verschluss proportional geöffnet werden, was sehr schnell bis zu einer Frequenz von ca. $10^{10}$ Hz funktioniert! Deshalb werden Kerr-Zellen als Verschlüsse für die Hochfrequenzfotographie und als Güteschalter für Impulslaser verwendet. Auf die Anwendung von Güteschaltern werden wir im Kapitel über Laser noch eingehen.

*Zahlenbeispiele* für Kerr-Konstanten $K$ verschiedener Materialien bei 20 °C und einer Wellenlänge von 590 nm sind in Tabelle 7-2 zusammengestellt.

**Tabelle 7-2**    Kerr-Konstanten verschiedener Materialien für 590 nm, 20 °C

| Material | $K$ in $10^{-12}$ m/V$^2$ |
|----------|---------------------------|
| Glas | 0,001 |
| Wasser | 0,052 |
| Nitrobenzol | 2,40 |

### b) Pockels-Effekt

Dieser Effekt existiert analog zum Kerr-Effekt, aber für bestimmte Kristalle. Technisch eingesetzt werden vor allem ADP (Ammoniumdihydrogenphosphat = $NH_4H_2PO_4$) und KDP (Kaliumdihydrogenphosphat = $KH_2PO_4$). Der Pockels-Effekt ist nur linear proportional zur elektrischen Feldstärke. Pockels-Zellen finden vergleichbare Anwendungen wie Kerr-Zellen als Verschlüsse für die Hochgeschwindigkeitsfotographie und als Güteschalter für spezielle Laser.

### c) Faraday-Effekt

Die Schwingungsebene von linear polarisiertem Licht dreht sich auch beim Durchgang durch einen Glasstab, wenn ein starkes Magnetfeld in Ausbreitungsrichtung angelegt wird. Der Drehwinkel ist hierbei gegeben durch

$$\beta = V B d \tag{7-16}$$

mit der Verdet'schen Konstante $V$, der magnetischen Flussdichte $B$ und der Länge $d$ des Glasstabs.

*Zahlenbeispiele* für Verdet'sche Konstanten $V$ verschiedener Materialien bei 20 °C und einer Wellenlänge von 590 nm sind in Tabelle 7-3 zusammengestellt.

**Tabelle 7-3**    Verdet'sche Konstanten verschiedener Materialien für 590 nm, 20 °C

| Material | $V$ in Grad/(Tm) |
|----------|------------------|
| Wasser | 218 |
| Kronglas | 268 |
| Flintglas | 528 |
| Quarz | 277 |
| ZnS | 3750 |

*Experimentierbeispiel:* Ein Aufbau nach Bild 7-9 kann verwendet werden, um unter Ausnutzung des Faraday-Effekts Musik mittels eines Laserstrahls zu übertragen. Dazu schließt man die um den Glasstab gewickelte Spule am Lautsprecherausgang eines Audioverstärkers an und die Fotozelle an einen einfachen Lautsprecher. Von rechts wird ein Laserstrahl durch den Modulator geschickt.

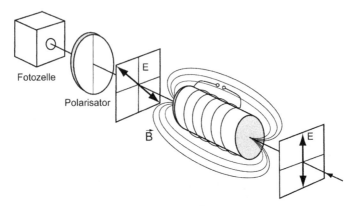

**Bild 7-9**   Experimenteller Aufbau zum Faraday-Effekt, Übertragung von Musik mithilfe
eines Laserstrahls

Durch die Modulation der Spulenspannung in Abhängigkeit von der eingespielten Musik wird
das magnetische Feld entsprechend moduliert und damit auch der Drehwinkel $\beta$. Entsprechend
dem Gesetz von Malus ist die Intensität hinter dem Polarisator moduliert. Der Laserstrahl mit
der aufgeprägten Musikinformation in Form von Intensitätsschwankungen kann nun durch den
Raum geschickt werden und an beliebiger Stelle von der Fotozelle aufgefangen werden. Dort
werden die Helligkeitsschwankungen in Spannungsschwankungen umgewandelt und am ange-
schlossenen Lautsprecher hörbar gemacht. Am Polarisator kann die Lautstärke variiert werden,
und wenn man mit der Hand in den Laserstrahl fasst, wird natürlich die Musik unterbrochen.

# 8 Abbildungsfehler und Auflösung

Wir sprechen in diesem Kapitel nicht von ungenau gefertigten Linsen und Spiegeln oder von mechanisch unpräzise und instabil aufgebauten optischen Systemen. Wenn alle diese Aspekte sorgfältig berücksichtigt worden sind, bleiben immer noch zwei grundsätzliche physikalische Phänomene, die das Licht auf seinem Weg durch eine Optik und eventuell bis hin zu einem Detektor beeinträchtigen können.

Das sind zum einen die Abbildungsfehler, die z. B. an sphärischen Oberflächen oder bei zur optischen Achse geneigten Strahlen zwangsläufig entstehen. Diese und ähnliche Fehler werden im ersten Unterkapitel behandelt. Zum anderen ist das die Begrenzung der Auflösung eines optischen Systems aufgrund der Beugung. Es sei hier bereits vermerkt, dass eine ausschließlich beugungsbegrenzte Optik die höchstmögliche Qualitätsstufe darstellt. Die beugungsbedingte Auflösungsgrenze wird im zweiten Unterkapitel betrachtet.

## 8.1 Abbildungsfehler

Abbildungsfehler sind, wie in der Einleitung zu diesem Kapitel bereits erläutert, keine fertigungsbedingten Fehler oder Ungenauigkeiten, sondern physikalisch bedingte Abweichungen vom idealisierten, gewünschten Fall. Sie werden deshalb als Aberrationen bezeichnet.

Leicht verständlich wird dies bei der sphärischen Aberration. Sie tritt bei allen sphärischen Linsen und Spiegeln auf, aber nicht bei Parabolspiegeln. Bild 8-1 verdeutlicht das Problem, links für einen Hohlspiegel und rechts für eine Linse. Beim Spiegel könnte man direkt durch Anwendung des Reflexionsgesetzes graphisch nachvollziehen, dass sich nur achsnahe Strahlen im Brennpunkt schneiden. Je weiter die Strahlen von der Achse entfernt sind, desto stärker werden sie fokussiert, das selbe gilt für die sphärische Linse. Ein breites Bündel paralleler Strahlen bildet also keinen Brennpunkt, sondern eher einen verschmierten Brennstrich. Abhilfe können hier Blenden verschaffen, die verhindern, dass der Rand von Linsen und Spiegeln verwendet wird; man beschränkt sich damit auf achsnahe Strahlen.

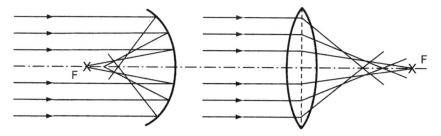

**Bild 8-1**  Aberration bei sphärischen Spiegeln und sphärischen Linsen

Fallen runde Strahlenbündel nicht achsparallel sondern schräg ein, dann werden sie zu einem elliptischen Bildpunkt verzerrt. Diese Aberration nennt man Astigmatismus und führt zu einer Bildfeldwölbung. Das heißt, der Bereich scharfer Abbildung liegt nicht auf einer Ebene, sondern auf einer gekrümmten Fläche.

Treffen Strahlenbündel mit großer Öffnung auf eine sphärische Linse oder einen Hohlspiegel, dann wird ein Punkt, der außerhalb der optischen Achse liegt, als Oval mit einem Schweif abgebildet, anstatt als Punkt. Diese Aberration heißt Koma, sie ist in Bild 8-2 schematisch skizziert.

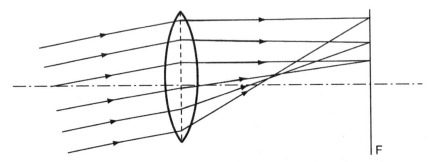

**Bild 8-2**   Koma für Strahlenbündel mit großer Öffnung

Abschließend wird die chromatische Aberration betrachtet, sie existiert nur bei Linsen, nicht aber bei Spiegeln und auch nur bei Verwendung von mehrfarbigem Licht. Die Dispersion des Linsenmaterials führt dazu, dass unterschiedliche Farben des Lichts verschieden stark gebrochen werden, siehe Bild 8-3. Bei normaler Dispersion schneiden sich die blauen Strahlen (kurze Wellenlänge) näher an der Linse, als die roten Strahlen. Dadurch wird die Abbildung unscharf und erhält farbige Ränder.

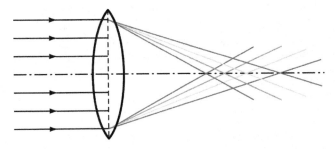

**Bild 8-3**   Chromatische Aberration beim Durchgang von Licht durch Glas

Abhilfe verschafft hier ein Achromat, das ist eine Linsenkombination, in der durch eine geeignete Mischung aus Sammel- und Zerstreulinsen der Effekt der chromatischen Aberration weitgehend kompensiert wird.

## 8.2  Auflösung

Es wurde bereits erwähnt, dass die Korrektur eines optischen Systems nur Sinn macht bis zur Auflösungsgrenze, die durch Beugungserscheinungen vorgegeben ist. In jedem optischen System gibt es Aperturblenden, Linsenfassungen oder Spiegelränder, an denen das hindurchtretende Licht gebeugt wird. Deshalb wird ein Punkt nie als Punkt abgebildet, sondern als Beugungsscheibe, deren minimale Größe durch das Airy-Scheibchen gegeben ist (siehe auch Kapitel 6.4).

Der Durchmesser des Airy-Scheibchens ergibt sich aus der ersten Nullstelle der Besselfunktion zu

$$d_A = 2,44 \cdot \lambda \frac{l}{D} \tag{8-1}$$

im Abstand $l$ hinter der Blende mit dem Durchmesser $D$. Für eine Linse mit dem Durchmesser $D$ und der Brennweite $f$ ergibt sich

$$d_A = 2,44 \cdot \lambda K \tag{8-2}$$

unter Verwendung der Blendenzahl $K = f/D$.

***Zahlenbeispiel:*** Verwendet man einen HeNe-Laser mit der Wellenlänge $\lambda = 632,8$ nm, dann erhält man

$$d_A = 1,54 \cdot K \quad \text{(mit } d_A \text{ in [µm])}$$

Bis jetzt haben wir die Abbildung eines einzelnen Punktes betrachtet. Jetzt wollen wir betrachten, wann zwei Punkte hinter einem optischen System gerade noch zu trennen sind. Es gibt hierfür verschiedene Definitionen, eine pragmatische wird durch das Rayleigh-Kriterium geliefert. Es besagt, dass zwei Punkte noch zu trennen sind, wenn das Beugungsmaximum nullter Ordnung des einen Punktes auf das erste Beugungsminimum des anderen Punktes fällt und umgekehrt, siehe Bild 8-4.

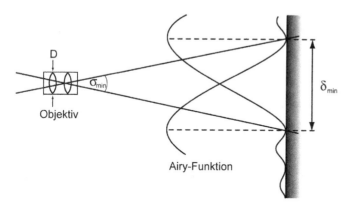

**Bild 8-4**  Skizze zur Definition des Rayleigh-Kriteriums

Die beiden Maxima haben damit gerade den Abstand des halben Durchmessers des Airy-Scheibchens:

$$\delta_{\min} = 1,22 \cdot \lambda \frac{f}{D} = 1,22 \cdot \lambda K \tag{8-3}$$

und für die Winkelauflösung ergibt sich daraus mit $\delta_{min} = f\sigma_{min}$:

$$\sigma_{min} = 1,22 \cdot \frac{\lambda}{D} \tag{8-4}$$

Die Winkelauflösung hängt also nur von der Wellenlänge $\lambda$ des verwendeten Lichts und von der Eintrittsapertur oder dem Objektivdurchmesser $D$ ab.

*Zahlenbeispiel:* Welchen Abstand müssen zwei Gegenstände auf dem Mond haben, damit sie von der Erde aus mit bloßem Auge noch wahrgenommen werden können? Wie nah beieinander dürfen sie bei Beobachtung mit einem 5 m-Teleskop sein?

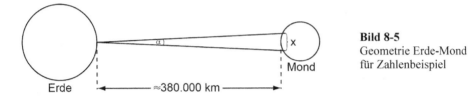

**Bild 8-5**
Geometrie Erde-Mond
für Zahlenbeispiel

Die Geometrie zu diesen Fragen ist in Bild 8-5 skizziert. Vereinfachend wählen wir eine Wellenlänge $\lambda = 600$ nm. Die Winkelauflösung ist gegeben durch Gleichung (8-4):

$$\alpha = 1{,}22 \cdot \frac{\lambda}{d}$$

wobei $d_1 = 5$ mm für die Pupille des menschlichen Auges angenommen wird und $d_2 = 5$ m für das Teleskop ist.

Aus der Skizze kann man entnehmen, dass in guter Näherung für den kleinen Winkel $\alpha = \Delta x / l$ gilt. Eingesetzt in das Auflösungsvermögen und nach $\Delta x$ umgeformt, ergibt sich mit einem Abstand $l = 375.000$ km zwischen Erde und Mond:

$$\Delta x_{Auge} \approx 55 \, \text{km}$$

$$\Delta x_{Teleskop} \approx 55 \, \text{m}$$

zweier gerade noch getrennt wahrnehmbarer Gegenstände.

Für Laserstrahlen muss die Betrachtung zum Auflösungsvermögen etwas modifiziert werden, da Laserstrahlen nicht gleichförmig homogen ausgefüllt sind, sondern normalerweise, wie in Kapitel 3 besprochen, eine gaußförmige Intensitätsverteilung aufweisen, siehe Bild 8-6.

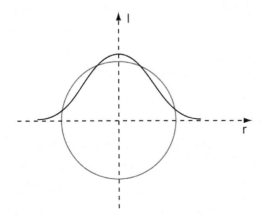

**Bild 8-6**   Gauß-Profil im Laserstrahl

Zur Erinnerung: Als Durchmesser des Strahls war der Bereich definiert worden, innerhalb dem die Intensität auf den Bruchteil $1/e^2$ vom Maximalwert zurückgeht; dieser Durchmesser wird normalerweise mit $2w_0$ bezeichnet.

Die Abbildung eines Laserstrahls mit einer Linse liefert den Fleckdurchmesser:

$$d_F = 2w_0' = 2f\frac{\lambda}{\pi\,w_0} \tag{8-5}$$

mit der Brennweite $f$, der verwendeten Wellenlänge $\lambda$ und der Strahltaille $w_0$ vor der Linse.

Erweitert man den Ausdruck mit 2, kann direkt der Linsendurchmesser $D$ als maximale Strahltaille $2w_0$ eingesetzt werden:

$$d_F = \frac{4}{\pi}f\frac{\lambda}{2w_0} = 1,27\lambda\frac{f}{D} \tag{8-6}$$

Das ist veranschaulicht in Bild 8-7. Der Fleckdurchmesser $d_F$ entspricht dem Durchmesser des Airy-Scheibchens $d_A$ im ersten Teil dieses Unterkapitels. Der Vorfaktor von 1,27 bei $d_F$ im Vergleich zu 2,44 bei $d_A$ ist kleiner wegen der gaußförmigen Intensitätsverteilung.

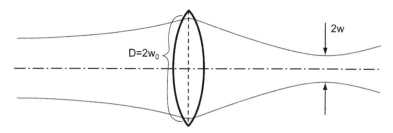

**Bild 8-7** Linsendurchmesser als maximaler Strahldurchmesser bei der Abbildung eines Laserstrahls

Für das Auflösungsvermögen nach Rayleigh ergibt sich auch beim Gauß-Profil der halbe Fleckdurchmesser als Mindestabstand:

$$\delta_{\min} = 0,64\lambda\frac{f}{D} \tag{8-7}$$

# 9 Photometrie

Zum Abschluss des Grundlagenteils in diesem Buch wird noch ein Thema angesprochen, das früher in der Physik galant ignoriert wurde und auch heute noch oft in physikalischen Lehrbüchern fehlt. Licht und Beleuchtung sind aber allgegenwärtig in unserer Welt, deshalb darf man die Photometrie bei der technischen Betrachtung von Licht und dem Einsatz von Lichtquellen in optischen Sensoren nicht unter den Tisch fallen lassen. Sie behandelt nicht mehr und nicht weniger als die Messung von Licht unter Berücksichtigung der menschlichen Wahrnehmung mit den Augen und dem Gehirn.

Im ersten Teil des Kapitels werden einige Vorbetrachtungen zur Unterscheidung von Energie und Licht, zum Raumwinkel, sowie zu den Begriffen Strom, Dichte und Stromdichte angestellt. Im zweiten Teil dann werden die lichttechnischen Größen mit ihren Namen, Definitionen und Einheiten eingeführt, außerdem wird der Zusammenhang zwischen lichttechnischen und strahlungsphysikalischen Größen hergestellt.

## 9.1 Vorbetrachtungen

In der Photometrie werden die Begriffe Energie und Strahlung synonym verwendet. Mit Energie oder Strahlung wird dabei die abgestrahlte Größe einer Lichtquelle bezeichnet, die Einheit ist 1 J (Joule). Den für das menschliche Auge sichtbaren Anteil der Energie einer elektromagnetischen Welle bezeichnet man auch in der Photometrie als Licht (Wellenlängenbereich von 380 nm bis 780 nm). In der DIN 5031 werden unter anderem verschiedene Begriffspaare zur Unterscheidung zwischen dem gesamten und dem sichtbaren Anteil des elektromagnetischen Spektrums festgelegt, siehe Tabelle 9-1.

**Tabelle 9-1**    Begriffspaare in der Photometrie

| Energie/Strahlung | Licht |
|---|---|
| objektiv | Subjektiv |
| strahlungsphysikalisch | lichttechnisch |
| energetisch e | visuell v |

Diese Begrifflichkeiten werden wir auch bei der Namensgebung der Größen finden, die im nächsten Unterkapitel eingeführt werden.

Als zweite Vorbetrachtung beschäftigen wir uns kurz mit dem Raumwinkel. Zum einfacheren Verständnis beginnen wir zunächst mit einem Winkel in der Ebene, siehe Bild 9-1.

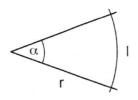

**Bild 9-1**
Bezeichnungen zum Winkel in der Ebene

Der Winkel $\alpha$ ist hier gegeben aus dem Verhältnis von Bogenlänge $l$ und Radius $r$:

$$\alpha = \frac{l}{r} \tag{9-1}$$

Betrachtet man einen vollständigen Kreis, dann wird der Bogen $l$ zum Umfang des Kreises und der Winkel ergibt sich zu:

$$\alpha = \frac{2\pi r}{r} = 2\pi (\text{rad}) \tag{9-2}$$

Die Abkürzung rad für radiant schreibt man manchmal dazu, um klarzustellen, dass der Winkel in Bogenmaß angegeben ist. Es handelt sich bei rad aber nicht um eine Einheit, wie z. B. kg oder s!

Nun erweitern wir die Betrachtung von der Ebene in drei Dimensionen und stellen einen Winkel im Raum dar, siehe Bild 9-2.

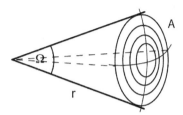

**Bild 9-2**
Bezeichnungen zum dreidimensionalen Raumwinkel

Der Raumwinkel $\Omega$ ist gegeben aus dem Verhältnis von Fläche $A$ und Radius zum Quadrat $r^2$:

$$\Omega = \frac{A}{r^2} \tag{9-3}$$

Betrachten wir hier nun eine vollständige Kugel, dann wird die Fläche $A$ zur Oberfläche der Kugel und für den Raumwinkel erhält man:

$$\Omega = \frac{4\pi r^2}{r^2} = 4\pi (\text{sr}) \tag{9-4}$$

Analog zur Abkürzung rad findet sich hier häufig die Abkürzung sr für steradiant, um klarzustellen, dass es sich um einen Raumwinkel handelt. Auch das sr ist keine Einheit, sondern nur ein Hilfsmittel.

Da erfahrungsgemäß kein großes Gefühl für Zahlenwerte beim Raumwinkel existiert, folgen hier noch ein paar quantitative Angaben. Für den Halbraum ist der Raumwinkel $\Omega = 2\pi = 6{,}28$ sr und für einen Radius $r = 1$ m erhält man bei einem Ausschnitt von 1 m² aus der Kugelfläche einen Raumwinkel $\Omega = 1$ sr. In der Tabelle 9-2 sind drei Raumwinkel $\Omega$ mit den zugehörigen Kegelöffnungswinkeln $\beta$ zusammengestellt.

**Tabelle 9-2**     Raumwinkel $\Omega$ und zugehöriger Kegelöffnungswinkel $\beta$

| $\Omega$ | $\beta$ |
| --- | --- |
| 1 sr | 65,5° |
| 0,1 sr | 20,5° |
| 0,01 sr | 6,5° |

Der dritte Abschnitt der Vorbetrachtungen beschäftigt sich mit mengenartigen Größen und ihren Strömen, er geht zurück auf Überlegungen von Falk und Hermann (Universität Karlsruhe, Fakultät für Physik) in den 80er Jahren des 20. Jahrhunderts. Ändert sich eine beliebige mengenartige Größe (z. B. Masse, Impuls, Ladung, Energie) mit der Zeit, dann gibt es einen Strom dieser Größe. Für den elektrischen Strom ist uns das vertraut:

$$i_{el} = \frac{Q}{t} \quad \text{(Ladung } Q \text{ pro Zeit } t\text{)}$$ (9-5)

und auch für den Energiestrom ist es nicht fremd:

$$i_E = \frac{E}{t} \quad \text{(Energie } E \text{ pro Zeit } t\text{)}$$ (9-6)

Für den Energiestrom ergibt sich die Einheit 1 J/s = 1 W.

Betrachten wir nun eine mengenartige Größe, die sich in einem Volumen befindet, dann erhalten wir ihre Dichte $\rho$. Das ist uns vertraut z. B. für die Massendichte:

$$\rho_m = \frac{m}{V} \quad \text{(Masse } m \text{ pro Volumen } V\text{)}$$ (9-7)

und für die Energiedichte ergibt sich:

$$\rho_E = \frac{E}{V} \quad \text{(Energie } E \text{ pro Volumen } V\text{)}$$ (9-8)

mit der Einheit 1 J/m³.

Schließlich kombinieren wir die beiden Betrachtungen und lassen eine mengenartige Größe durch eine Fläche strömen, dann erhalten wir eine Stromdichte. Für die Energie ist das:

$$j_E = \frac{E}{At} \quad \text{(Energie } E \text{ pro Fläche } A \text{ und pro Zeit } t\text{)}$$ (9-9)

mit der Einheit 1 J/m²s = 1 W/m². Diese Energiestromdichte wird bei elektromagnetischer Strahlung und speziell bei Licht normalerweise Intensität genannt.


## 9.2  Lumen, Lux und Candela

In der Einleitung dieses Kapitels war bereits angedeutet worden, dass die Photometrie von der menschlichen Wahrnehmung des Lichts handelt. Allen Überlegungen liegt deshalb die Empfindlichkeitskurve eines durchschnittlichen menschlichen Auges zugrunde. Eigentlich muss man zwischen Tages- und Nachtsehen unterscheiden, wir verzichten der Einfachheit halber aber auf das Nachtsehen. Bei Tag liegt die maximale Augenempfindlichkeit bei 555 nm im grünen Wellenlängenbereich und nimmt zu den Rändern bei 380 nm (violett) bzw. bei 780 nm (dunkelrot) um mehrere Zehnerpotenzen ab. Bei Nacht liegt diese Kurve grob betrachtet um 30 bis 50 nm zu kürzeren Wellenlängen verschoben, die Grenzen aber nicht. In Bild 9-3 ist die Hellempfindlichkeit $V(\lambda)$ des menschlichen Auges graphisch dargestellt. $V(\lambda)$ ist dazu logarithmisch über der Wellenlänge aufgetragen. Im Maximum hat V durch Normierung den Wert 1, zu den Rändern der Sichtbarkeit fällt es auf Werte unter $3*10^{-5}$.

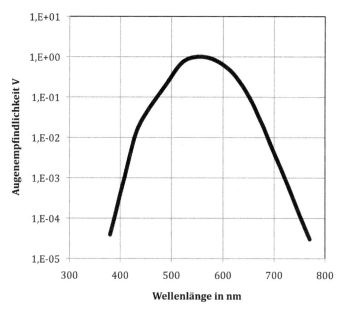

**Bild 9-3** Normierte spektrale Augenempfindlichkeit für Tagessehen

Wir werden auf diese Empfindlichkeitskurve des menschlichen Auges gleich nochmals zurückkommen, wenn wir am Ende des Kapitels Strahlung und Licht ineinander umrechnen. Zuvor beschäftigen wir uns aber noch mit den ungewohnten lichttechnischen Größen, ihren Definitionen, ihren Einheiten und ihren strahlungsphysikalisch äquivalenten Größen. Um eine gewisse Ordnung herzustellen, orientieren wir uns hierbei am letzten Abschnitt der Vorbetrachtungen, speziell am Energiestrom und der Energiestromdichte.

**I. Energiestrom:**

Strahlungsphysikalisch (objektiv) heißt der Energiestrom Strahlungsfluss oder Strahlungsleistung, wird mit $\Phi_e$ abgekürzt und hat die Einheit 1 W. Das lichttechnische (subjektive) Äquivalent ist der Lichtstrom mit der Abkürzung $\Phi_v$ und der Einheit 1 lm (Lumen), siehe Tabelle 9-3.

**Tabelle 9-3** Strahlungsphysikalischer Strahlungsfluss und Lichtstrom als lichttechnisches Äquivalent

| Strahlungsfluss | Lichtstrom |
|---|---|
| $\Phi_e$ in [W] | $\Phi_v$ in [lm] |

***Zahlenbeispiel:*** Der Lichtstrom ausgewählter Lichtquellen ist in Tabelle 9-4 zusammengestellt.

**Tabelle 9-4**   Typischer Lichtstrom einiger Lichtquellen

| Lichtquelle | Lichtstrom $\Phi_v$ |
|---|---|
| Standard LED | 10–20 mlm |
| LED-Taschenlampe, normal | 10 lm |
| LED-Taschenlampe, sehr hell | 180 lm |
| Glühlampe 230 V, 60 W | 750 lm |
| Leuchtstoffröhre 230 V, 40 W | 2.300 lm |
| Hg-Strahler 230 V, 2000 W | 120.000 lm |

## II. Energiestrom in einen Raumwinkel:

Strahlungsphysikalisch ist der Energiestrom in einen Raumwinkel die Strahlstärke $I_e$, die ge-bildet wird aus dem Strahlungsfluss $d\Phi_e$ pro Raumwinkel $d\Omega$ mit der resultierenden Einheit 1 W/sr. Das lichttechnische Äquivalent heißt Lichtstärke $I_v$ und wird gebildet aus dem Licht-strom $d\Phi_v$ pro Raumwinkel $d\Omega$. $I_v$ hat die Einheit 1 lm/sr = 1 cd (Candela), siehe Tabelle 9-5.

**Tabelle 9-5**   Strahlungsphysikalische Strahlstärke und Lichtstärke als lichttechnisches Äquivalent

| Strahlstärke | Lichtstärke |
|---|---|
| $I_e = \dfrac{d\Phi_e}{d\Omega}$ in [W/sr] | $I_v = \dfrac{d\Phi_v}{d\Omega}$ in [lm/sr = cd] |

Integriert man die Lichtstärke über den Raumwinkel auf, dann erhält man den gesamten Licht-strom:

$$\Phi_v = \int d\Phi_v = \int I_v \, d\Omega \tag{9-10}$$

Das gleiche gilt natürlich auch für Strahlstärke und Strahlungsfluss.

## III. Energiestrom auf Detektorfläche:

Das ist die Energiestromdichte oder Intensität, sie wird strahlungsphysikalisch bezeichnet als Bestrahlungsstärke $E_e$. Die Bestrahlungsstärke wird berechnet aus dem Strahlungsfluss $d\Phi_e$ pro Fläche $dA$ und hat die Einheit 1 W/m². Die lichttechnisch äquivalente Beleuchtungsstärke $E_v$ wird entsprechend berechnet aus dem Lichtstrom $d\Phi_v$ pro Fläche $dA$ und hat die Einheit 1 lm/m² = 1 lx (Lux), siehe Tabelle 9-6.

**Tabelle 9-6**   Strahlungsphysikalische Bestrahlungsstärke und Beleuchtungsstärke als lichttechnisches Äquivalent

| Bestrahlungsstärke | Beleuchtungsstärke |
|---|---|
| $E_e = \dfrac{d\Phi_e}{dA}$ in [W/m²] | $E_v = \dfrac{d\Phi_v}{dA}$ in [lm/m² = lx] |

Analog zur Integration der Lichtstärke über den Raumwinkel erhält man aus der Integration der Beleuchtungsstärke über die Fläche wieder den gesamten Lichtstrom:

$$\Phi_v = \int d\Phi_v = \int E_v dA \tag{9-11}$$

und entsprechend für Bestrahlungsstärke und Strahlungsfluss.

***Zahlenbeispiel:*** Die Beleuchtungsstärke ausgewählter Situationen ist in Tabelle 9-7 zusammengestellt.

**Tabelle 9-7**    Beleuchtungsstärke ausgewählter Situationen

| Situation | Beleuchtungsstärke $E_v$ |
|---|---|
| Sommersonne | 70.000 lx |
| Wintersonne | 6.000 lx |
| Vollmond | 0,3 lx |
| Grenze Farbwahrnehmung | 3 lx |
| Gute Arbeitsplatzbeleuchtung | 1.000 lx |
| Wohnbeleuchtung | 100–150 lx |

Abschließend bleibt für dieses Unterkapitel die quantitative Verknüpfung der lichttechnischen mit den strahlungsphysikalischen Größen. Für eine monochromatische Lichtquelle gilt:

$$\Phi_v = K_m \Phi_e V(\lambda) \tag{9-12}$$

Der Lichtstrom $\Phi_v$ ergibt sich also aus dem Strahlungsfluss (der Strahlungsleistung) $\Phi_e$ durch Multiplikation mit der normierten Hellempfindlichkeit $V(\lambda)$ des menschlichen Auges (siehe Bild 9-3) und mit dem photometrischen Strahlungsäquivalent $K_m = 683$ lm/W für Tagessehen bzw. $K'_m = 1699$ lm/W für Nachtsehen. Der Zahlenwert für $K_m$ ist historisch bedingt und ergibt eine Lichtstärke von ca. 1 cd im Abstand 1 m von einer Standardkerze. Das Candela ist die SI-Basiseinheit der lichttechnischen Größen und heute so definiert, dass es die Lichtstärke 1 cd ergibt für eine monochromatische Lichtquelle ($\lambda = 555$ nm) mit einer Strahlstärke von $I_e = 1/683$ W/sr.

Ist die Lichtquelle nicht monochromatisch, sondern polychrom, wird die Betrachtung etwas komplizierter. Zunächst einmal müssen spektrale Größen eingeführt werden. So muss z. B. der Strahlungsfluss $\Phi_e$ durch einen spektralen Strahlungsfluss $\Phi_{e,\lambda}$ ersetzt werden mit dem Zusammenhang:

$$\Phi_{e,\lambda} = \frac{d\Phi_e}{d\lambda} \tag{9-13}$$

Daran anschließend kann die quantitative Verknüpfung durch Integration über das sichtbare Spektrum erfolgen:

$$\Phi_v = K_m \int\limits_{380nm}^{780nm} \Phi_{e,\lambda} V(\lambda) d\lambda \tag{9-14}$$

Mit analogen Gleichungen können alle lichttechnischen und strahlungsphysikalischen Größen jeweils paarweise verknüpft werden, und zwar sowohl monochromatisch wie auch polychrom.

*Zahlenbeispiel:* Eine grüne LED ($\lambda = 555$ nm) und eine rote LED ($\lambda = 650$ nm) strahlen beide eine Leistung von 0,1 mW ab. Wie groß sind die Lichtströme der beiden LEDs?

Wir verwenden Gleichung (9-12):

$$\Phi_v = K_m \Phi_e V(\lambda)$$

und brauchen dafür die Hellempfindlichkeiten $V(555$ nm$)$ und $V(650$ nm$)$, die wir aus Bild 9-3 abschätzen:

$$V(555 \text{ nm}) = 1$$

$$V(650 \text{ nm}) = 0,1$$

Mit $K_m = 683$ lm/W können wir dann direkt die Lichtströme berechnen:

$$\Phi_{v,grün} = 683 \text{ lm/W} \cdot 0,1 \text{ mW} \cdot 1 = \underline{\underline{68,3 \text{ mlm}}}$$

$$\Phi_{v,rot} = 683 \text{ lm/W} \cdot 0,1 \text{ mW} \cdot 0,1 = \underline{\underline{6,83 \text{ mlm}}}$$

Bei gleicher abgestrahlter Leistung erscheint uns also die grüne LED zehnmal heller als die rote LED!

# Teil II: Elemente

In diesem Teil des Buches werden wichtige Grundelemente optischer Sensorik näher besprochen. Das sind zunächst in den Kapiteln 10 bis 12 verschiedene Lichtquellen (Leuchtdiode, Laser, Laserdiode), dann in den Kapiteln 13 bis 16 verschiedene Empfänger (Photodiode, CCD-Chip, Photomultiplier, Solarzellen) und schließlich in den Kapiteln 17 und 18 Lichtwellenleiter und deren Kopplung.

# 10 Leuchtdiode

Die Lumineszenz- oder Leuchtdiode heißt im Englischen Light Emitting Diode und daraus abgekürzt LED. LEDs sind eine spezielle Form von Halbleiterdioden, die einen pn-Übergang beinhalten, der in Durchlassrichtung (Flussrichtung) betrieben wird. In Schaltungen werden LEDs durch das Symbol

dargestellt.

## 10.1 LED-Grundlagen

In einer Halbleiterdiode liegen normalerweise ein p- und ein n-dotiertes Gebiet nebeneinander, getrennt durch eine Sperrschicht. Erst durch eine äußere Spannung in Durchlassrichtung diffundieren Elektronen vom n-Gebiet bzw. Löcher vom p-Gebiet durch die Sperrschicht und können rekombinieren.

In Bild 10-1 ist eine solche Rekombination unter Abgabe von Photonen (Licht) schematisch dargestellt. Die strahlende Rekombination kann im Termschema als direkter Übergang von Elektronen aus dem Leitungsband in das Valenzband dargestellt werden.

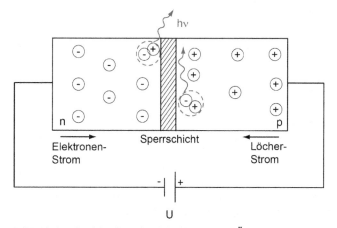

**Bild 10-1**    Strahlende Rekombination am pn-Übergang in einer Halbleiterdiode

Hierbei wird die Energiedifferenz des Bandabstands $E_g$ frei und dem entstehenden Photon als hν mitgegeben, siehe Bild 10-2.

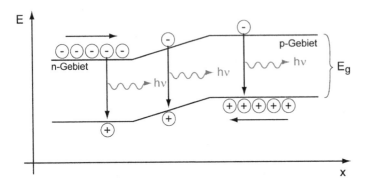

**Bild 10-2**   Rekombination am pn-Übergang im Energieschema

Im Idealfall (ohne strahlungslose Übergänge) erzeugt jedes einströmende Elektron irgendwann ein Photon. Eine LED sendet also näherungsweise monochromatisches Licht aus, wobei die Wellenlänge vom Bandabstand des Halbleiters (vor allem vom Material und von der Temperatur) abhängt. Mit verschiedenen Halbleitermaterialien, Mischkristallen und Dotierungen lässt sich der gesamte sichtbare Bereich bis ins IR abdecken. Die spektrale Halbwertsbreite für eine einzelne LED liegt typischerweise im Bereich von 30 bis 50 nm.

***Zahlenbeispiel:*** In Tabelle 10-1 sind für einige typische Halbleitermaterialien und Dotierungen die Wellenlängen maximaler Abstrahlung und die daraus resultierende Farbe zusammengestellt.

**Tabelle 10-1**   Halbleitermaterialen, Wellenlänge und Farbe

| Material: Dotierung | Wellenlänge in nm | Farbe |
|---|---|---|
| GaAs : Si | 965 (930–980) | IR |
| GaP : Zn, O | 690 | Rot |
| GaAs$_{0,6}$P$_{0,4}$ | 650 | Rot |
| GaP : N | 575 (550–580) | Grün |
| GaN : Zn | 440 | Blau |

LEDs sind in der Regel so aufgebaut, dass sich auf einem Substrat ein n-dotierter Mischkristall mit einem p-dotierten Einsatz befindet. Je nach Material ist das Substrat entweder absorbierend (z. B. GaAs) oder transparent (z. B. GaP) mit spiegelnder Rückfläche. Der gesamte Halbleiter-Chip wird schließlich in einem Kunststoffgehäuse vergossen, wobei durch die Ausformung der Reflektorwanne unterschiedliche Abstrahlcharakteristiken erzielt werden.

Ist der Reflektor paraboloid ausgeformt, bekommt die LED eine deutliche Richtwirkung (Lichtstrahl). Ist der Reflektor mit geraden Wänden gebildet, strahlt die LED eher diffus ab und ist damit unabhängiger von der Beobachtungsrichtung. In den Datenblättern findet man normalerweise Angaben über die winkelabhängige Abstrahlcharakteristik einer LED. Das abgestrahlte Licht ist inkohärent, weil es durch spontane und damit ungeordnete Rekombinationsvorgänge entsteht. LEDs sind preiswert und sehr zuverlässig. Im Normalbetrieb geht die abgestrahlte Intensität erst nach einer Million Betriebsstunden auf ca. 50 % zurück. Teure Hochleistungs-LEDs können sehr hohe Wirkungsgrade haben, aber einfache Massen-LEDs sind hier eher bescheiden: Werte von unter einem Prozent bis wenige Prozent sind normal!

*Experimentierbeispiel:* Mit einer roten und einer grünen LED lassen sich eine Reihe von einfachen Experimenten durchführen, die je nach Bauausführung der LEDs etwas unterschiedlich ausfallen können. Die LEDs können direkt mit einem Labornetzteil betrieben werden, wobei je nach Spannungsbereich ein Vorwiderstand zum Schutz der LEDs notwendig sein könnte. In der Speisung der LEDs misst man Spannung und Strom, damit man die elektrisch zugeführte Leistung kennt. Dann bestimmt man mit einem Leistungsmessgerät die optisch abgestrahlte Leistung. Da man für eine vernünftige Messung das gesamte abgestrahlte Licht erfassen sollte, sind LEDs mit einer deutlichen Richtcharakteristik hier besser geeignet. Für eine korrekte und vollständige Bestimmung der Gesamtstrahlungsleistung einer LED sollte man eigentlich eine Ulbricht-Kugel verwenden. Aus Lichtleistung und elektrischer Leistung kann der Wirkungsgrad der LEDs abgeschätzt werden. Besteht neben der Leistungsmessung auch die Möglichkeit zur Bestimmung der lichttechnischen Größe Lichtstrom, dann kann man mit diesem Experiment sehr schön die unterschiedliche Helligkeitsempfindung des menschlichen Auges erkennen. Für diesen Teil des Experiments ist es notwendig, die grüne und die rote LED auf gleiche abgestrahlte Leistung zu normieren. Bei korrekter Durchführung wird man finden, dass je nach verwendeten Wellenlängen der normierte Lichtstrom der grünen LED um einen Faktor 2 bis 10 höher ist als der der roten LED. Für einen dritten Vorschlag benötigt man ein Spektrometer. Damit lassen sich direkt die wellenabhängigen Intensitäten für beide LEDs erfassen und aus diesen Messkurven die mittleren abgestrahlten Wellenlängen sowie die spektralen Halbwertsbreiten abschätzen. Zur quantitativen Messung mit Spektrometern folgt mehr in Teil III dieses Buchs.

## 10.2 Weißlicht-LED

Eine einzelne LED mit vorgegebenem Bandabstand durch die verwendeten Materialien hat eine charakteristische Farbe. Schon früh wollte man darüber hinaus aber auch weißes Licht mit LEDs realisieren. So wurde z. B. ein Vollfarb-Display aus drei verschiedenen LEDs übereinander entwickelt. Neben den einzelnen Farben (Rot, Grün, Blau) konnte man dieses Display auch weiß erscheinen lassen, indem alle drei Farben gleich hell leuchteten. Diese dreifach regelbaren, kombinierten Weißlicht-LEDs waren für billige Massenanwendungen aber zu aufwändig.

*Experimentierbeispiel:* Im vorangegangenen Unterkapitel waren eine rote und eine grüne LED mit einem Spektrometer analysiert worden. An dieser Stelle folgt jetzt der Vorschlag, eine beliebige Taschenlampe mit weißen LEDs auf das Spektrometer zu richten. Die spektrale Verteilung der Intensität wird mehr oder weniger so aussehen wie in Bild 10-3 gezeigt und gibt Aufschluss über das Prinzip von Weißlicht-LEDs. Ganz charakteristisch ist der relativ starke und scharfe Peak im Blauen (zw. 400 und 450 nm), sowie das breite und flachere Plateau von ca. 500 bis 700 nm.

Es handelt sich eigentlich um eine blaue LED, der aber im Kunststoffkörper fluoreszierende Farbstoffe beigemischt werden. Diese werden durch das blaue Primärlicht zum Leuchten angeregt, wobei sie über einen relativ breiten Spektralbereich abstrahlen.

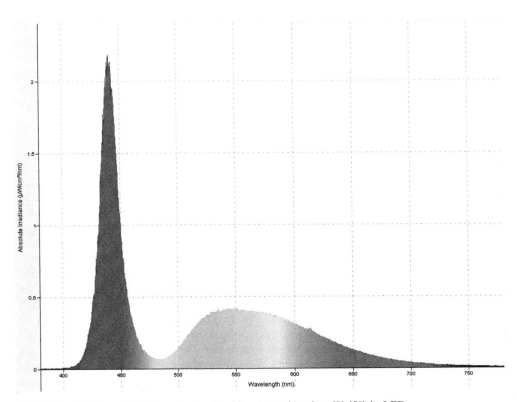

**Bild 10-3**    Spektrale Verteilung der abgestrahlten Intensität einer Weißlicht-LED

Die Mischung aus Primär- und Sekundärlicht lässt die LED für das Auge weiß erscheinen. Die Anwendungen dieser Weißlicht-LEDs sind bereits heute vielfältig, aber ganz sicher werden in der Zukunft noch viele neue Ideen auftauchen. So kennt in der Zwischenzeit jeder die Taschenlampen mit weißen LEDs, vom Schlüsselanhänger bis zur leistungsfähigen Lichtquelle. Auch im Automobilbereich gab es Vorstudien mit weißen LEDs als Tagfahrlicht und erste Anwendungen als Nebelscheinwerfer. Erfolgreichen Eingang haben die weißen LEDs gefunden in der Beleuchtungstechnik in Verbindung mit technischen Kamerasystemen. So kann man z. B. durch eine ringförmige LED-Anordnung um eine Sprühdüse herum den Sprühnebel sehr gut sichtbar machen oder auch durch eine gleichmäßig ausgedehnte Lichtfläche gegenüber einem Kameraobjekt eine gute Hintergrundbeleuchtung erzielen. Und selbst für Ultrakurzzeit-Fotografie eignen sich weiße LEDs. An der Hochschule für Technik und Wirtschaft in Saarbrücken wurde eine Nanosekunden-Lichtquelle für die Online-Bildanalyse entwickelt (Del Fabro, 2011). Mit diesem System können Partikeln in Strömungen auch bei schneller Bewegung noch scharf abgebildet werden, weil die Lichtquelle durch eine spezielle Pulselektronik für sehr kurze Pulsdauern von unter 100 ns eingeschaltet werden kann.

## 10.3 Organische LED

Eine noch relativ neue Form der Lichtquellen stellen die organischen Leuchtdioden (OLED) dar. Zusätzlich zum Aufbau gewöhnlicher LEDs wird eine organische Schicht zwischen n- und p-Schicht eingebracht. Bild 10-4 zeigt den vereinfachten prinzipiellen Aufbau.

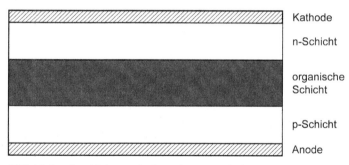

**Bild 10-4**     Geschichteter Aufbau einer organischen LED

Die Anode besteht meist aus Indium-Zinn-Oxid. Auf der Anode ist eine Lochleitungsschicht aufgebracht (p-Schicht). Darüber befindet sich die organische Schicht mit einer Dicke von 100 bis 200 nm. Diese Schicht enthält in der Regel zu 5 bis 10 % einen Farbstoff, der für die Farbe des ausgestrahlten Lichts verantwortlich ist, es ist die Emitterschicht. Geeignete Materialien in der Emitterschicht sind Kunststoffe wie z. B. Polyphenylen-Vinylene oder Polyfluorene. Darauf kommt eine Elektronenleitungsschicht (n-Schicht), die schließlich von einer aufgedampften Metall-Kathode bedeckt wird. Wird an diesem Aufbau eine Spannung angelegt, dann werden Elektronen von der Kathode injiziert und Löcher von der Anode bereitgestellt. Elektronen und Löcher driften aufeinander zu und treffen sich idealerweise in der organischen Schicht. Dort bilden sie einen gebundenen Zustand, ein sogenanntes Exziton. Je nach Modell stellt das Exziton entweder den angeregten Zustand des Farbstoffmoleküls dar oder der Zerfall des Exzitons stellt die Energie zur Anregung des Farbstoffmoleküls zur Verfügung. Der angeregte Zustand des Farbstoffs kann in den Grundzustand übergehen und dabei ein Photon aussenden. Die Frequenz des abgestrahlten Photons hängt von der Energiedifferenz zwischen angeregtem und Grundzustand ab, sie kann durch Variation der Farbstoffmoleküle gezielt verändert werden. Die Vorteile von OLEDs liegen in ihrer sehr geringen Dicke (Modell Sony: 0,3 mm), damit sind sie sehr leicht und auch flexibel. Außerdem haben sie eine hohe Helligkeit bei starkem Kontrast und sind im Bildaufbau hundert bis tausend mal schneller als Flüssigkristallanzeigen. Die Nachteile sind momentan noch die Korrosionsgefahr, der relativ hohe Preis (noch keine Massenfertigung) und die begrenzte Lebensdauer. So hat sich bei der ersten Generation der Sony OLED-Fernseher die Helligkeit nach fünf Jahren bereits halbiert. Um die Nachteile zu reduzieren, wird mit Hochdruck an der Weiterentwicklung der OLEDs gearbeitet. An der University of Southern Denmark werden z. B. alternative Bauformen für OLEDs entwickelt und erforscht, siehe Bild 10-5. Erste Anwendungen finden OLEDs bereits in farbigen Grafikdisplays z. B. für Fernseher, Kameras, Mobiltelefone und Autoradios. Für die Zukunft kann man aber auch an großflächige Raumbeleuchtung denken, an aufrollbare Bildschirme oder auch an Kleidungsstücke mit integrierten Bildschirmen.

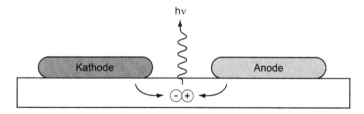

**Bild 10-5**     Neue Bauform einer organischen LED (Quelle: University of Southern Denmark)

# 11 Laser

Laser ist ein Kunstwort und steht als Abkürzung für „Light Amplification by Stimulated Emission of Radiation". Es geht also um die Lichtverstärkung durch eine Spezialform der Abstrahlung, nämlich der induzierten Emission. Erstmalig konnte diese auf Einstein zurückgehende Idee im Jahr 1960 in Form eines Rubin-Lasers realisiert werden. Um das Prinzip zu verstehen, werden wir im ersten Unterkapitel zunächst die Grundlagen besprechen. Danach werden die wichtigsten Lasertypen vorgestellt, sowie eine Reihe von Laseranwendungen. Hier konnten zwei Spezialisten für Unterkapitel zu diesem Buch gewonnen werden (Griebsch: Lasermaterialbearbeitung; Möller: Laser in der Medizin). Abgeschlossen wird das Kapitel mit einem Abschnitt über Lasersicherheit.

## 11.1 Grundlagen

In Teil I dieses Buchs hatten wir gesehen, dass die Emission und Absorption von elektromagnetischer Strahlung zusammenhängt mit den Energieniveaus der Elektronenhüllen in Atomen. Dabei geschieht die Lichtemission im Allgemeinen durch zahllose Atome völlig unabhängig voneinander. Einzelne Elektronen werden angeregt und kehren spontan (d. h. nach ca. $10^{-8}$ s) unter Aussendung eines Photons in den Grundzustand zurück, siehe Bild 11-1.

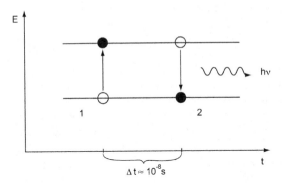

**Bild 11-1**
Spontane Emission im Energieschema

Einstein hatte aber bereits 1917 erkannt, dass es neben der spontanen Emission noch eine weitere Form von Übergängen geben kann, nämlich die induzierten oder stimulierten. Die Besonderheit der induzierten Emission besteht darin, dass eine ankommende Lichtwelle ein angeregtes Atom stimuliert, ein Photon mit gleicher Wellenlänge, Phase, Richtung und Polarisation auszusenden und damit die ursprüngliche Lichtwelle verstärkt.

In Bild 11-2 ist zunächst die induzierte Absorption im Energieschema skizziert. Es werden aus der einfallenden Lichtwelle energetisch passende Quanten absorbiert, dabei wird die Amplitude der Welle kleiner. Die Zahlen $N_1$ und $N_2$ bezeichnen die Besetzungsdichten in den beiden Energieniveaus. Der umgekehrte Vorgang der induzierten Emission ist in Bild 11-3 dargestellt, hier wird die einfallende Lichtwelle verstärkt.

Es hängt von den Besetzungsdichten $N_1$ und $N_2$ ab, ob Absorption oder Emission überwiegt. Für den Normalfall im thermischen Gleichgewicht ist $N_1$ größer als $N_2$ und es findet bevorzugt Absorption statt beim Einstrahlen von Licht. Nur im Falle einer Besetzungsumkehr (Inversion) mit $N_2 > N_1$ kann induzierte Emission erfolgen.

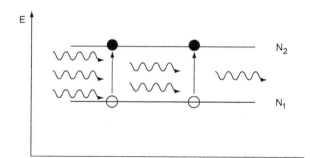

**Bild 11-2**
Induzierte Absorption
im Energieschema

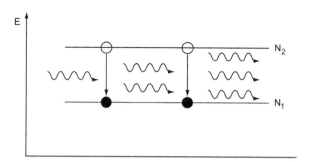

**Bild 11-3**
Induzierte Emission
im Energieschema

Die Inversion bezeichnet man als erste Laserbedingung. Für eine Inversion benötigt man „aktives Material" wie z. B. Helium-Neon, Rubin oder Argon. Diese aktiven Materialien haben metastabile, angeregte Zustände und können damit den Rückgang in den Grundzustand stark verzögern (ca. $10^{-2}$ s). Dies bietet die Möglichkeit, eine große Zahl von Elektronen auf ein höheres Energieniveau zu bringen und dort vorübergehend zu halten, ohne die Energie durch Spontanemission sofort wieder abzugeben. Die aufgespeicherte Energie kann nun durch eine einfallende Lichtwelle quasi abgerufen werden und durch die induzierte Emission zur Verstärkung der Welle verwendet werden.

Normalerweise wird das mit mindestens drei Energieniveaus realisiert, siehe Bild 11-4. Im Dreiniveau-Schema werden die Elektronen vom Grundzustand durch die Pumpenergie $P$ auf das Niveau 3 gebracht. Von dort gehen sie spontan durch strahlungslose Relaxationsübergänge $R$ oder Stöße auf das metastabile Niveau 2. Hat man durch ausreichendes Pumpen die Inversion $N_2 > N_1$ erreicht, kann der Laserübergang $L$ ausgelöst werden.

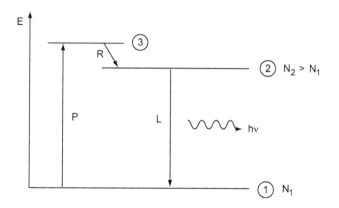

**Bild 11-4**
Dreiniveau-Energieschema
für Laser

Nun kommen wir zur zweiten Laserbedingung: Das Strahlungsfeld muss eine hohe spektrale Energiedichte haben, damit die immer vorhandene spontane Emission im Verhältnis zur induzierten Emission unbedeutend wird. Das erreicht man durch die Verwendung eines Resonators, der durch optische Rückkopplung bestimmte Vorzugsrichtungen und -frequenzen verstärkt. In Bild 11-5 ist der schematische Aufbau eines Gaslasers mit Spiegelresonator dargestellt. Die Schwellenbedingung verlangt, dass die Verstärkung der Strahlung bei einem Umlauf im Resonator größer sein muss als die gleichzeitige Abschwächung durch Auskopplung, Absorption und Streuung. Dann kann ein kleiner Teil der Energie am teildurchlässigen Spiegel (rechts in Bild 11-5) als nutzbare Laserstrahlung ausgekoppelt werden. Der Großteil der Energie muss durch Kühlung aus dem Resonator abgeführt werden.

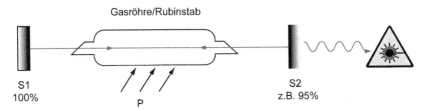

**Bild 11-5**   Verstärkung der Laserstrahlung in einem Spiegelresonator

Trotz der geringen Laser-Wirkungsgrade von teilweise weit unter 1 % zeichnet sich Laserstrahlung gegenüber konventionellen Lichtquellen durch einige wesentliche Vorteile aus:

- Laserlicht ist monochromatisch, die spektrale Linienbreite liegt typischerweise zwischen 0,1 und 1 nm;
- durch den Resonator entsteht eine starke Bündelung, der Laserstrahl hat eine geringe Divergenz und eine hohe Strahlintensität;
- Laserstrahlung ist geordnet und quasi synchron entstanden, d. h. es sind lange Wellenzüge mit einer großen Kohärenz;
- Laserpulse können sehr kurz gemacht werden, es gibt bereits Femtosekunden-Laser (ca. $10^{-15}$ s).

## 11.2 Lasertypen

Bis heute sind etwa 10.000 Laserübergänge bekannt, der Wellenlängenbereich geht von 10 nm (UV) bis 1000 µm (IR). Kleine Laser haben Leistungen im µW- und mW-Bereich, Hochleistungslaser findet man bis in den MW-Bereich. Die Wirkungsgrade sind sehr gering, bei Gaslasern teilweise unter einem Promille, nur spezielle Festkörper- und Gaslaser zeigen Wirkungsgrade bis ca. 20 %. Prinzipiell unterscheidet man Pulsbetrieb (pulse) und Dauerbetrieb (cw = continuous wave). Im cw-Betrieb wird normalerweise die Leistung der Strahlung in W angegeben.

Bei gepulsten Lasern verwendet man verschiedene Größen zur Charakterisierung:

Pulsenergie $E$ in [J]

Pulsdauer $\tau$ in [s]

Pulsabstand $T$ in [s]

Daraus kann man entweder die Pulsleistung berechnen:

$$P_{max} = \frac{E}{\tau} \qquad\qquad\qquad (11\text{-}1)$$

oder die mittlere Leistung:

$$\overline{P} = \frac{E}{T} \qquad\qquad\qquad (11\text{-}2)$$

***Zahlenbeispiel:*** Ein Riesenpuls-Rubin-Laser habe eine Pulsenergie von 1 J, durch Güteschaltung hat er eine Pulsdauer $\tau = 10$ ns und kann jede Sekunde einen Puls abgeben.

Pulsleistung $\qquad\qquad P_{max} = \dfrac{1\,\text{J}}{10\,\text{ns}} = 100\,\text{MW}$

mittlere Leistung $\qquad \overline{P} = \dfrac{1\,\text{J}}{1\,\text{s}} = 1\,\text{W}$

Im Folgenden werden wichtige Lasertypen mit einigen Kenndaten aufgeführt. Sortiert werden sie nach den aktiven Materialien in Gaslaser, Flüssigkeitslaser und Festkörperlaser. Die wichtige Gruppe der Halbleiterlaser (Laserdioden) wird im nächsten Kapitel getrennt behandelt.

## 11.2.1  Gaslaser

**Bild 11-6**
$CO_2$-Laser (Quelle: Trumpf)

▸ Wellenlängen von 9 μm bis 11 μm (IR)
▸ Leistungen von 1 W bis 100 kW
▸ Wirkungsgrad 10 bis 20 %
▸ Anwendung in Materialbearbeitung, Medizin

**Bild 11-7**
HeNe-Laser (offener Modellaser)

▸ häufiger und preisgünstiger Laser
▸ Hauptwellenlänge 632,8 nm (rot)
▸ Leistungen von 0,1 mW bis einige 10 mW
▸ Wirkungsgrad ca. 0,1 %
▸ Pumpen durch Gasentladung (Elektronen-Stoß)
▸ Betriebsdauer ca. 20.000 h

**Bild 11-8**
Ar-Ionen-Laser (im Hintergrund,
luftgekühlt)

▸ stärkste Linien bei 488 nm (blau) und 514,5 nm (grün)
▸ Leistungen von 100 mW bis 100 W
▸ Wirkungsgrad kleiner 1 ‰
▸ Luftkühlung bei kleinen Leistungen, sonst Wasserkühlung
▸ Anwendung in Messtechnik

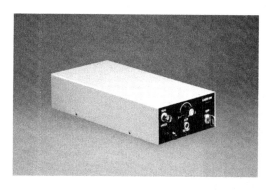

**Bild 11-9**
$N_2$-Laser für medizinische Diagnostik
(Quelle: Spectra-Physics)

‣ Wellenlänge 337 nm (UV)
‣ kurze Pulse mit Pulsenergie ca. 10 mJ
‣ Wiederholfrequenz bis 100 Hz
‣ Wirkungsgrad < 1 ‰
‣ Anwendung zum Pumpen von Farbstofflasern, für medizinische Diagnostik

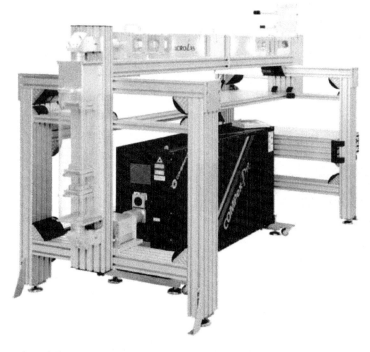

**Bild 11-10**
Excimer-Laser mit
UV-Optik für die Material-
bearbeitung
(Quelle: Coherent Inc.)

‣ instabile Moleküle, vor allem Edelgashalogenide
‣ Wellenlänge von 150 bis 350 nm (UV)
‣ energiereiche Pulse bis größer 1 J
‣ mittlere Leistung ca. 250 W
‣ Frequenzerhöhung durch nichtlineare Effekte → Oberwellen bis 35 nm herunter
‣ Anwendung z. B. in Medizin, Materialbearbeitung

## 11.2.2 Flüssigkeitslaser

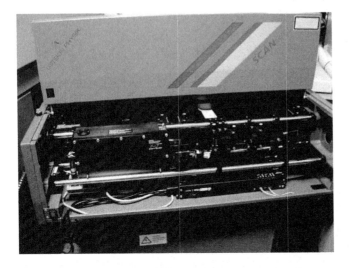

**Bild 11-11**
Farbstofflaser (Quelle: Helmut
Heller Laser)

▸ mehr als 100 Farbstoffe in wässrigen oder organischen Lösungen
▸ abstimmbare Lasertätigkeit von 300 bis 1000 nm
▸ induzierte Emission durch Fluoreszenzübergänge in Farbstoffmolekülen
▸ ultrakurze Pulse bis $10^{-14}$ s möglich
▸ Pulsfolgefrequenz bis 100 Hz
▸ Pulsleistung bis MW

## 11.2.3 Festkörperlaser

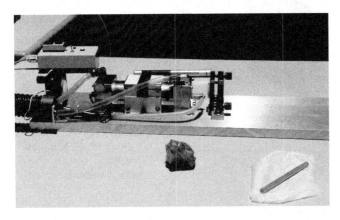

**Bild 11-12**
Offener Resonator eines Rubin-
Lasers mit Wasserkühlung,
Nachbau des Lasers von 1960

▸ historisch der erste Laser (1960)
▸ synthetischer Rubin-Kristallstab als aktives Material
▸ $Al_2O_3$ – Wirtskristall mit $Cr^{3+}$-Dotierung
▸ Wellenlänge 694 nm (dunkelrot)
▸ Pumpen mit Blitzlampen

**Tabelle 11-1**   Betriebsarten mit resultierender Pulsdauer, -energie und -leistung für Rubin-Laser

| Betriebsart | Pulsdauer | Pulsenergie | Pulsleistung |
|---|---|---|---|
| Normalpuls | 0,5 ms | 50 J | 100 kW |
| Güteschaltung (Q-Switch) | 10 ns | 1 J | 100 MW |
| Modenkoppelung | 20 ps | 0,1 J | 5 GW |

**Bild 11-13**
Blick ins Innere eines
blitzlampengepumpten
Neodym-YAG-Laser
(Quelle: Newport)

▸ Wirtsmaterial ist YAG-Kristall (Yttrium-Aluminium-Granat)

▸ Dotierung mit Nd

▸ YAG-Stab bis 150 mm lang, Durchmesser ca. 10 mm

▸ stärkste Wellenlänge bei 1064 nm

▸ Leistung bis kW, Wirkungsgrad ca. 5 %

▸ Folgefrequenz im Pulsbetrieb bis kHz

## 11.2.4 Scheiben-Laser

**Bild 11-14**
Scheiben-Laser
(Quelle: Trumpf)

▸ dünne Scheibe aus Ytterbium-YAG mit hoher Dotierung
▸ Kristall ist gleichzeitig Endspiegel
▸ hohe Leistungen bis kW
▸ exzellenter Wirkungsgrad größer 20 %
▸ Pumpen mit Hochleistungslaserdioden

## 11.3  Laseranwendungen

Das SDI-Programm der amerikanischen Regierung („Star Wars") und andere militärische Ideen hatten in den 80er Jahren des 20. Jahrhunderts Laseranwendungen bei einem Großteil der friedlichen Menschen etwas in Verruf gebracht, zwischenzeitlich sind diese Ideen aber glücklicherweise nicht mehr so präsent. Damit wurde der Blick wieder frei für friedliche Laseranwendungen, wie z. B. Nachrichtenübertragung, Messtechnik, Materialbearbeitung und Medizintechnik. In diesem Unterkapitel sollen einige Möglichkeiten dazu knapp zusammengefasst werden.

Lichtwellenleiter verdrängen in vielen Bereichen die elektrischen Kabel, angefangen bei Bordnetzen von Flugzeugen und Autos bis hin zu Interkontinentalverbindungen. Um Informationen zu übertragen wird Laserlicht in Glasfasern eingespeist und im einfachsten Modellbild durch Totalreflexion im Innern transportiert (eine genauere Behandlung erfolgt in Kapitel 17). Laser plus Glasfaser erlauben sehr hohe Übertragungskapazitäten bei gleichzeitig großer Störfestigkeit. Für diesen Bereich der Nachrichtenübertragung wird intensive Laserforschung betrieben, wobei Laserdioden in der Zwischenzeit den Hauptanteil übernommen haben.

Trifft ein Laserstrahl auf Metall, dann wird ein Teil seiner Energie absorbiert und das Metall erwärmt. Verwendet man Laser mit hoher Leistung oder hoher Pulsenergie, kann das Material auch schmelzen oder sogar verdampfen. Damit können verschiedene Formen der Materialbearbeitung realisiert werden, z. B. Härten, Schweißen, Bohren und Schneiden.

Laser finden in der Medizintechnik sowohl für die Diagnostik als auch für die Therapie Anwendung. Bei therapeutischen Anwendungen wird vor allem die thermische Wirkung der Laserstrahlung ausgenutzt. Auch menschliches Gewebe absorbiert Laserstrahlung und wird dadurch erwärmt. Bei 60 °C koaguliert das Eiweiß, bei 100 °C verdampft das Gewebewasser und bei noch höheren Temperaturen karbonisiert das Gewebe. Damit kann verödet, abgetragen und geschnitten werden. Die Vorteile der Laserchirurgie liegen in ihrer hohen Präzision, im kontaktfreien, aseptischen Einsatz, im direkten Gefäßverschluss durch Koagulation (nahezu blutlos) und in der Erreichbarkeit auch unzugänglicher Stellen wie z. B. der Netzhaut im Auge.

Speziell im wissenschaftlichen Bereich und in der Messtechnik sind Laser nicht mehr wegzudenken. Dort werden sie z. B. zur Justage, zur Entfernungsmessung, zur Partikelmesstechnik, zur Strömungsmessung, in der Spektroskopie und in der Interferometrie eingesetzt. Näheres hierzu findet sich in mehreren Kapiteln in Teil III dieses Buchs.

Und schließlich sind uns Laser in vielen Geräten und Gebrauchsgütern schon selbstverständlich geworden. Barcode-Lesegeräte sind allgegenwärtig, in jedem Supermarkt wird die Ware an der Kasse mit einem Laserscanner erfasst. Im Büro werden Schriftstücke mit hoher Qualität von einem Laserdrucker geschrieben und wenn man eine CD hört oder eine DVD anschaut, geht das nicht ohne Laserdioden.

## 11.4 Lasermaterialbearbeitung (von *Jürgen Griebsch*)

„Erscheint es innerhalb der nächsten Jahre realistisch, einen Laser im Weltraum für die Zerstörung von Meteoriten einzusetzen, welche die Erde bedrohen?" Diese häufig gestellte Frage bedeutet nichts anderes, als die Übertragung des heute bestehenden und nachfolgend beschriebenen Konzepts der Lasermaterialbearbeitung auf einen größeren Maßstab. Damit diese Frage am Ende des Kapitels zu beantworten ist, bedarf es zunächst einer technologischen Betrachtung der heute eingesetzten Komponenten.

Grundsätzlich müssen immer vier Einheiten bei einer Bearbeitungsanlage vorhanden sein, so dass das betrachtete Material von dem Strahlwerkzeug „Laser" erfolgreich bearbeitet werden kann. Dabei handelt es sich um:

1.  die Laserstrahlquelle – den eigentlichen Laser
2.  die Strahlführung
3.  die Strahlformung oder Fokussierung
4.  das Handling-System

Erst wenn alle vier Komponenten aufeinander abgestimmt zuverlässig funktionieren, wird der Laserstrahl am gewünschten Ort in der gewünschten Qualität mit der geforderten Leistung eine Wechselwirkung mit der Materie eingehen, an deren Ende das gewünschte Bearbeitungsergebnis steht.

Dabei ist die elektronmagnetische Welle in der Lage, sämtliche sechs Bereiche der Fertigungstechnik abzudecken, vom Ur- und Umformen, über das Trennen und Fügen bis zum Beschichten und Ändern der Materialeigenschaften. Möglich wird die Anwendung des Lasers als Werkzeug in der Materialbearbeitung einerseits durch seine besondere Eigenschaft, eine hohe Leistung auf eine kleine Fläche zu fokussieren und andererseits durch die Fähigkeit sehr vieler Materialien, die elektromagnetische Welle, d. h. das Laserlicht zu absorbieren. Dabei beginnt die Wechselwirkung des Laserstrahls mit dem Werkstück damit, dass das Material erwärmt wird und anschließend zu schmelzen beginnt, wenn es nicht – wie z. B. bei Kunststoffen – aufgrund einer wenig ausgeprägten schmelzflüssigen Phase sofort verdampft. Im dritten Schritt (typisch bei Metallen) wird das Material verdampft und es bildet sich ein Kanal aus, das sogenannte Keyhole oder die Dampfkapillare. Dieser Kanal ist typisch für die Lasermaterialbearbeitung, denn hier liegt eine Linienwärmequelle vor, welche sich vergleichbar einem „thermischen Skalpell" durch das Material bewegt. Typische Durchmesser des Laserstrahls bei der nachfolgend beschriebenen Materialbearbeitung liegen zwischen 0,05 und 0,6 mm mit einer gaußförmigen Verteilung der Leistung (siehe Bild 11-15) über den Strahldurchmesser.

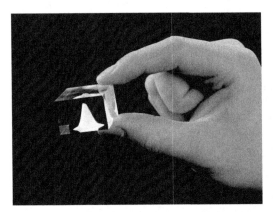

**Bild 11-15**    Einbrand eines $CO_2$-Galslasers in einen Plexiglasblock zur Verdeutlichung der gaußförmigen Verteilung der Leistung bezogen auf seinen Durchmesser (Quelle: Trumpf)

Im Vergleich zu konventionellen Schweißverfahren wird dabei weniger das umgebende Material aufgrund der nur 2-dimensionalen Wärmeleitung aufgeheizt. Es stellt sich ein großes Aspektverhältnis ein, d. h. die Bearbeitungstiefe ist sehr viel größer als die Breite (siehe Bild 11-16).

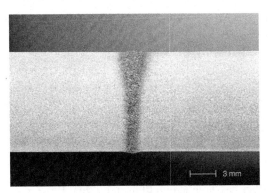

**Bild 11-16**    Querschliff einer Laserschweißnaht mit dem typisch großen Aspektverhältnis,
d. h. seiner großen Einschweißtiefe bei gleichzeitig geringer Nahtbreite

In der letzten, der vierten Phase kommt es durch weitere Energiezufuhr zur Bildung eines Plasmas, das den nachteiligen Effekt hat, dass es den Laserstrahl in Form einer thermischen Linse vom Wechselwirkungsbereich abschirmt und die Bearbeitung zusammenbricht. Durch geeignete Prozessgase wie z. B. Helium oder Argon beim Schweißen kann dieser Effekt vermieden werden.

## Erste Einsatzbeispiele von Lasern zur Materialbearbeitung

Die Elektronikindustrie war ein Vorreiter bei der industriellen Umsetzung. Zuerst wurden gepulste Nd:YAG-Festkörperlaser bei der Fertigung beispielsweise von Bildschirmen im Werk Sittard der holländischen Firma Philips oder bei der Fertigung von Herzschrittmachern eingesetzt (siehe Bild 11-17). Es konnten mit gepulsten Systemen aufgrund der hohen Pulsspitzenleistung zwar zufriedenstellende Bearbeitungstiefen erreicht werden, als Ersatz für konventionelle Schweißverfahren wie z. B. das Schutzgas- oder Widerstandspunktschweißen konnten Bearbeitungssysteme mit gepulsten Strahlquellen jedoch nicht dienen.

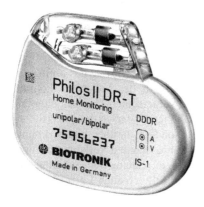

**Bild 11-17**
Herzschrittmacher, dessen beide Blechhälften mittels eines gepulsten Festkörperlasers (Nd:YAG) verschweißt worden sind (Quelle: Trumpf)

Erst, als die Automobilindustrie das große Potential für fertigungstechnische Anwendungen erkannt hatte, kam es zu technischen Entwicklungen und einer Erweiterung der bis dahin jeweils geltenden Grenzen. Folglich war die Automobilindustrie in einem zweiten Schritt ein maßgeblicher Impulsgeber. Dort wurden und werden große Stückzahlen mit großen Bearbeitungslängen produziert, weil bereits vor 20 Jahren Kosteneinsparungen durch eine Reduzierung von Produktionskosten umgesetzt werden mussten, was mit hoch flexiblen Fertigungsmethoden besser möglich war.

Ein Einsatz in der Serienproduktion mit $CO_2$-Gaslasern erfolgte zu einem Zeitpunkt, als Laserstrahlquellen mit mittleren Leistungen von über 1 kW zur Verfügung standen. Bereits in diesem frühen Stadium der industriellen Anwendung konnte die Forderung nach einer hohen Anlagenverfügbarkeit erfüllt werden (bereits bei ersten Fertigungen Mitte der 1990er Jahre bestand die Forderung nach einer Anlagenverfügbarkeit von > 98 %), so dass es möglich war, Anwendungen mit Lasern zu realisieren, welche nicht zu verlängerten Taktzeiten bei der Serienfertigung führten. Den Schwerpunkt der Anwendungen mit Multikilowatt-Lasern bildeten zu Beginn das Schneiden und – mit einer kleinen Verzögerung von ca. drei Jahren – das Laserschweißen ab dem Jahr 1991.

Ein erstes Anwendungsbeispiel war das Schweißen der C-Säule der Mercedes S-Klasse Typ 140 im Werk Sindelfingen von 1991 bis 1998. Interessant war dabei, dass eine Verfahrensfolge Schneiden-Schweißen eingesetzt wurde. Damit sollte sichergestellt werden, dass eine Spaltfreiheit, d. h. ein identischer Kantenverlauf der beiden Fügepartner bei der Schweißung, hergestellt werden konnte (beim Laserschweißen ist es – im Vergleich zu traditionellen Schweißverfahren – nur in sehr begrenztem Umfang möglich, einen Spalt ohne den Einsatz von Zusatzmaterial zu überbrücken; gängige Grenzen sind Spaltmaße bis maximal ca. 0,3 mm). Dies war möglich, weil mit dem gleichen Handlingsystem die zu verschweißenden Kanten erzeugt und nachfolgend in einer Aufspannung auch gleich gefügt wurden. Der Nachteil dieser Anwendung waren die sehr hohen Kosten für das Spannwerkzeug, welche in ungefähr der gleichen Größenordnung wie für das Strahlwerkzeug „Laser" lagen.

Im den Folgejahren wurde der Laser zunehmend bei der Fertigung von Chassisbauteilen oder von Außenhautteilen, d. h. bei der Karosserie eingesetzt. Regionaler Schwerpunkt dieser schweißtechnischen 3d-Anwendungen, bei denen während dieser Phase fast ausschließlich hochfrequenzangeregte $CO_2$-Laser eingesetzt wurden, war Europa – z. B. bei Volvo das Modell 850, bei BMW die 5er-Baureihe und bei Audi die Modelle A4- und A6-Avant. Das Ziel der Entwicklungsingenieure, einen Nullspalt zu erreichen (siehe Bild 11-18), sowie auch der Sachverhalt, dass die Zugänglichkeit an die Fügestelle dadurch von der Innenseite des Dachs unmöglich war, führten unausweichlich zur Anwendung des Lasers als Schweißwerkzeug. Damit konnte eine deutliche Verbesserung der Strukturfestigkeit durch einen größeren tragenden Querschnitt bei gleichzeitig reduzierter Wärmeeinbringung erreicht werden (hier ist der Laser konkurrenzlos, weil sein fokussierter Strahl mit höchsten Intensitäten, welche nur noch beim Elektronenstrahlschweißen erreicht werden, vermeidet, dass Wärmeleitung das umliegende Bauteil aufheizt und es in Folge zu thermisch bedingten Verzug an der Außenhaut kommt, welche von Kunden wegen der Lichtbrechung an den dadurch verursachten Unebenheiten als qualitativ minderwertig wahrgenommen wird). Neben einer höheren Verwindungssteifigkeit der Fahrzeuge waren diese nicht nur „gefühlt hochwertiger" sondern darüber hinaus konnte auch eine deutlich höhere Crash-Sicherheit erreicht werden. Fahrgastzellen kollabierten nicht mehr und der Überlebensraum im Fahrzeug wurde damit in einem weitaus höheren Maße sichergestellt. Letztendlich ergaben sich auch aerodynamische und folglich auch Verbrauchsvorteile und die Fahrzeugoptik konnte ansprechender gestaltet werden.

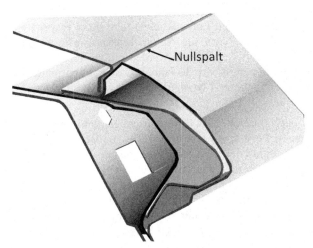

**Bild 11-18**    Schematische Darstellung des Querschnitts durch die Dachnaht eines modernen PKW – mit dem Ziel, einen Nullspalt an der Dachoberseite zu realisieren (Quelle: eigen – in Anlehnung an AUDI AG)

Bis Ende der 1990er Jahre mit Bogenlampen gepumpte Nd:YAG-Festkörperlaser (siehe Bild 11-19) zum Einsatz kamen, wurden hochfrequenz-angeregte $CO_2$-Laser verwendet (siehe Bild 11-20).

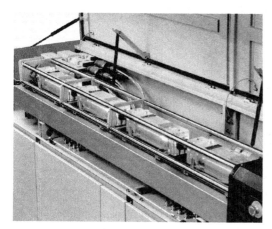

**Bild 11-19**    Das Bild zeigt das offene Gehäuse eines Nd:YAG-Festkörperlasers. Sichtbar sind die 4 Kavitäten mit einer Ausgangsleistung von jeweils 500 W (Quelle: Trumpf)

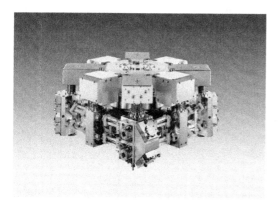

**Bild 11-20**    $CO_2$-Gaslaser moderner Bauart mit gefaltetem Resonator (Quelle: Trumpf)

Es zeichnete sich aber damals bereits ab, dass der Festkörperlaser bei der Fertigung von Kraftfahrzeugen zwei große Vorteile hat:

(i) Der Laserstrahl eines Festkörperlasers mit einer Wellenlänge im Bereich von 1 µm ist mittels einer Glasfaser übertragbar. Dadurch konnte dieser Lasertyp einfacher mit einem Industrie-Knickarmroboter kombiniert werden, da die Faser sehr flexibel den Bewegungen des Roboterkopfes folgen kann, an den eine Bearbeitungsoptik angeflanscht ist (siehe Bild 11-21).

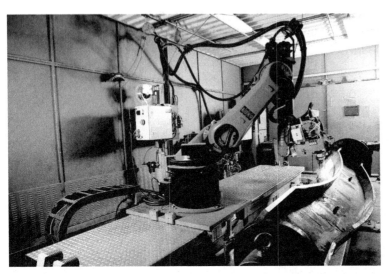

**Bild 11-21**    Bearbeitungsstation zum Schweißen mit einem Nd:YAG-Laser gekoppelt mit einem
Industrieroboter. Die Strahlführung erfolgt via Glasfaserkabel (Quelle: Kuka Robotics)

(ii) Der höhere Absorptionsgrad des Festkörperlasers bei Metallen, d. h. die zuvor beschriebene
Eigenschaft des Materials, Energie aufzunehmen, führt zu einer schnelleren Einkopplung. Dies
hat sich besonders bei der Bearbeitung von Aluminium-Materialien sehr günstig ausgewirkt,
bzw. hat diese überhaupt erst ermöglicht. Diesen Sachverhalt zeigt Bild 11-22, welches darstellt, dass beispielsweise bei Eisenwerkstoffen Fe der Absorptionsgrad A bei der Wellenlänge
des $CO_2$-Lasers ca. 5 % beträgt, bei der Nd:YAG-Wellenlänge nahezu den 6-fachen Wert ein-
nimmt (ca. 30 %).

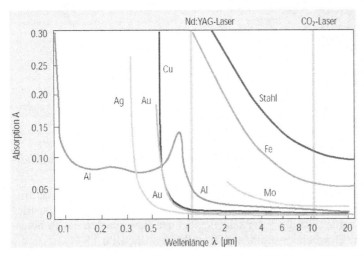

**Bild 11-22**    Darstellung des Absorptionsgrads von Metallen in Abhängigkeit der Wellenlänge
der Laserstrahlung (Quelle: IFSW, Universität Stuttgart)

## Neue Laseranwendungen in der Fertigungstechnik

Sehr schnell wurden durch die Bereitstellung von Strahlquellen mit hinreichend großen mittleren Leistungen neue Anwendungen erschlossen, welche wiederum mit Entwicklungen in anderen Bereichen einhergingen. Hier sei das Innenhochdruckumformen (IHU) angeführt, welches seit Ende des letzten Jahrtausends in der industriellen Produktion Einzug gehalten hat. Bei den mit diesem Verfahren hergestellten Rohren, die mittels einer unter ca. 1500 bar Hochdruck stehenden Flüssigkeit aufgeweitet werden, ist der Laser als Werkzeug nicht mehr wegzudenken. Er übernimmt überwiegend den Beschnitt der Rohrenden (siehe Bild 11-23), aber auch Ausschnitte entlang der Rohre werden ausgeführt. Besonders in der nord-amerikanischen Automobilindustrie im Umfeld von Detroit wurden Pick-up-Rahmen auf diese Weise mit Stückzahlen von weit über einer Million pro Jahr hergestellt.

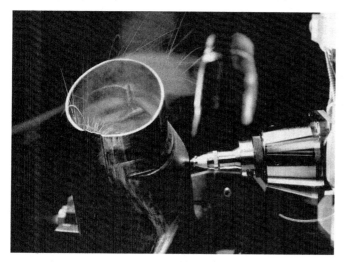

**Bild 11-23**    Laserstrahlschneiden eines Rohres, das mit dem Verfahren des Innenhochdruckumformens (IHU) hergestellt wurde (Quelle: Trumpf)

## Die Notwendigkeit eines höheren Gesamtwirkungsgrads

Eine Änderung im ökologischen Bewusstsein und die stetig wachsenden Energiepreise in den ersten zehn Jahren dieses Jahrtausends haben zur Einsicht geführt, dass der Laser zwar ein äußerst flexibles und leistungsfähiges Werkzeug ist. Jedoch hat sein geringer Gesamtwirkungsgrad von unter 4 % bei Nd:YAG-Festkörperlasern allein bei der Einführung des Golf V den Bau eines Kühlturms im Werk Wolfsburg notwendig gemacht, um die geforderte Kühlkapazität von 23 MW für das Abführen der nicht in Strahlleistung umgesetzten Energie des optischen Pumpens bereit zu stellen (Quelle: Klaus Löffler: Laserapplication Golf V; European Automotive Laser Application, 28./29.4.2004 in Bad Nauheim/Frankfurt).

Am Beispiel der beiden Komponenten „Strahlquelle" und „Handlingsystem" werden die technischen Entwicklungen gezeigt, welche in den letzten zehn Jahren erfolgreich umgesetzt worden sind – und auch, welche Auswirkungen diese für die Materialbearbeitung gehabt haben.

## Neueste Strahlquellen

Auffällig ist dabei, dass größte Schritte in Richtung einer Effizienzsteigerung im Bereich der Festkörperlaser stattgefunden haben, da durch die Entwicklung und den Einsatz von Laserdioden der Wirkungsgrad der Stab- oder Slablaser mit ihren bis dahin verwendeten Blitz- (bei gepulsten Systemen) bzw. Bogenlampen (bei cw-Lasern) erheblich gesteigert werden konnte. Der Grund hierfür ist die verlustärmere Anregung des laseraktiven Mediums, so dass mit diesem optisch größeren Wirkungsgrad die Gesamtenergiebilanz auf über 20 % verbessert werden konnte. Die Pumpwellenlängen von Laserdioden werden passend zum Sprungschema des laseraktiven Mediums gewählt, so dass aufgrund dessen geringerer Erwärmung sowohl die Strahlqualität als auch die Stabilität des Laserstrahls deutlich gesteigert werden konnten.

Trotz dieser erfreulichen Ergebnisse sahen die Strahlquellenhersteller bei Stablasern den Spielraum für weitere Verbesserungen schnell ausgereizt, zudem die zu diesem Zeitpunkt vorliegenden Ergebnisse von zwei neuen Lasertypen sehr vielversprechend waren. Dabei handelt es sich um „Faserlaser" und „Scheibenlaser" (siehe Bild 11-24).

**Bild 11-24**   Rückansicht eines modernen Scheibenlasers mit 4 Kavitäten. Eine jede Kavität (im Bild rechts erkennbar) wird durch vier Dioden-Pumpmodule versorgt (Quelle: Trumpf)

Ohne das Problem der Erwärmung und daraus resultierender Linsenbildung wiesen diese beiden Lasertypen große Vorteile bei der industriellen Anwendung auf, welche mit erheblichen Verbesserungen und einem größerem Einsatzbereich bei der Materialbearbeitung mit einem Laser als universelles Strahlwerkzeug einhergingen. Eine größere Prozesssicherheit bei gleichzeitig reduzierten Betriebskosten ist die Folge.

Bild 11-25 zeigt eindrucksvoll die Unterschiede von vier maßgeblichen Kriterien – gleiche Ausgangsleistung vorausgesetzt – bei einem Lasertyp alter Bauart (LP Stab) mit einer schlechten Strahlqualität und einem großen Fokusdurchmesser $d_f$ sowie seinem modernen Pendant – einem neuen Scheibenlaser, der über eine vierfach höhere Strahlqualität sowie ein kleines $d_f$ verfügt.

Diese systembedingten Unterschiede führen beim Stablaser zu einer schnelleren Aufweitung des Laserstrahls nach einer optischen Abbildung, wie dies beispielsweise nach dem Fokussieren in der Bearbeitungsoptik geschieht. Bereits in geringer Distanz zum Punkt des kleinsten Strahldurchmessers – dem Fokuspunkt oder der Strahltaille – reduziert sich die für die Materialbearbeitung wichtige Intensität. Dies bedeutet, dass der Quotient aus Leistung bezogen auf die Querschnittsfläche des Strahls rapide abnimmt und damit aufgrund der schlechteren Einkopplung das Fertigungsergebnis gefährdet. Vor diesem Hintergrund gehen mit einer höheren Strahlqualität zwei wesentliche positive Eigenschaften einher – Arbeitsabstand und Schärfentiefe werden größer.

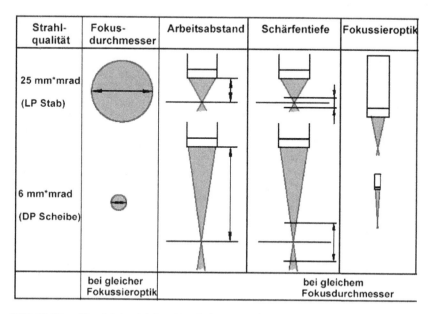

| Strahl-qualität | Fokus-durchmesser | Arbeitsabstand | Schärfentiefe | Fokussieroptik |
|---|---|---|---|---|
| 25 mm*mrad (LP Stab) | | | | |
| 6 mm*mrad (DP Scheibe) | | | | |
| | bei gleicher Fokussieroptik | bei gleichem Fokusdurchmesser | | |

**Bild 11-25**    Vergleich wichtiger Bearbeitungsmerkmale zwischen einem modernen Scheibenlaser und einem älteren Stablaser (Quelle: Volkswagen)

Ist der Arbeitsabstand größer als der eines vergleichbaren Lasersystems, kann der Anwender ein identische Intensität, d. h. einen gleich großen Fokusdurchmesser noch in einer größeren Entfernung zur Fokussieroptik erreichen. Dies hat große Vorteile beispielsweise beim Laserschweißen mit Robotern im engen Innenraum der Rohkarosse eines Fahrzeugs. Dies liegt darin begründet, dass die Fokussieroptik an der Roboterhand befestigt sein muss. Beide Bauteile zusammen, d. h. Optik und Hand nehmen viel Bauraum ein und verhindern ein freies Bewegen aufgrund möglicherweise störender Konturen im Fahrzeuginneren beispielsweise durch Spannmittel.

Ein dem Arbeitsabstand vergleichbarer Vorteil geht mit einer größeren Schärfentiefe einher, welche aussagt, dass der Laserstrahl noch eine hinreichend große Intensität auf einer längeren Wegstrecke entlang der Strahlpropagation (dies ist die Ausdehnungsrichtung des Strahls) aufweist. Da der Laser mit höherer Strahlqualität näher dem Ideal des „quasi-parallelen-Strahls" bleibt, ist der Abstand größer, der sich zwischen den beiden Minimalwerten der Intensität, d. h. vor und nach dem minimalen Strahldurchmesser $d_f$ einstellt. Ebenfalls positiv ergibt sich eine kompaktere Bauform für die Fokussieroptik bei einem Laser mit höherer Strahlqualität, weil zum Erreichen eines gewünschten Strahldurchmessers an der Strahltaille eine Linse mit kleinerem Durchmesser nötig ist.

## Handlingssysteme neuester Generation

Eine konsequente Nutzung dieser neuen technologischen Errungenschaften ist der Bau sogenannter „Remote-Systeme" (siehe Bild 11-26).

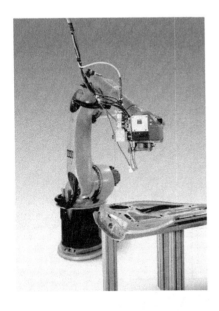

**Bild 11-26**
Remote-Laserschweißsystem bestehend aus einem
Knickarmroboter, einem Scheibenlaser und einer
Scanneroptik (Quelle: Trumpf)

Hier wird ein Knickarmroboter mit einer modernen Laserstrahlquelle über Lichtleitfaser verbunden und anstatt einer einfachen Bearbeitungsoptik wird eine Scanneroptik angeflanscht.
Dadurch wird erreicht, dass der Roboter die Eilbewegungen – z. B. von einem Bearbeitungsbe-
reich zum nächsten – durchführt. Wiederum die Scanneroptik übernimmt die Bewegungen
während der Laserwechselwirkung, welche mit geringer Bahnabweichung sein müssen, da das
Strahlwerkzeug „Laser" eine geringe Toleranz gegenüber Ungenauigkeiten aufweist und deswegen Bewegungen und Positionen während der Laserbearbeitung reproduzierbar und dyna-
misch sein müssen. Aufgrund des größeren Arbeitsabstands und der größeren Schärfentiefe
ergibt sich bei Lasern mit großer Strahlqualität, wie sie in Bild 11-26 beschrieben worden sind,
ein größeres Bearbeitungsfeld, d. h. eine größere bestrichene Fläche nahezu konstanter Intensität, so dass auch größere Bauteile bearbeitet werden können (siehe Bild 11-27).

**Bild 11-27**
Lasergeschweißte Dieselab-Gaskühler, welche mittels
des Remote-Schweißverfahrens hergestellt wurden
(Quelle: Trumpf)

## Weitere Verfahren der Lasermaterialbearbeitung

Neben den bislang mehrfach genannten Verfahren „Schneiden" und „Schweißen", welche den Fertigungsverfahren „Trennen" und „Fügen" zuzuordnen sind, haben die industriellen Rahmenbedingungen auch den Einsatz des Lasers zum Beschichten interessant gemacht. Dabei wird mittels einer speziellen Optik der Laserstrahl, das in der Regel metallische Pulver und das notwendige Schutzgas auf den Bearbeitungspunkt zugeführt, so dass es unter Wechselwirkung aller drei beteiligten Komponenten zu einer Masse erstarrt, die dann beispielsweise durch Schleifen auf die gewünschte Oberflächenqualität zerspant wird. Bild 11-28 zeigt diesen Zusammenhang.

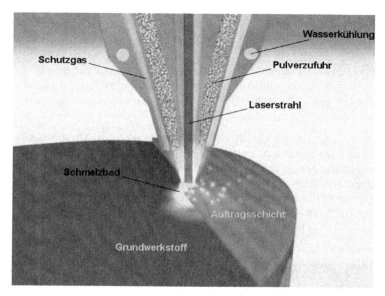

**Bild 11-28**    Schematische Darstellung des Laserauftragsschweißens (Quelle: Trumpf)

Als eingesetzte Lasertypen sind sowohl $CO_2$- als auch Festkörperlaser in der Leistungsklasse größer 1 kW denkbar. Anwendung findet dieses Verfahren besonders dann, wenn neben dem Kostenvorteil gegenüber konventionellen Fertigungsverfahren auch eine Zeitersparnis mit einhergeht. Bild 11-29 zeigt dieses Verfahren am Beispiel von Reparaturschweißungen bei Tiefziehwerkzeugen, bei denen durch die starke mechanische Beanspruchung im Bereich kleinerer Ziehradien ein großer Verschleiß stattfindet. Mittels des Pulverauftrags kann die ursprüngliche Geometrie und zeichnungsgerechte Maßhaltigkeit des Tiefziehteils wieder hergestellt werden.

Das nachfolgend beschriebene Laser-Selective-Melting ist vergleichbar dem Laserauftragsschweißen. Es ist aber den urformenden Fertigungsverfahren zuzuordnen, weil erst mit Beginn des Prozesses ein Bauteil hergestellt wird und nicht vor Prozessbeginn bereits eine Basis zum Auftragen von Pulver vorhanden ist. Anfangs belächelt konnte sich das Laser-Sintern in bestimmten Branchen bereits etablieren. Diese sind – für viele sicherlich überraschend – beispielsweise Anwendungen in der Zahnindustrie. Bei diesem Verfahren wird Metall- oder Keramikpulver unter einem Laserstrahl schichtweise verschmolzen und als 3d-Anwendung aufgebaut (siehe Bild 11-30).

**Bild 11-29**   Pulverauftragsschweißen eines Umformwerkzeug als Reparaturlösung nach zu großem
                 Verschleiß. Im nächsten Arbeitsgang muss das aufgeschmolzene Material spanend auf das
                 zeichnungsgerechte Maß abgetragen werden (Quelle: Trumpf)

Auch in der Flugzeugindustrie findet dieses Verfahren Anwendung, da nach Abschluss des
Sinterprozesses die Bauteile mit zerspanenden Verfahren weiter bearbeitet werden können.
Grundlage dieser Anwendung ist die Erzeugung eines 3d-Datensatzes, der entweder durch ein
Scanning- oder Durchstrahlungsverfahren erfolgt. Mit diesem Datensatz erfolgt der schichtweise Aufbau, der allen auf diese Weise hergestellten Verfahren auch stets anzusehen ist. Der
große Vorteil für die Nutzer ist die Reduzierung der Bearbeitungsdauer im Vergleich beispielsweise zu zerspanend hergestellten Bauteilen.

**Bild 11-30**
Herstellen eines Bauteils durch Laser-
Selective-Melting (Quelle: Trumpf)

Beim nächsten Verfahren, dem Laserhärten, werden die Werkstoffeigenschaften geändert.
Dabei kann der Laserstrahl aufgrund seines geometrisch exakt beschreibbaren Intensitätsprofils
räumlich sehr genau Bereiche verändern, ohne dass große Randeinflusszonen über das gewünschte Volumen hinaus die gesamte Beschaffenheit des Werkstücks ändern. Am Beispiel
eines Pumpenrads mit Welle (siehe Bild 11-31), welche im Bereich der Lagerführung zur Vermeidung von Verschleiß gehärtet wird, soll dieses Verfahren dargestellt werden.

**Bild 11-31**
Flügelrad einer Pumpe mit Welle, bei der am
Lagersitz eine Aufhärtung vorgenommen wurde
(Quelle: Trumpf)

Bezogen auf die Anzahl der sich im Einsatz befindlichen Systeme ist das Beschriften mit Lasern bestimmt am weitesten verbreitet. Markieren ist eines der vielseitigsten Laserverfahren, da
es für viele Materialien und Anwendungen geeignet ist und deswegen aus der Produktion von
Konsum- und Industriegütern nicht mehr wegzudenken ist. Ob elektrische Zahnbürste, Brause
im Bad, Handy oder Schalter bzw. Schaltkulisse im Auto – alle diese Teile werden mit Laserstrahlen beschriftet. Nachvollziehbar ist, dass das Lasermarkieren ein Sammelbegriff für mehrere Verfahren ist: dem Gravieren, Abtragen, Anlassen, Verfärben und Aufschäumen. Welches
Verfahren das geeignete ist, hängt vom Werkstoff und den Qualitätsanforderungen ab.

Das Abtragen und Gravieren ist mit Schwerpunkt für Metalle, Kunststoffe, Lacke und Kerami-
ken verwendbar (siehe Bild 11-32).

Hingegen erfolgt das Anlassen mit Eisenmetallen und Titan (siehe Bild 11-33).

Wiederum können nur Kunststoffe aufgeschäumt bzw. verfärbt werden (siehe Bild 11-34).

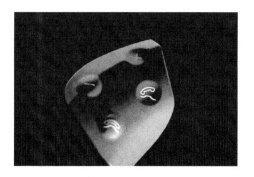

**Bild 11-32**
Schichtabtrag bei einem Kunststoffbauteil für
die Fahrzeugindustrie (Quelle: Trumpf)

**Bild 11-33**
Anlassen eines Bauteils für die Medizinindustrie
(Quelle: Trumpf)

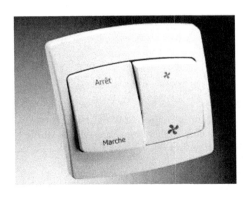

**Bild 11-34**
Schalterleiste für ein Bauteil im Wohnungsbau
(Quelle: Trumpf)

## Lasermaterialbearbeitung von Meteoriten

Die Wirkung eines (gepulsten) Laserstrahls auf einen Meteoriten musste zum Glück noch nicht unter realen Bedingungen im Weltraum geprüft werden. Deswegen soll diese Frage auch nur vor dem Hintergrund beantwortet werden, ob die zur Bearbeitung notwendige „sehr hohe" Laserleistung am Meteoriten bereitgestellt werden könnte. Dies könnte sowohl mit einem auf der Erde betriebenen Laser und seiner zum Ziel auszurichtenden Strahlführung (bodenge-stützt), als auch mit im Weltraum stationierten Systemen realisiert werden. Militärische An-wendungen, sogenannte Airborne Laser, werden hier nicht betrachtet.

Der Laserstrahl bodengestützter Systeme wäre einfach mittels einer geeigneten Energie-Infra-struktur zu erzeugen. Jedoch würde das Laserlicht an jedem Partikel, das sich im Strahlengang zwischen seiner Entstehung auf der Erde und dem Ziel befindet, abgelenkt oder absorbiert werden. Folglich würden bereits natürliche Phänomene wie die dichte Erdatmosphäre mit Re-gen, Schnee oder Hagel eine stets abrufbare Meteoritenabwehr sehr stark gefährden.

Mit der Sonne als sinnvolle Energiequelle wären weltraumgestützte Lasersysteme mit einem im Vergleich zu vor zehn Jahren 10-fach höherem Wirkungsgrad heute sicherlich einfacher zu realisieren. Der Laserstrahl würde auch nicht von Streupartikeln abgelenkt werden und ohne eine Abschattung der Solarpanels, z. B. durch die Erde oder den Mond, wäre die Menge der bereitgestellten Energie dann maßgeblich abhängig vom Wirkungsgrad der Panels und der Fläche des „Sonnensegels" – und dieses müsste ganz bestimmt sehr, sehr groß sein.

## 11.5 Laser in der Medizin (von *Michael Möller*)

### Einleitung

„Die Geschichte des Lasers in der Medizin ist so alt wie die Geschichte des Lasers." (Berlien und Müller, 2000). Die zu erwartenden Vorteile der Laserstrahlung für therapeutische Anwen-dungen führten dazu, dass der 1960 als erster Laser realisierte Rubin-Laser schon 1961 in der Augenheilkunde und zwei Jahre später in der Dermatologie eingesetzt wurde. Diese Vorteile liegen nicht nur – ähnlich wie für die sonstige Materialbearbeitung – in der erzielbaren hohen Energie- bzw. Leistungsdichte, sondern vor allem in der spektralen Schmalbandigkeit der meisten Lasertypen, die eine Selektion des bearbeiteten Gewebes durch Wahl der Wellenlänge erlaubt. Besonders auffällig ist dies bei Anwendungen am Auge; mit unterschiedlichen Laser-typen sind einerseits Behandlungen der Hornhaut und andererseits Behandlungen der Netzhaut möglich, im letzteren Fall ohne Schädigung der davor liegenden lichtbrechenden Augenmedien (siehe Bild 11-35).

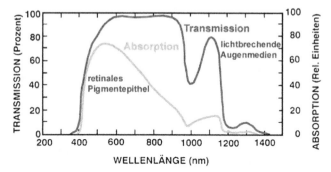

**Bild 11-35**    Abhängigkeit der Transmission der lichtbrechenden Augenmedien und der Absorption des retinalen Pigmentepithels von der Wellenlänge (Quelle: Berlien und Müller, 2000)

Die Eindringtiefe von Licht in menschliches Gewebe wird durch die Absorption durch dessen wesentliche Bestandteile bestimmt (siehe Bild 11-36), sie ist in den meisten Spektralbereichen außer dem im roten bis nahinfraroten gelegenen „therapeutischen Fenster" sehr begrenzt. Selbst in diesem Spektralbereich ist allerdings bedingt durch die starke Lichtstreuung nur eine diffuse Lichtausbreitung in die Tiefe des Gewebes möglich.

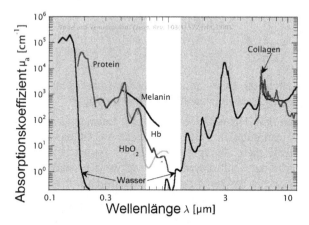

**Bild 11-36**    Absorptionskoeffizienten verschiedener Gewebebestandteile. Der hell markierte Bereich stellt das sogenannte „therapeutische Fenster" dar, in dem eine einigermaßen große Eindringtiefe vorliegt (Quelle: Vogel und Venugopalan, 2003)

Ein weiterer Vorteil von Laserstrahlung ist aber deren gute Fokussierbarkeit; damit eröffnet sich für viele Wellenlängen die Möglichkeit der Strahlführung durch Glasfasern an alle solchen Orte im Körper, die durch kleine Öffnungen zugänglich sind.

## Lasertherapie

Die Wirkungsmechanismen der absorbierten Laserstrahlung mit dem Gewebe reichen von photochemischen Prozessen über thermische Wirkungen bis hin zu nichtlinearen Prozessen, abhängig von Leistungs- bzw. Energiedichte und Einwirkzeit (siehe Bild 11-37).

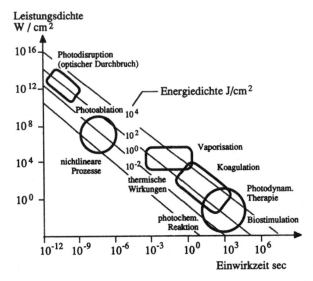

**Bild 11-37**    Im Leistungsdichte-Pulsdauer-Diagramm sind die verschiedenen Laserwirkungen alle auf einer Diagonalen angeordnet (Quelle: Berlien und Müller, 2000)

### Photochemische Wechselwirkungen:

Die Absorption von Laserstrahlung ermöglicht die Stimulation photochemischer Reaktionen. Hierzu sind keine hohen Leistungen, aber einigermaßen lange Einwirkzeiten nötig.

Sehr schwache Laser, meistens Laserdioden oder Helium-Neon-Laser mit Leistungen im Milliwatt-Bereich werden zur sogenannten Biostimulation eingesetzt. Diese Verfahren, die am ehesten mit anderen Verfahren der physikalischen Therapie wie z. B. Reizstromtherapie zu vergleichen sind und teilweise auch in Verbindung mit diesen eingesetzt werden, sind zurzeit noch sehr umstritten; zumal unklar ist, worin hierbei die spezielle Wirksamkeit schmalbandigen Laserlichts im Vergleich zu anderen Lichtquellen liegen soll.

Ein seit über 30 Jahren erfolgreich eingesetztes photochemisches Verfahren ist hingegen die Photodynamische Therapie (PDT). Hierbei werden spezielle Farbstoffe, sog. Photosensibilisatoren – vor allem Hämatoporphyrinderivate (HpD) – eingesetzt, die sich vermehrt in Karzinomzellen anreichern. Bei Einstrahlung von roter Laserstrahlung (630 nm) zersetzt sich der Photosensibilisator und setzt Radikale frei, die mit organischen Molekülen reagieren und dadurch die Tumorzellen zerstören können.

### Thermische Wechselwirkungen:

Die meisten Laseranwendungen beruhen auf thermischen Wechselwirkungen. Durch die Absorption der Laserstrahlung erhöht sich die Temperatur des Gewebes sowohl am Ort der Absorption als auch durch Wärmeleitung im umliegenden Gewebe. Bis ca. 45 °C sind keine irreversiblen Schädigungen zu erwarten, bei etwa 60 °C setzt die Koagulation des Eiweißes ein, bei weiterer Erhitzung erfolgt die Verdampfung des Gewebewassers und damit die Austrocknung und schließlich Karbonisierung des Gewebes. Bei mehr als 300 °C verdampft das Gewebe (Vaporisation); bei über 700 °C schmilzt Knochenmaterial. Die räumliche Verteilung der Gewebeschädigung hängt von der Temperaturverteilung im Gewebe ab, diese wiederum von den gegebenen optischen und thermischen Eigenschaften des Gewebes und den wählbaren Parametern der Laserbestrahlung: Wellenlänge, Leistungsdichte, Bestrahlung im Dauerstrich oder mit Pulsen unterschiedlicher Dauer.

Für die Chirurgie bietet sich hiermit die Möglichkeit einer Kräfte- und berührungsfreien Gewebeabtragung mit hoher Präzision und gleichzeitiger Blutstillung. Der Laser ist dabei nicht unbedingt als Ersatz für Skalpell oder Hochfrequenzchirurgie zu sehen, sondern wird dort eingesetzt, wo spezielle Eigenschaften benötigt werden bzw. nützlich sind. Beispiele sind hier die Abtragung von Warzen oder sonstigen Hautanhangsgebilden, aber auch das gezielte Bohren von Löchern zwischen Augenvorder- und Hinterkammer zur Verringerung erhöhten Augeninnendrucks (Grüner Star).

Neben Schneiden und Abtragen sind auch gezielte Gewebeschädigungen an und insbesondere unter der Oberfläche möglich, selektierbar vor allem durch Wahl der Wellenlänge; beispielsweise zur Zerstörung von Gefäßwucherungen unter der Haut durch Absorption im Blut oder zur gezielten Koagulation von Blutgefäßen oder pigmentiertem Gewebe in der Netzhaut.

Bei sehr geringer Eindringtiefe der Laserstrahlung, d. h. nahezu vollständiger Absorption der eingestrahlten Energie auf wenigen Mikrometern, und bei sehr kurzen Pulsdauern tritt die thermische Wirkung – d. h. die Gewebeabtragung – im Wesentlichen nur dort auf, wo die Laserstrahlung absorbiert wird, die eingebrachte Energie wird nicht durch Wärmeleitung auf größere Randbereiche verteilt. Aus letzterem Grund wird diese Art der Wechselwirkung, die Photoablation, häufig als eine „nichtthermische" Wechselwirkung bezeichnet, eben weil kaum thermische Schädigungen des Gewebes in der Umgebung der Abtragungs- oder Schnittstelle erfolgen.

Bei der photorefraktiven Hornhautchirurgie wird mittels Ultraviolettlicht aus einem Excimer-Laser die Form der Hornhaut umgestaltet, um Sehfehler zu korrigieren. Dabei kann durch Änderung der Krümmung der Oberfläche der Hornhaut deren Brechkraft verändert werden oder auch krankhafte Verformungen der Hornhaut korrigiert werden (siehe Bild 11-38).

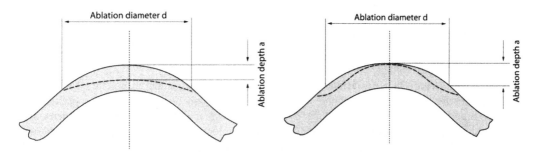

**Bild 11-38**   Schematische Darstellung der Gewebeabtragung bei der myopischen (links) und hyperopischen (rechts) photorefraktiven Keratektomie. Der Ablationsdurchmesser d liegt zwischen 6 und 7 mm (Quelle: Berlien und Müller, 2003)

Mittels Infrarot-Licht im Wellenlängenbereich von ca. 3 μm aus einem Erbium-Laser kann Zahnhartsubstanz mit höherer Präzision und geringeren Schmerzen als mit rotierenden Werkzeugen bearbeitet werden, z. B. zur Kavitätenpräparation.

Konkremente in Gefäßen – oder auch im Tränenkanal – können lokal durch Laserlicht abgetragen werden, das durch eine in das Gefäß eingeführte Glasfaser zugeführt wird.

**Nichtlineare Wechselwirkungen:**

Ein tatsächlich nicht-thermischer Effekt ist der bei extremen Leistungsdichten auftretende „optische Durchbruch", bei dem durch die hohe elektrische Feldstärke der Laserstrahlung Materie ionisiert wird, was zur Bildung eines Plasmas und zu mechanischen Schockwellen führt. Diese Wechselwirkung wird als Photodisruption bezeichnet.

Nieren- oder Blasensteine werden durch die laserinduzierte Stoßwellenlithotripsie (LISL) zerstört, das (grüne) Laserlicht dabei durch eine Glasfaser eingestrahlt, die vorzugsweise durch den Arbeitskanal eines Endoskops zugeführt wird.

## Laserdiagnostik

Viele Methoden der optischen Messtechnik lassen sich prinzipiell in der medizinischen Diagnostik ebenfalls einsetzen; die wesentlichen Eigenschaften der Laserstrahlung sind hier wieder die spektrale Schmalbandigkeit bzw. Abstimmbarkeit, weiterhin die Möglichkeit der Erzeugung kurzer Pulse für die Anwendung spektroskopischer Methoden, insbesondere der Fluoreszenzdiagnostik, sowie die wohldefinierte Kohärenz für interferometrische Messverfahren. Allerdings stellen die begrenzte Eindringtiefe in Gewebe und die diffuse Ausbreitung Hindernisse für In-Vivo-Anwendungen dar.

Neuerdings werden aber trotz dieser Problematik immer mehr Verfahren zur optischen Diagnostik – und sogar zur zwei- oder dreidimensionalen Bildgebung – mit sichtbarem oder nahinfrarotem Licht entwickelt, die teilweise schon mit großem Erfolg eingesetzt werden, sich teilweise aber auch noch im Laborstadium befinden.

Die Zielrichtung dieser Diagnosemethoden wird durch die in der modernen bildgebenden Diagnostik häufig verwendeten Begriffe „funktionelle Bildgebung" und „molekulare Bildgebung" bezeichnet: Gemeint ist hiermit, dass zur Diagnose einer Krankheit nicht nur morphologische Veränderungen dargestellt werden müssen, sondern dass – ggf. krankhaft veränderte – Körperfunktionen dargestellt werden sollen; angefangen von strömungsmechanischen Funktionen von Blutkreislauf und Atmung bis hin zu biochemischen Funktionen, d. h. der Anwesenheit und Wirkung bestimmter Biomoleküle.

**Doppler-Geschwindigkeitsmessung:**

Die Flussgeschwindigkeit des Blutes lässt sich, wie bei vielen anderen solchen Messungen auch, durch die Dopplerverschiebung des beispielsweise von den roten Blutkörperchen zurückgestreuten Lichts messen. Der Vorteil von Licht ist hier dessen sehr hohe Frequenz, die dazu führt dass auch sehr geringe Geschwindigkeiten noch zu messbaren Frequenzverschiebungen führen.

Bei der Laser-Doppler-Perfusionsbildgebung (LDPI) wird die Durchblutung der Haut als Bild dargestellt, bei Blutflussgeschwindigkeiten in der Größenordnung von mm/s treten Dopplerverschiebungen im kHz-Bereich auf, die sich mit einer schnellen Kamera unmittelbar messen lassen (siehe Bild 11-39).

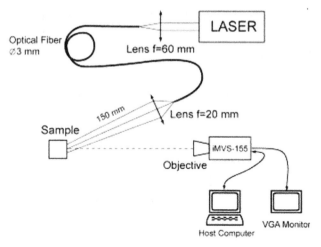

**Bild 11-39a**  Experimenteller Aufbau für Laser-Doppler-Perfusionsbildgebung
(Quelle: Serov et al., 2005)

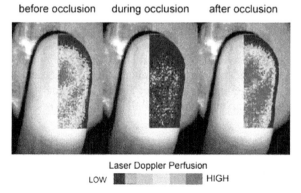

**Bild 11-39b**  Abnahme der Perfusion bei Okklusion durch eine Blutdruckmanschette. Nach Entfernen
der Okklusion steigt die lokale Perfusion über den Anfangswert an, dieser Effekt ist als
reaktive Hyperämie bekannt (Quelle: Serov et al., 2005)

**Spektroskopie-Fluoreszenzdiagnostik:**

Biochemische Informationen lassen sich im Labor, aber auch am lebenden Menschen, gut
durch spektroskopische Untersuchungen gewinnen – d. h. durch den Nachweis oder die Kon-
zentrationsbestimmung bestimmter Substanzen über deren Lichtabsorption oder -emission. Ein
sehr verbreitetes Verfahren – das keine Laser benötigt – ist z. B. die Pulsoxymetrie, d. h. die
Bestimmung der Sauerstoffsättigung im Blut aus der Rot- und Nahinfrarotabsorption von Oxy-
und Deoxyhämoglobin. Eine besonders hohe Empfindlichkeit erreicht man, wenn man den
Effekt der Fluoreszenz ausnutzt: die betreffenden Substanzen absorbieren Licht einer bestimmten (Anregungs-)Wellenlänge und strahlen dann nach kurzer Zeit (meistens einige Nanosekunden) Licht einer etwas längeren (Fluoreszenz-)Wellenlänge – also mit etwas geringerer Photonenenergie – wieder ab. Das Auftreten der Fluoreszenzwellenlänge ist damit ein Anzeichen für

die Anwesenheit der untersuchten Substanz; gelingt es, dieses mittels geeigneter Filter von der Anregungswellenlänge zu trennen, ist auch der Nachweis äußerst geringer Konzentrationen möglich. Fluoreszierende Substanzen (Fluorophore) sind im menschlichen Körper natürlich vorhanden (Autofluoreszenz), können aber auch als Kontrastmittel – z. B. zur Markierung bestimmter Gebiete, Gewebetypen oder biochemischer Situationen – gezielt zugegeben werden (Exofluoreszenz). Ein Laser ist hierbei als schmalbandige und ggf. abstimmbare Anregungs- lichtquelle besonders vorteilhaft, er ermöglicht sowohl eine selektive Anregung bei Anwesen- heit mehrerer Fluorophore als auch eine bessere Trennung von Anregungs- und Fluoreszenz- licht.

Die Intensität des zu beobachtenden Fluoreszenzlichtes ist dabei – insbesondere bei kleinen Konzentrationen der betrachteten Fluorophore – häufig außerordentlich gering, bis hin zu ein- zelnen Photonen in einem Messintervall. Es müssen daher entsprechende Detektoren wie Pho- tomultiplier, Avalanche-Dioden oder intensivierte Kameras verwendet werden.

Es gibt hier eine große Vielfalt von Fluoreszenzfarbstoffen, die in der biochemischen Analytik verwendet werden, im Folgenden sollen einige Beispiele genannte werden, die auch in-Vivo eingesetzt werden. Indocyaningrün (ICG) ist ein viel verwendetes Kontrastmittel, das sowohl als Absorber als auch als Fluorophor genutzt wird. Es wird vor allem für Untersuchungen der Durchblutung eingesetzt.

Der körpereigene Farbstoff Protoporphyrin IX (PpIX) reichert sich nach Gabe von Aminolävu- linsäure (ALA) in Tumoren an. PpIX wird mit kurzen grünen Laserpulsen (3ns), die mit in den Beleuchtungslichtleiter eines Endoskops eingekoppelt werden, zur Fluoreszenz angeregt. Zur Beobachtung der Fluoreszenz dient ein zweiter Bildleiter, der durch den Arbeitskanal des En- doskops eingeführt wird zusammen mit einer intensivierten CCD-Kamera. Die PpIX-Fluores- zenz klingt nach der Anregung langsamer ab als die anderer, gleichzeitig angeregter körperei- gener Farbstoffe. Durch eine um etwa 20 ns verzögerte Aufnahme der Fluoreszenzbilder kön- nen Tumoren oder Dysplasien anhand des nahezu untergrundfreien PpIX-Signals gut erkannt werden (siehe Bild 11-40).

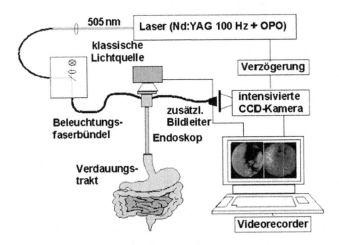

**Bild 11-40a**  Experimenteller Aufbau für fluoreszenzgeführte Endoskopie
(Quelle: http://www.ptb.de/cms/de/fachabteilungen/abt8/fb-83/ag-831/fluoreszens.html)

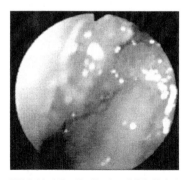

**Bild 11-40b**  Reflexionsbild (links) und Fluoreszenzbild (rechts) aufgenommen mit einem Endoskop.
Rechts im Fluoreszenzbild ist eine Dysplasie in der grün- bis gelbgefärbten Region
dargestellt
(Quelle: http://www.ptb.de/cms/de/fachabteilungen/abt8/fb-83/ag-831/fluoreszens.html)

Ein wichtiges Untersuchungsverfahren für die Labordiagnostik ist die Fluoreszenzmikroskopie. Für Präzisionsuntersuchungen werden sogenannte Laser-Scanning-Mikroskope (LSM) bzw. konfokale Mikroskope eingesetzt, bei denen keine direkte Beobachtung erfolgt, sondern die (dünne) Probe mit einem sehr kleinen Laserfokus dreidimensional abgetastet wird; durch einen geeigneten optischen Aufbau des Detektionszweiges ist dabei dafür gesorgt, dass Streulicht aus anderen Bereichen als dem Anregungsfokus nicht detektiert wird.

Es gibt hier aber auch schon in-Vivo-Anwendungen, z. B. die confocal-Scanning-Laser-Opthalmoskopie, bei der dreidimensionale Bilder des Sehnervenkopfes und des hinteren Augenabschnitts als Reflektions- oder Fluoreszenzbilder aufgenommen werden können (siehe Bild 11-41).

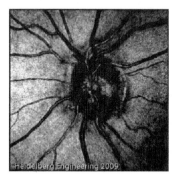

**Bild 11-41**  Reflexionsdarstellung eines gesunden Sehnervenkopfes
(Quelle: http://www.heidelbergengineering.com/products/hrt-glaucoma-module/
image-library)

Die Anregungswellenlängen der meisten Fluoreszenzfarbstoffe liegen im kürzerwelligen sichtbaren Spektralbereich. Damit ist eine in-Vivo-Fluoreszenzdiagnostik zunächst einmal nur an Gewebeoberflächen möglich. Bei sehr großen Lichtintensitäten, wie sie z. B. im Fokus eines Femtosekunden-Laserpulses auftreten, werden allerdings Mehrphotonenprozesse möglich, d. h. die Anregung eines Fluoreszenzübergangs, die z. B. ein blaues Photon (400 nm) verlangt, kann dann auch durch zwei „gleichzeitig eintreffende" rote Photonen (800 nm) geschehen. Damit ist

nicht nur eine Transmission des Anregungslichts im „therapeutischen Fenster" möglich, sondern es ergibt sich gleichzeitig auch noch ein viel größerer spektraler Abstand zwischen Anre-
gungs- und Fluoreszenzwellenlänge. Eine Anwendung ist hier die „optische Biopsie" der
menschlichen Haut bis zu einer Tiefe von typisch 200 μm (König, 2008).

Die anfänglich angesprochene Verzögerungszeit zwischen der Absorption des Anregungslichts
und der Emission des Fluoreszenzlichts, die sogenannte Fluoreszenzlebensdauer, hängt nicht
nur von dem untersuchten Fluorophor selbst ab, sondern auch von dessen Umgebung, beispielsweise der chemischen Bindung oder dem pH-Wert. Weiterhin können verschiedene Fluorophore ähnliche Absorptions- und Emissionswellenlängen, aber unterschiedliche Lebensdau-
ern haben. Bei der Fluoreszenzlebensdauer-Bildgebung (Fluorescence Lifetime Imaging,
FLIM) werden in einem konfokalen Mikroskop kurze Pikosekunden-Laserpulse eingestrahlt
und an jedem abgetasteten Bildpunkt die zeitliche Verteilung der Emission über ein Zeitinter-
vall von einigen Nanosekunden aufgenommen. Hierzu ist neben den bereits erwähnten Detektoren für die Einzelphotonen auch eine hochpräzise Zeitmessung notwendig.

**Diffuse optische Bildgebung:**
Wegen der starken Streuung von Licht in menschlichem Gewebe sind optische Abbildungen
durch dicke Gewebeschichten hindurch nicht möglich. Damit scheint auch eine tomografische
Bildgebung – analog zur Computertomografie, bei der die Schwächung von ansonsten geradlinig propagierenden Röntgenstrahlen detektiert wird – zunächst nicht möglich zu sein. Betrachtet man allerdings die Laufzeiten von Pikosekunden-Nahinfrarot-Lichtpulsen durch das
Gewebe – die wegen der Vielfachstreuung durchaus einige Nanosekunden betragen können –,
so lässt sich durch Anpassung geeigneter Modelle für die Ausbreitung an die gemessenen
Laufzeitverteilungen auf die Absorptions- und Streueigenschaften verschiedener Gewebekom-
partimente schließen.

Bei Schlaganfallpatienten lässt sich die (gestörte) Durchblutung verschiedener kortikaler Areale durch die Messung des (verspäteten) Eintreffens eines in den Arm injizierten absorbierenden
Kontrastmittels (ICG, siehe unten) diagnostizieren (siehe Bild 11-42).

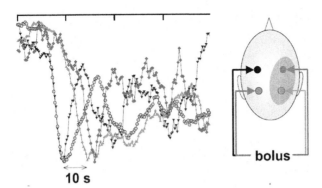

**10 s**

**Bild 11-42**     Verzögerung des Eintreffens eines Kontrastmittel-Bolus zwischen der gesunden Kopfseite
(links) und dem durch den Schlaganfall betroffenen Areal (Quelle: Liebert et al., 2005)

In der Hirnforschung lässt sich der Sauerstoffverbrauch verschiedener kortikaler Areale bei
unterschiedlichen Stimulationssituationen messen (vgl. Pulsoxymetrie, siehe oben). Blutungen
oder krankhafte Veränderungen von Gefäßwänden lassen sich durch die längere Verweildauer
eines aus den Gefäßen ausgetretenen Kontrastmittels diagnostizieren (siehe Bild 11-43).

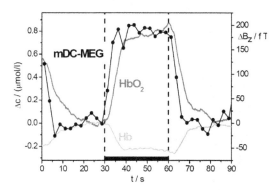

**Bild 11-43**   Typische Nahinfrarotspektroskopie (HbO2, Hb; linke Skala) und mDC-Magneto-
enzephalographie (rechte Skala)-Antworten auf Motorstimulation (von 30 s bis 60 s)
(Quelle: Wabnitz et al., 2007)

**Optische Kohärenztomografie (OCT):**

In der optischen Messtechnik werden zahlreiche interferometrische Verfahren eingesetzt, bei
denen Phasenunterschiede zwischen einem Mess- und einem Referenzlichtweg ausgewertet
werden. Voraussetzung hierfür, wie auch für holografische Bildgebung, sind eine ungestörte
Ausbreitung des Lichts ohne unvorhersehbare Wellenfrontverzerrungen und eine große Kohärenzlänge des verwendeten Laserlichts. Interferenzeffekte lassen sich nur dann beobachten,
wenn die Kohärenzlänge größer als der Weglängenunterschied von Mess- und Referenzstrahl
ist. Diese Aussage lässt sich aber auch umdrehen: Laser mit sehr kurzen Pulsen oder spezielle
Leuchtdioden (Superlumineszenzdioden) können ein sehr breites Spektrum (bis einige 100 nm)
und damit eine sehr kurze – aber definierte – Kohärenzlänge von wenigen Mikrometern haben.
Untersucht man, wiederum in einem Abtastverfahren, ein Gewebe aus mehreren Schichten, so
lässt sich die Tiefe, aus der Licht zurückgestreut wird, identifizieren, indem die Interferenz mit
Licht aus einem Referenzlichtweg variabler Länge beobachtet wird. Interferenzerscheinungen,
d. h. Modulationen der Interferenzintensität im Wellenlängenabstand, treten nur dann auf,
wenn die Lichtwege sich um weniger als die Kohärenzlänge unterscheiden.

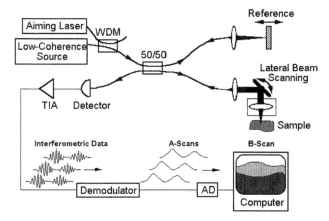

**Bild 11-44a**   Schematischer Aufbau eines OCT-Scanners (Quelle: Izatt et al., 1994)

Im Auge lassen sich – mit sichtbarem Licht – sämtliche Grenzflächen, von der Hornhaut über die Augenlinse bis hin zu verschiedenen Schichten der Netzhaut mit hoher räumlicher und ggf. zusätzlicher zeitlicher und spektraler Auflösung dreidimensional darstellen (siehe Bild 11-44).

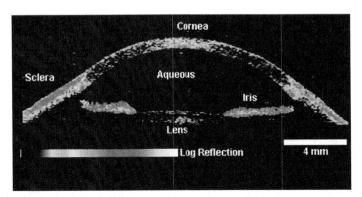

**Bild 11-44b** OCT-Bild von Hornhaut und Augenlinse (Quelle: Izatt et al., 1994)

## Literatur

H.-P. Berlien, G. Müller: Angewandte Lasermedizin: Lehr- und Handbuch für Praxis und Klinik. 3. Aufl. (2000), Ecomed, Landsberg München Zürich (19. Ergänzungslieferung 2004)

H.-P. Berlien, G. Müller: Applied laser medicine. Springer, Berlin, (2003)

J. Eichler, H.-J. Eichler: Laser: Bauformen, Strahlführung, Anwendungen. 7. Aufl., Springer, Berlin, (2010)

K. König: Clinical multiphoton tomography. J. Biophoton. 1, No. 1 (2008)

R. Kramme: Medizintechnik. 3. Aufl., Springer, Berlin, (2006)

http://www.ptb.de/cms/de/fachabteilungen/abt8/fb-83/ag-831/fluoreszens.html

A. Liebert, H. Wabnitz J. Steinbrink, M. Möller, R. Macdonald, H. Rinneberg, A. Villringer, and H. Obrig: Bed-side assessment of cerebral perfusion in stroke patients based on optical monitoring of a dye bolus by time-resolved diffuse reflectance. NeuroImage 24 (2005) 426–435

H. Wabnitz, T. Sander, A. Liebert, M. Moeller, S. Leistner, B.-M. Mackert, R. Macdonald, L. Trahms: Combination of time-domain optical brain imaging and DC-magnetoencephalography for studying neurovascular coupling. ECBO, (2007)

W. Drexler, F. G. Fujimoto: Optical Coherence Tomography: Technology and Applications. Springer, Berlin, (2008)

A. Serov, B. Steinacher, and T. Lasser: Full-field laser Doppler perfusion imaging and monitoring with an intelligent CMOS camera. Optics Express Vol. 13, No. 10, 3681–3689 (2005)

J. A. Izatt, M. R. Hee, E. A. Swanson et al.: Micrometer-scale resolution imaging of the anterior eye in vivo with optical coherence tomography. Arch. Ophthalmol. 112, 1584–1589 (1994)

A. Vogel, V. Venugopalan: Pulsed laser ablation of biological tissues. Chem. Rev. 103, 577–644 (2003)

## 11.6 Lasersicherheit

Für den vorschriftsmäßigen und sicheren Einsatz von Lasern gibt es eine europäische Norm, die DIN EN 60825-1. Außerdem hat die Berufsgenossenschaft in Deutschland die viel pragmatischere Unfallverhütungsvorschrift Laserstrahlung BGV B2 veröffentlicht. Die DIN muss man für einen relativ hohen Preis käuflich erwerben, die BGV B2 ist frei verfügbar, z. B. im Internet.

Worin bestehen nun die Gefahren von Laserstrahlung für den Mensch? Zunächst sei das Auge betrachtet. Laserstrahlung im UV-C und UV-B (180 nm bis 315 nm) wird bereits in der Hornhaut des Auges absorbiert und kann dort zu Entzündungen führen (Photokeratitis). UV-A Strahlen (315 nm bis 400 nm) dringen schon weiter ein und können eine Linsentrübung hervorrufen (fotochemischer Katarakt). Für den gesamten sichtbaren Bereich (VIS) bis zum IR-A (400 nm bis 1400 nm) ist das Auge transparent und die Laserstrahlung wird durch die Linse auf die Netzhaut fokussiert. Der entstehende Brennfleck hat einen Durchmesser von ca. 10 μm, was bei einem Pupillendurchmesser von 1 mm bis 5 mm und entsprechender Ausleuchtung zu einer Erhöhung der Leistungsdichte auf der Netzhaut um den Faktor 10.000 bis 250.000 führt! Das bedeutet, dass bereits kleine Leistungen von wenigen mW zu Verbrennungen der Netzhaut und damit zu irreparablen Schäden führen können. Für den IR-B und IR-C Bereich (1,4 μm bis 1 mm) wird die Strahlung wieder in Linse und Hornhaut absorbiert und kann dort zu Verbrennungen führen.

Bei entsprechender Laserleistung ist aber auch die Haut gefährdet. UV- und sichtbare Strahlung können zu Sonnenbrand, beschleunigten Alterungsprozessen und Pigmentdunklungen führen. IR-Strahlung dringt auch hier nicht so tief ein und kann Hautverbrennungen an der Oberfläche bewirken.

Wichtigste persönliche Schutzausrüstung beim Arbeiten mit Lasern ist eine geeignete Laserschutzbrille. Die Laserschutzbrillen sind nur wirksam in den spezifizierten Wellenlängen und Leistungsstufen, sie sind genormt in DIN EN 207. Es gibt zehn Schutzstufen von L1 bis L10, wobei die Ziffer die Abschwächung als Exponent zur Basis 10 angibt (L5 bedeutet also eine Abschwächung um den Faktor $10^5$). Bestimmungsgemäß eingesetzt muss eine Brille dem Laserstrahl mindestens 10 s widerstehen. Alle Laserschutzbrillen müssen klassifiziert und beschriftet sein entsprechend den Beispielen in Tabelle 11-2.

**Tabelle 11-2**  Beschriftung auf Laserschutzbrillen

| DI | 1060 | L7 | --- --- |
| D | 630-700 | L8 | --- --- |
| Betriebsart  D = cw  I = pulse | Wellenlänge in nm | Schutzstufe | eventuell Zeichen des Herstellers und Prüfzeichen |

Die Laser werden spätestens seit 01.01.2004 je nach Gefährdungspotential in sieben Klassen eingeteilt, davor war eine ähnliche Klassifizierung in fünf Stufen vorgeschrieben. In beiden Einteilungen werden die Laser von Klasse 1 bis Klasse 4 immer gefährlicher. Die Klassifizierung muss von außen sichtbar direkt am Laser angebracht sein. Im folgenden werden die einzelnen Laserklassen kurz beschrieben.

**Laserklasse 1:**

Unter vorhersehbaren Betriebsbedingungen sind diese Laser sicher. Mit optischen Instrumenten kann der Strahl direkt beobachtet werden.

**Laserklasse 1M:**

Das M steht für magnification (aufgeweitete Strahlen), die Klasse ist auf den Wellenlängenbereich von 302,5 nm bis 4.000 nm beschränkt. Unter vorhersehbaren Betriebsbedingungen sind diese Laser sicher. Das Beobachten des Strahls mit optischen Instrumenten kann aber für den Benutzer gefährlich werden. Mit einer Lupe könnte man z. B. mehr Licht aus dem aufgeweiteten Strahl sammeln und ins Auge bringen als mit dem Auge alleine.

**Laserklasse 2:**

Diese Klasse gilt nur für Laser im sichtbaren Wellenlängenbereich von 400 nm bis 700 nm. Unter vorhersehbaren Betriebsbedingungen sind diese Laser durch die Abwehrreaktion des Auges sicher, die direkte Beobachtung des Strahls mit optischen Instrumenten eingeschlossen. Allerdings sind hier beträchtliche Zweifel angebracht. Es hat sich nämlich bei systematischen Untersuchungen gezeigt, dass der notwendige Lidschlussreflex für diese Klasse bei mehr als 30 % der Menschen nicht (mehr) innerhalb 0,25 s funktioniert.

**Laserklasse 2M:**

Diese Klasse gilt ebenfalls nur für Laser mit Wellenlängen von 400 nm bis 700 nm. Sie sind unter vorhersehbaren Betriebsbedingungen durch Abwehrreaktionen des Auges sicher (siehe Anmerkungen zu Klasse 2). Das Beobachten des Strahls mit optischen Instrumenten kann für den Benutzer gefährlich werden (siehe Erklärung zu Klasse 1M).

**Laserklasse 3R:**

Klasse 3R gilt für den Wellenlängenbereich von 302,5 nm bis 1.000 µm. Der direkte Blick in den Strahl kann gefährlich sein, wobei das Risiko geringer ist als bei der folgenden Klasse 3B.

**Laserklasse 3B:**

Der direkte Blick in den Strahl ist gefährlich, die Beobachtung von diffusen Reflexionen ist üblicherweise sicher.

**Laserklasse 4:**

Diese Laser sind gefährlich für Augen und Haut, ihre Anwendung erfordert äußerste Vorsicht! Die Strahlung kann zu Brandgefahren führen und auch diffus gestreute Strahlung kann noch gefährlich sein.

Betreibt ein Unternehmen Lasereinrichtungen der Klassen 3R, 3B oder 4, dann muss der Unternehmer das beim Unfallversicherungsträger (BG) und der entsprechenden Behörde (Gewerbeaufsichtsamt) anzeigen. Außerdem muss der Unternehmer einen Laserschutzbeauftragten innerhalb seiner Einrichtung bestellen. Die notwendige Qualifikation und die Aufgaben eines Laserschutzbeauftragten sind in der BGV B2 detailliert aufgeführt. Zum Schluss dieses Unterkapitels über Lasersicherheit werden noch einige praktische Maßnahmen für den sicheren Betrieb von Lasern vor allem der Klasse 3R, 3B und 4 stichwortartig zusammengestellt:

1. Kennzeichnung des Laserbereichs
2. Optische oder akustische Strahlwarnung
3. Türverriegelung, Türkontaktschalter oder Schleuse
4. Strahlfänger oder Strahlabschwächer
5. Abschirmung oder Schutzgehäuse
6. Schutzbrillen, Schutzhandschuhe, Schutzkleidung
7. Schlüsselschalter gegen unbefugtes Einschalten
8. Not-Aus Schalter
9. Minimierung der Laserleistung
10. Keine spiegelnden Oberflächen an Decken und Wänden
11. Unterweisung des Bedienpersonals

Es bleibt der Rat zum Schluss: Im Umgang mit Laserstrahlung lieber etwas zu vorsichtig sein schadet nicht. Leichtsinnige können zweimal in den Strahl schauen, einmal mit dem linken Auge und einmal mit dem Rechten. Oder wie der englische Hinweis aus einem Laserlabor empfiehlt: „Do not stare into the beam with the remaining eye"!

# 12 Laserdiode

Laserdioden (LD) oder Diodenlaser oder Halbleiterlaser sind fast so alt wie Laser, aber erst die Entwicklung der Halbleitertechnologie und die Massenproduktion mit geringen Kosten hat sie ihren Siegeszug antreten lassen. In den meisten Konsumartikeln mit Lichtquelle befindet sich in der Zwischenzeit eine LD, in der Nachrichtenübertragung werden LDs als Sender verwendet, in der Messtechnik findet mehr und mehr der Ersatz von Lasern durch LDs statt und selbst für die Materialbearbeitung gibt es heute Lösungen mit LDs.

Die Vorteile der LD sind ihre kleinen Abmessungen im Mikro- bis Millimeterbereich, die kleinen elektrischen Ströme und Spannungen, sowie hohe Wirkungsgrade bis über 50 %. Außerdem sind die Austrittsstrahldurchmesser klein und können direkt in Glasfasern eingekoppelt werden. Schließlich lassen sich LDs direkt mit elektronischen Komponenten in komplexe optoelektronische Schaltkreise integrieren und direkt über den Anregungsstrom im Frequenzbereich von 0 bis über 10 GHz modulieren!

Grundlage der LD ist wie bei der LED ein pn-Übergang, allerdings mit deutlich höheren Dotierungen. Dadurch setzt ab einem bestimmten Anregungsstrom die induzierte Emission in der aktiven Zone zwischen p- und n-Gebiet ein. Im Bändermodell stellt sich das wie in Bild 12-1 skizziert dar. Das n-Gebiet ist wegen der Dotierung im Vergleich zum p-Gebiet energetisch deutlich abgesenkt, so dass Elektronen bei äußerem Antrieb in der aktiven Laserzone geordnet vom Leitungsband in Valenzband übergehen und dort mit den Löchern unter Aussendung von Photonen rekombinieren.

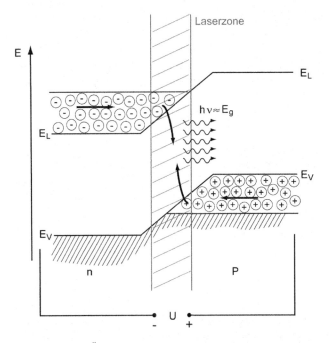

**Bild 12-1**    pn-Übergang einer Laserdiode im Energieschema

Bleibt man mit dem Anregungsstrom unterhalb des für die induzierte Emission notwendigen Schwellenwerts, dann findet am pn-Übergang nur spontane Emission statt und die LD arbeitet als LED, siehe Bild 12-2. Dargestellt ist hier die abgestrahlte Leistung als Funktion des Anregungsstroms. Man kann gut die beiden unterschiedlichen Bereich erkennen und auch die deutlich höhere Effizienz der induzierten Emission (steilerer Anstieg der Leistung mit dem Strom).

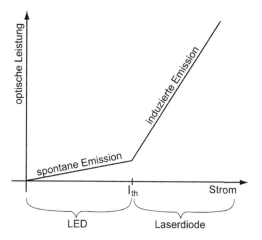

**Bild 12-2**
Abgestrahlte optische Leistung einer LD
als Funktion des Anregungsstroms

Beim Übergang von der spontanen zur induzierten Emission ändert sich auch das abgestrahlte Spektrum charakteristisch, siehe Bild 12-3. Während im LED-Betrieb das Spektrum noch relativ flach und breit um den Mittelwert erscheint (Halbwertsbreite 50–60 nm), ändert sich das für den LD-Bereich schlagartig und der spektrale Peak wird scharf (Halbwertsbreite 1–2 nm).

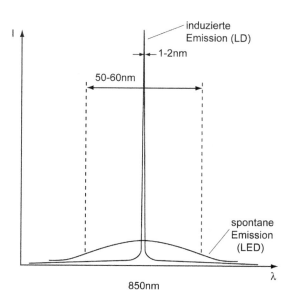

**Bild 12-3**
Spektrum unterhalb (LED) und oberhalb (LD) der Laserschwelle

*Experimentierbeispiel:* Mit fast jeder LD lässt sich die unterschiedliche Funktionsweise von spontaner und induzierter Emission ausmessen. Man benötigt dazu nur einen LD-Treiber mit regelbarem Strom und ein Leistungsmessgerät. Fährt man den Strom von Null bis zum zulässigen Maximalwert und misst dabei jeweils die abgestrahlte Leistung, dann ergibt sich eine Messkurve analog zu Bild 12-2. Hat man auch ein Spektrometer zur Verfügung, kann man mit zwei Aufnahmen bei geeigneten Strömen Bild 12-3 qualitativ reproduzieren.

Im vorangegangenen Kapitel hatten wir bei den Grundlagen gesehen, dass die Verstärkung in einem optischen Resonator als 2. Laserbedingung notwendig ist. Das gilt auch für LDs, wobei hier die polierten Endflächen des Halbleiterkristalls die Resonatorspiegel darstellen. Der Kern einer LD ist also ein winziger Block, wie in Bild 12-4 schematisch und nicht maßstäblich dargestellt. Die angegebenen Abmessungen sind nicht universell, sie geben eher die ungefähre Größenordnung an.

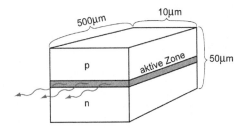

**Bild 12-4**
Schematische Darstellung des pn-Kristalls
einer Laserdiode

Die schmale aktive Zone zwischen p- und n-Gebiet bewirkt am Austritt der Laserstrahlung aus dem Kristall starke Beugungserscheinungen. Da dieser Spalt normalerweise ca. 10 μm breit, aber nur 1-2 μm hoch ist, wird der Strahl elliptisch divergent, siehe Bild 12-5. Typische Öffnungswinkel des elliptischen Abstrahlkegels liegen in Richtung der großen Halbachse bei ca. 30°, senkrecht dazu bei 10° bis 15°.

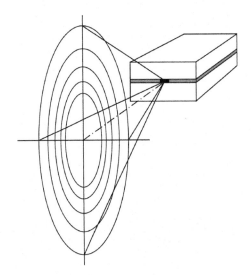

**Bild 12-5**
Räumliche Abstrahlung einer Laserdiode
in einen elliptischen Kegel

Diese räumliche Abstrahlcharakteristik ist einer der wesentlichen Unterschiede von LDs im Vergleich zu Lasern. Während ein Laser durch den Resonator von Haus aus einen stark gebündelten Strahl mit ganz geringer Divergenz aussendet (in der Größenordnung millirad), benötigt man bei LDs zur Formung eines gebündelten Strahls immer Vorsatzoptiken. Ein weiterer Unterschied ist die geringere Kohärenz von LDs verglichen mit Lasern. Aufgrund von Temperatur- und Geometrieeinflüssen unterliegt die Frequenz von LDs einer gewissen Verschmierung und es schwingen meist mehrere Moden. Dadurch erreichen LDs Kohärenzlängen im Bereich von mm bis cm, während z. B. stabilisierte HeNe-Laser ohne weiteres Kohärenzlängen bis weit in den km-Bereich haben.

Neben den bisher besprochenen Kantenemittern gibt es seit einigen Jahren als neuen Typ auch Oberflächenemitter, sogenannte VCSEL-LDs. Diese weisen ein rundes Strahlprofil auf, das externe Kollimationsoptiken nahezu überflüssig macht. Außerdem konnte die Temperaturabhängigkeit der Wellenlänge um den Faktor 5 reduziert werden, d. h. auch die Kohärenzlängen werden größer. VCSELs standen bisher nur bei kleinen Leistungen im mW-Bereich zur Verfügung, aktuell gibt es aber Einzelemitter mit Ausgangsleistungen von ca. 3 W im cw-Betrieb.

Sowohl klassische LDs als auch VCSELs lassen sich zur Erhöhung der Ausgangsleistung in Barren und Arrays zusammenfassen, siehe Beispiele in Bild 12-6. Für Barren werden Einzelemitter in einer Linie zusammengepackt, damit werden aktuell Leistungen von bis zu 300 W erreicht. Stapelt man die Barren in Arrays, also einer zweidimensionalen Emitterordnung, dann sind aktuell auf dem Markt Module verfügbar bis in den kW-Bereich mit einer Leistungsdichte von bis zu 1200 W/cm$^2$ bei VCSEL-Arrays.

PulsLife G-Stack von Coherent (2010)        Onyx MCCP 9013 von Coherent (2010)

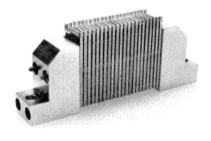

**Bild 12-6**    Zwei Beispiele für Arrays, aus Barren gestapelt (Quelle: Coherent Inc.)

# 13  Photodiode

Mit der Photodiode (PD) wird der Abschnitt des Buches über Lichtempfänger eröffnet. In Schaltungen werden PDs durch das Symbol

dargestellt.

Zum Verständnis der PD gehen wir nochmals zum pn-Übergang zurück, der auch hier die physikalische Grundlage bildet. Bild 13-1 zeigt schematisch einen pn-Übergang mit Elektronenüberschuss im n-Gebiet. Aufgrund der Diffusion dringen ein paar Elektronen in das p-Gebiet ein und ein paar Löcher in das n-Gebiet. Dadurch entsteht die Raumladungszone RLZ mit der kleinen Spannung $U_D$ ähnlich wie in einem Kondensator.

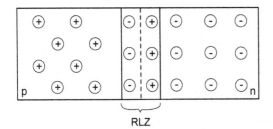

**Bild 13-1**
pn-Übergang mit Raumladungszone RLZ

Nun gibt es zwei Möglichkeiten für eine äußere Spannung. Den ersten Fall mit Beschaltung in Durchlassrichtung (siehe Bild 13-2) hatten wir bereits bei der LED genauer betrachtet. Es muss zunächst die RLZ überwunden werden, ab der Spannung $U_0 > U_D$ fließt ein Strom und die LED emittiert Photonen. Was passiert, wenn der pn-Übergang von außen beleuchtet wird? Es werden zusätzliche Elektronen/Loch-Paare erzeugt, die aufgrund der äußeren Spannung die RLZ verstärken. Der Strom kann dann erst ab einer Spannung $U_1 > U_0$ fließen.

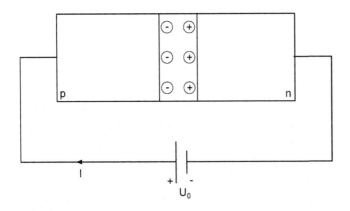

**Bild 13-2**
pn-Übergang als Emitter (LED)
in Durchlassrichtung beschaltet

Betrachten wir den zweiten Fall mit Beschaltung in Sperrrichtung (siehe Bild 13-3). Durch die äußere Spannung wird die RLZ verstärkt, es fließt aber fast kein Strom. Wird nun der pn-Übergang von außen beleuchtet, entstehen durch die eingebrachte Energie wieder zusätzliche Elektronen/Loch-Paar. Diese führen jetzt aber nicht zu einer Verstärkung der RLZ, sondern sie fließen aufgrund der umgekehrten Polung der äußeren Spannung in Richtung des Antriebs ab. Es entsteht ein Strom, der in seiner Stärke proportional zur eingestrahlten Lichtmenge ist und der Photostrom heißt. Der pn-Übergang arbeitet als PD!

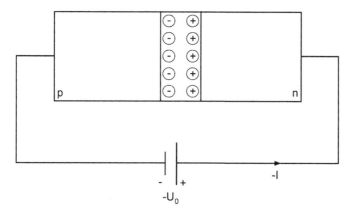

**Bild 13-3** pn-Übergang als Empfänger (PD) in Sperrrichtung beschaltet

Die Darstellung im Energieschema ist ein ergänzendes Modellbild zum Verständnis von LED und PD. Bild 13-4 zeigt die beiden Elemente im Vergleich, jeweils energetisch höher liegt das Leitungsband und tiefer das Valenzband. Die langen Pfeile geben die Richtung des äußeren Antriebs an. Bei der LED (Bild 13-4a) werden Elektronen und Löcher aufeinander zugeschoben und senden bei erfolgter Rekombination ein Photon hν aus. Bei der PD (Bild 13-4b) werden durch Photoneneinfall entstandene Elektronen/Loch-Paare getrennt und voneinander weg bewegt und bilden den Photostrom.

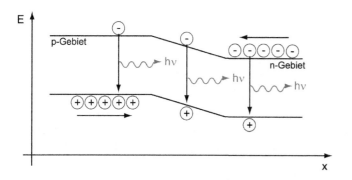

**Bild 13-4a**
Funktionsprinzip LED
im Energieschema

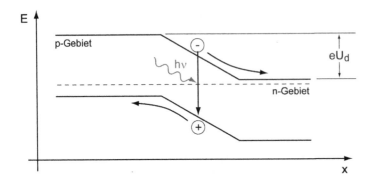

**Bild 13-4b**
Funktionsprinzip PD
im Energieschema

Setzen wir die verschiedenen Möglichkeiten zur Beschaltung eines pn-Übergangs zusammen und betrachten jeweils Strom und Spannung, dann entsteht die Kennlinie einer pn-Halbleiterdiode (siehe Bild 13-5). Im ersten Schritt diskutieren wir nur die oberste Kurve der Schar und beginnen im ersten Quadranten. Die Leerlaufspannung $U_0$ gibt den Punkt an, ab dem in Durchlassrichtung die Spannung der RLZ überwunden wird und ein Strom zu fließen beginnt. Der weitere Verlauf der Kurve mit wachsender Spannung und ansteigendem Strom ist der Bereich der emittierenden LED. Der zweite Quadrant der Kennlinie bleibt leer, erst der dritte ist wieder interessant. Im Kurzschlussfall fließt ein sehr kleiner Kurzschlussstrom $I_K$, angetrieben durch die RLZ, der sich auch beim Erhöhen der Spannung in Sperrrichtung nicht stark verändert.

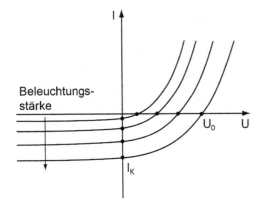

**Bild 13-5**
Kennlinien einer pn-Halbleiterdiode bei Variation
der Beleuchtungsstärke

Schalten wir nun die Beleuchtung dazu, dann wird durch die Absorption von Photonen und den daraus resultierenden Elektronen/Loch-Paaren in der PD ein Strom proportional zur Beleuchtungsstärke erzeugt, es entsteht eine Kurvenschar im Kennlinienfeld. Unbesprochen bleibt im Moment noch der vierte Quadrant, darauf werden wir im Kapitel über die Solarzellen zurückkommen.

Neben den normalen pn-Dioden findet man gebräuchlich auch die schnelleren pin-Photodioden und die empfindlicheren Lawinen-Photodioden (APD), siehe Bild 13-6. In beiden werden die dotierten p- und n-Bereiche durch eine intrinsische Schicht des Halbleitermaterials (mit Eigenleitung) getrennt.

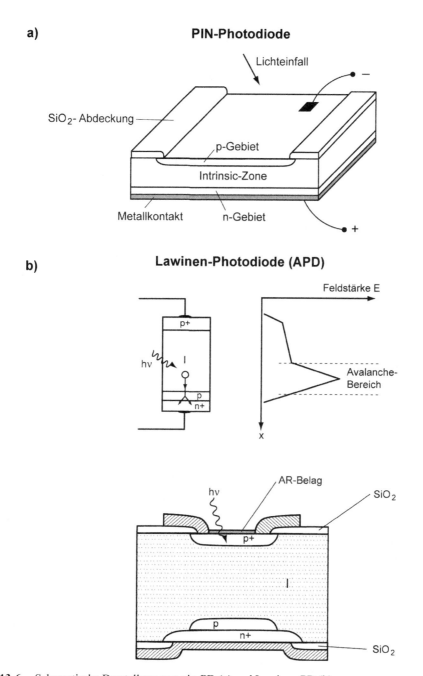

**Bild 13-6** Schematische Darstellung von pin-PD (a) und Lawinen-PD (b)

Im Innern der APDs werden die primär entstandenen Elektronen/Loch-Paare beschleunigt durch eine spezielle Feldstärkeverteilung und erzeugen durch Stoßionisation sekundäre Paare. Diese lawinenartige Verstärkung kann bis über einen Faktor von 1000 stattfinden. Übertroffen wird das nur noch von Photomultipliern, siehe eigenes Kapitel in diesem Teil des Buchs.

*Zahlenbeispiel:* In Tabelle 13-1 sind verschiedene Photodioden zusammengestellt.

**Tabelle 13-1**    Einige aktuelle Photodioden mit Kenndaten (Quelle: Conrad-Electronic, 2011)

| | BPW21 | BPX61 | SFH203 |
|---|---|---|---|
| Bild | | | |
| Typ | Si-PN | Si-PIN | Si-PIN |
| Spektralbereich in nm | 350-820 | 400-1100 | 400-1100 |
| Halbwinkel in ° | 55 | 55 | 20 |
| Fläche in mm² | 7,34 | 7,0 | 1,0 |
| Photoempfindlichkeit in nA/lx | 10 | 70 | 80 |
| Quantenausbeute in % | 80 | 90 | 89 |
| Schaltzeit in ns | 1500 | 20 | 5 |
| Anwendungen | Belichtungsmesser | Lichtschranken IR-Fernsteuerung Industrieelektronik | Industrieelektronik LWL |
| Preis in € | 9,01 | 12,00 | 0,88 |

# 14 CCD-Chip

Der CCD-Chip ist ein Lichtdetektor, der in fast allen Bereichen den konventionellen Film und das Magnetband verdrängt hat. Mit dem CCD-Chip begann der Siegeszug der Digitalfotografie und der digitalen Videokameras. CCD ist eine Abkürzung und steht für Charge Coupled Device, das bedeutet „ladungsgekoppeltes Gerät". Das sagt scheinbar noch nicht viel, aber im Prinzip doch schon eine Menge. Das wird bei den physikalischen Grundlagen gleich im Anschluss näher geklärt. Dann folgt ein Unterkapitel mit Problemen von CCD-Chips und deren Lösungsmöglichkeiten. Den Abschluss bildet schließlich ein Überblick über verschiedene Anwendungsmöglichkeiten von CCD-Chips.

## 14.1 Physikalische Grundlagen

Ein CCD-Chip besteht aus vielen gleichartigen, gekoppelten Elementen. Jedes einzelne Sensorelement ist ein MOS-Kondensator (Metall Oxide Semiconductor) und bildet ein Pixel des gesamten Chips. Bild 14-1 zeigt das Prinzipbild eines MOS-Kondensators.

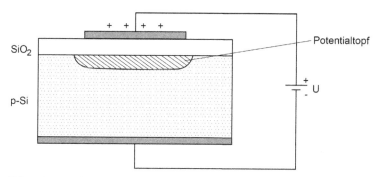

**Bild 14-1**    Prinzipieller Aufbau eines MOS-Kondensators

Über einer p-dotierten Siliziumschicht von typischerweise 20 bis 30 μm Dicke befindet sich eine Siliziumdioxyd-Isolationsschicht ($SiO_2$) und eine durchsichtige MOS-Elektrode auf der Oberseite. Diese obere Elektrode ist positiv vorgespannt und verdrängt damit die Löcher im p-Silizium etwas, es entsteht ein an Löchern verarmter Potentialtopf. Trifft nun ein Photon von oben auf das Pixel, erzeugt es ein Elektronen/Loch-Paar im p-Silizium aufgrund des inneren Photoeffekts. Das Loch wird von der unteren Elektrode abgezogen, das Elektron geht nach oben und bleibt unter der $SiO_2$-Schicht im Potentialtopf hängen. Jedes weitere Photon liefert ein zusätzliches Elektron für den Potentialtopf, die Anzahl der Elektronen ist proportional zur eingestrahlten Lichtmenge.

Nun betrachten wir viele MOS-Kondensatoren nebeneinander in einer Reihe. Über die gekoppelte Struktur erfolgt nach der Belichtung der Ladungstransport zum Ende der Reihe, wo die Information Pixel für Pixel ausgelesen wird. Der Ladungstransport erfolgt in einem dreiphasigen, getakteten Vorgang, bei dem durch geeignetes Umschalten der Elektrodenspannungen die Elektronen pro Takt um einen Kondensator weitergeschoben werden. Die MOS-Zellen in der CCD-Struktur sind also sowohl lichtempfindliche Sensoren bzw. optoelektronische Wandler als auch Ladungsschieberegister zum Auslesen!

Die typische Pixelgröße liegt im Bereich von 3 bis 10 µm Kantenlänge. Die maximale Anzahl von Pixeln in einer Zeile wächst von Jahr zu Jahr, sie liegt momentan bei ca. 10.000 Pixeln. Das gleiche gilt natürlich für CCD-Arrays, hier lag der Rekord im Jahr 2007 bei 111 Megapixeln für einen Chip in Serienfertigung (ca. 10 cm mal 10 cm lichtempfindliche Fläche). Der Auslesetakt beträgt momentan in der Größenordnung von 50 bis 100 MHz, auch er unterliegt ständiger Weiterentwicklung.

## 14.2 Probleme und Lösungen

### Verschmierung

Der Vorgang der Belichtung und der Prozess des Auslesens sollten voneinander getrennt werden, ansonsten erfolgt eine Verschmierung der Information beim Auslesen, weil die Pixel immer weiter belichtet werden. Bei CCD-Zeilen erfolgt diese Trennung von Sensor und Schieberegister durch ein bis zwei zusätzliche, unbelichtete Zeilen, siehe Bild 14-2. Durch eine solche Anordnung erfolgt das Auslesen der Zeileninformation extrem schnell innerhalb eines Taktschrittes und die Sensorzeile steht sofort wieder zur neuen Belichtung bereit.

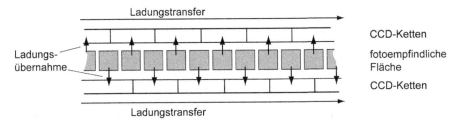

**Bild 14-2**    CCD-Zeilenstruktur mit zusätzlich unbelichteten Zeilen

Bei Arrays kommen im Wesentlichen zwei verschiedene Strukturen zum Einsatz.

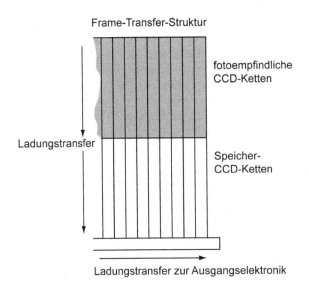

Zum einen ist das der Frame-Transfer, bei dem die Bildinformation von den fotoempfindlichen Ketten in daran anschließende Speicherketten verschoben wird, von wo sie sukzessive ausgelesen werden, siehe Bild 14-3. Dies erlaubt große fotoempfindliche Flächen, ist aber relativ langsam bei gleichzeitiger Weiterbelichtung.

**Bild 14-3**
CCD-Array in Frame-Transfer-Struktur

Interline Struktur

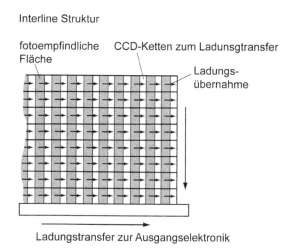

fotoempfindliche Fläche    CCD-Ketten zum Ladunsgtransfer

Ladungsübernahme

Ladungstransfer zur Ausgangselektronik

Die zweite schnellere Möglichkeit bietet die Interline-Struktur, siehe Bild 14-4. Hierbei wird die Information der belichteten Pixelzeilen in einem einzigen Auslesetakt in jeweils direkt benachbarte Speicherzeilen verschoben und dann von dort unbelichtet Schritt für Schritt ausgelesen.

**Bild 14-4**
CCD-Array in Interline-Struktur

## Kontrast- und Dynamikmangel

Herkömmliche CCD-Chips haben Schwierigkeiten bei der Wiedergabe von kontrastreichen Bildern, die gleichzeitig einen hohen Dynamikbereich umfassen. Dabei verschwimmen häufig die Details in den dunklen Bildbereichen und in den hellen Bereichen haben die Weißtöne keine Struktur mehr. Für dieses Problem hat z. B. Fuji eine Lösung in Form des Chips Super CCD SR entwickelt, siehe Bild 14-5.

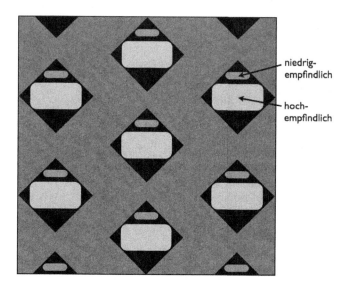

niedrigempfindlich

hochempfindlich

**Bild 14-5**
Fuji Chip Super CCD SR mit jeweils einem niedrigempfindlichen und einem hochempfindlichen Pixel unter einer gemeinsamen Mikrolinse

Er besitzt innerhalb jedes einzelnen Sensorelements auf dem Chip zwei CCD-Pixel, ein kleines niedrigempfindliches (R-Pixel) für helle Bildbereiche und ein größeres, hochempfindliches (S-Pixel) für die dunklen Stellen. Beide Pixel befinden sich unter einer gemeinsamen Mikrolinse und erfassen denselben Bildpunkt. Die Bildinformationen von S- und R-Pixel werden anschließend zu einem Gesamtbild verrechnet und kombiniert. Mit dieser Technologie lassen sich Bildqualitäten erzielen, die an herkömmliches Filmmaterial heranreichen.

## Farbbilder

Der bisher besprochene CCD-Chip kann zunächst nur Helligkeitsunterschiede aufzeichnen, also Schwarzweiß-Bilder. Um Farbbilder zu erhalten, müssen noch Ergänzungen vorgenommen werden. Die erste teure Lösung dafür waren Kameras mit drei CCD-Chips und RGB-Filterung. Dies wurde aber bald ersetzt durch eine Filterung direkt auf dem Chip mit farbigen Mikrolinsen, siehe Bild 14-6. In Streifen- oder Mosaikanordnung werden jeweils ein rotes und ein blaues mit zwei grünen Pixeln kombiniert. Die Bevorzugung von Grün trägt dem spektralen Empfinden des menschlichen Auges Rechnung. Erst durch Interpolation mit den Nachbarpixeln werden die aufgenommenen Farbinformationen zu einem vollständigen Farbbild zusammengesetzt. Die Auflösung dieser Farbbilder ist also geringer, als es die Gesamtzahl der Pixel erwarten ließe.

**Bild 14-6**
Verteilung der Farbpixel auf einem
CCD-Chip in Mosaikanordnung

Deshalb hat Foveon mit dem X3-Bildwandler einen anderen Ansatz realisiert. Jedes Pixel ist hier in drei überlagerten Schichten aufgebaut, eine für Blau, eine für Grün und eine für Rot. Jeder Bildpunkt bekommt also die volle Farbinformation und es wird ausgenutzt, dass das Licht je nach Wellenlänge unterschiedlich tief in das Silizium eindringt. Mit dieser Technologie müssen die Bilder nicht mehr rechnerisch interpoliert und kombiniert werden, außerdem ist die Auflösung bei gleicher Pixelzahl höher.

## Dunkelstrom

Dunkelstrom entsteht ohne Belichtung durch thermisches Elektronenrauschen. Als Gegenmaßnahme werden für hochempfindliche oder lange Belichtungen die CCD-Chips gekühlt. Für kleinere Kameras wird das mit Kühlrippen oder effektiver mit Peltier-Elementen realisiert.

Noch aufwändiger und besser ist eine Kühlung mit flüssigem Stickstoff. Hierbei werden Temperaturen von ca. 70 K erreicht, Anwendung findet das vor allem in großen astronomischen Kameras.

**Blooming**

Durch eine starke punktuelle Belichtung können MOS-Kondensatoren voll werden und überlaufen. Dann steht an der $SiO_2$-Schicht jeder positiven Ladung der oberen Elektrode ein Elektron gegenüber. Damit werden Nachbarpixel ungewollt mitbelichtet, die Konturen werden unschärfer und es geht Kontrast verloren. Abhilfe schaffen hier entweder Graufilterung, Belichtungszeitverkürzung oder am effektivsten sogenannte Anti-Blooming Gates. Diese werden streifenförmig neben jedem Pixel angeordnet und saugen die überschüssigen Ladungen ab.

## 14.3 Anwendungen

Massenanwendung finden CCD-Zeilen vor allem in Fax-Geräten und Scannern. Für CCD-Arrays ist der Digitalfoto- und -videobereich der größte Abnehmer. Aber auch in der Labormesstechnik haben CCD-Sensoren einen festen Platz gefunden. Es sind dort ebenfalls Kamera-Anwendungen, wie z. B. die Abbildung von schnellen Sprüh- und Einspritzvorgängen mit den ultrakurzen Belichtungszeiten eines Nanolite-Systems (ca.10 ns), siehe Bild 14-7.

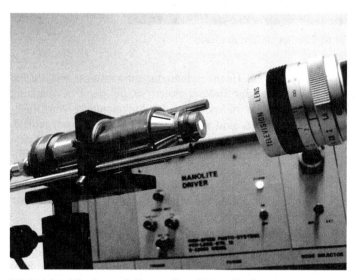

**Bild 14-7**    Ultrakurzzeit-Fotografie mit Nanolite-System

Auch bei der Laserstrahl-Profilanalyse wird häufig ein CCD-Chip eingesetzt. Ohne zusätzliche Optik, nur mit notwendiger Filterung zur Leistungsreduzierung, werden Laserstrahlen direkt auf den Chip geschickt. Die Pixelgröße ergibt dann direkt die räumliche Auflösung ($\sim$ 10 µm) bei der Begutachtung des Laserstrahlquerschnitts, siehe Bild 14-8. Eine geeignete Software erlaubt direkt weitergehende Auswertungen, wie z. B. Strahldurchmesser, Divergenz und Stabilität.

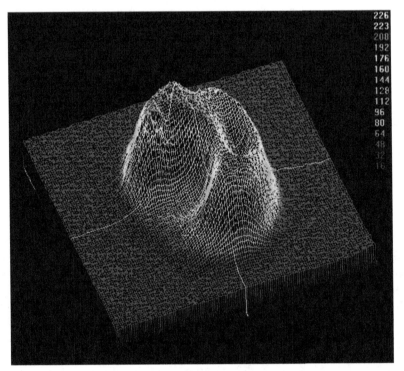

**Bild 14-8**    Laserstrahl-Profilanalyse für eine spezielle Laserdiode

Ein weiterer, wichtiger Anwendungsbereich sind Hochgeschwindigkeitskameras, wie sie bei der Problemanalyse im Produktionsbereich, bei der Strömungsanalyse, bei der Überwachung industrieller Prozesse, bei der Bewegungsanalyse im Sport, bei der Aufzeichnung von Crashtests usw. zum Einsatz kommen. Diese Kameras sind so vielfältig wie ihre Einsatzgebiete. Leistungsfähige Systeme haben einen Chip ungefähr in der Größe 1280 x 1024 Pixel und eine Bildfrequenz für das Vollbild von ca. 1000 fps (frames per second). Durch Halbieren des Bildes kann die Frequenz verdoppelt werden, durch weitere Einschränkung sind momentan bis ca. 64 kfps kommerziell verfügbar. Die Kameras haben typischerweise einen ringförmigen Bildspeicher mit einer Kapazität von einigen GB, was dann um einen gewählten Triggerzeitpunkt herum eine Aufnahmezeit von wenigen Sekunden ermöglicht.

Als letztes Anwendungsbeispiel seien hier die etwas exotischen Großkameras in der Astronomie angeführt. An modernen Großteleskopen hat ein häufig stickstoffgekühlter CCD-Chip im Primärfokus das Auge des Beobachters ersetzt. Der Astronom sitzt jetzt am Rechner und beobachtet von dort aus. Damit ist eine direkte Bildbearbeitung zur Optimierung möglich, aber auch die Lichtsammlung durch Integration über eine längere Zeit für extrem lichtschwache Objekte. Eine der größten CCD-Kameras für die Astrofotografie wird seit 2007 in der europäischen Südsternwarte (ESO) auf dem Cerro Paranal in Chile eingesetzt. In gut einem Kilometer Abstand zu den vier 8,20-m-Teleskopen (VLT, mehr dazu siehe im dritten Teil dieses Buchs im Kapitel über Teleskope) wird die 2,9 Tonnen schwere Kamera an dem Weitfeldteleskop VISTA eingesetzt. Sie beinhaltet 16 CCD-Chips mit insgesamt ca. 67 Megapixel und wird in einem Vakuumgehäuse bei einer Temperatur von 70 K betrieben. Das VISTA-Projekt ist der Beitrag Großbritanniens zur ESO und hat insgesamt ca. 55 Millionen Euro gekostet.

# 15 Photomultiplier

Photomultiplier (PM) bilden die Gruppe der empfindlichsten Lichtdetektoren, sie erreichen in der Regel noch wesentlich höhere Verstärkungen als die Avalanche-Photodioden (APD). Im Gegensatz zu den PDs basieren PMs auf dem äußeren Photoeffekt (Erläuterungen zum äußeren und inneren Photoeffekt finden sich in Teil 1 dieses Buchs). Ankommende Photonen lösen also zunächst in der Kathode einzelne Elektronen aus, die dann im PM lawinenartig verstärkt werden.

Bild 15-1 zeigt den prinzipiellen Aufbau. Von links trifft ein Photonenstrom $\dot{N}_P$ auf die Kathode. Der ausgelöste Elektronenstrom $\dot{N}_e$ wird nicht direkt zur Anode beschleunigt, sondern durchläuft eine Kaskade von typischerweise 8 bis 16 Sekundärelektroden. Diese sogenannten Dynoden sind beschichtet mit einem Material, das einen hohen Sekundärelektronen-Emissionskoeffizient besitzt, z. B. BeCuO. Jede Dynode hat gegenüber der vorangegangenen eine positive Spannung, so dass die ausgelösten Sekundärelektronen jeweils beschleunigt werden und beim Aufprall auf die nächste Dynode noch mehr Elektronen auslösen. Am Ende trifft der hoch verstärkte Sekundärelektronenstrom $\dot{N}_E$ auf die Anode.

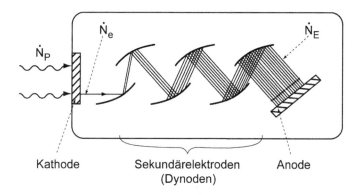

$$\underbrace{}_{}$$

Kathode          Sekundärelektroden          Anode
                    (Dynoden)

**Bild 15-1**    Prinzipieller Aufbau eines Photomultipliers mit kaskadierten Dynoden

Unter gewissen Modellannahmen kann man die PM-Verstärkung berechnen. Zunächst setzen wir an, dass der Photonenstrom $\dot{N}_P$ mit einer Quantenausbeute $\eta_Q$ möglichst nahe am Wert Eins den Primärelektronenstrom $\dot{N}_e$ auslöst:

$$\dot{N}_e = \eta_Q \dot{N}_P \tag{15-1}$$

Dann beschreiben wir die Verstärkung beim Durchlaufen der m Dynoden jeweils mit der Sekundärelektronen-Ausbeute $\eta_D$ und erhalten damit den Sekundärelektronenstrom $\dot{N}_E$ an der Anode:

$$\dot{N}_E = \eta_D^m \dot{N}_e \tag{15-2}$$

und mit eingesetztem Primärelektronenstrom:

$$\dot{N}_E = \eta_Q \eta_D^m \dot{N}_P \qquad (15\text{-}3)$$

Als Verstärkung des PM bestimmen wir die Anzahl der Sekundärelektronen, die von einem Photon ausgelöst werden, also das Verhältnis von Sekundärelektronenstrom zu Photonenstrom:

$$V_{PM} = \frac{\dot{N}_E}{\dot{N}_P} = \eta_Q \eta_D^m \qquad (15\text{-}4)$$

***Zahlenbeispiel*** zur Berechnung der PM-Verstärkung:

Quantenausbeute $\eta_Q = 1$

Sekundärelektronen-Ausbeute $\eta_D = 3$ bis $5$

Dynodenanzahl $m = 8$ bis $16$

mit diesen Zahlen erhält man eine PM-Verstärkung $V_{PM}$ im Bereich von $10^6$ bis $10^8$!

PM sind sehr schnell, sie haben eine Ansprechzeit von ca. 1 ns. Die nutzbare Bandbreite ist allerdings geringer, sie wird durch die Laufzeit durch die Dynodenkette begrenzt. Störend kommt auch noch die Laufzeitspreizung hinzu, da nicht alle Sekundärelektronen den gleichen Weg durch die Dynodenkette haben, ihre Laufzeiten sich etwas unterscheiden. Das führt zu einer Verbreiterung des Anodensignals, siehe Bild 15-2. Je mehr Dynoden der PM hat, desto breiter wird ein scharfer Eingangspuls an der Anode. Ein Maß für die Ansprechzeit des PM ist die Zeit $T_a$, in der die Amplitude des Anodensignals von 10 % bis auf 90 % ansteigt. $T_a$ wird als Kennzahl normalerweise vom Hersteller im Datenblatt angegeben und ist ein wichtiges Auswahlkriterium für einen geeigneten PM.

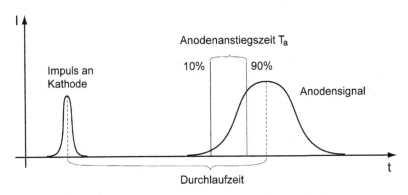

**Bild 15-2**    Verbreiterung des Anodensignals beim Photomultiplier

Aus dem Gesagten kann man direkt ein Dilemma erkennen: Wählt man einen PM mit großer Dynodenzahl, dann erhält man eine hohe Verstärkung, aber eine kleinere Bandbreite. Durch weniger Dynoden wird der PM schneller, aber auch weniger empfindlich. Das hat dazu geführt, dass hochfrequente Signale eher mit Photodioden erfasst werden, sehr schwache Signale dagegen eher mit PMs.

Anwendung finden PMs z. B. in großer Zahl in der Elementarteilchenforschung. Bild 15-3 zeigt das Beispiel eines Experiments im Aufbau mit hunderten PMs am Deutschen Elektronen Synchrotron (DESY) in Hamburg. An einem großen unterirdischen Beschleunigerring werden Elementarteilchen auf Kreisbahnen beschleunigt und zum Stoßen gebracht. Dabei entstehen verschiedenste Stoßprodukte, unter anderem auch Photonen. Deren Anzahl und Richtung versucht man in Behältern, die rundum an der Wand mit PMs bestückt sind, vollständig zu erfassen.

**Bild 15-3**    Detektorarray aus PMs am DESY in Hamburg

Ein weiteres Anwendungsbeispiel von PMs ist die Laser-Doppler Velocimetrie in der Strömungsmesstechnik (siehe eigenes Kapitel im dritten Teil dieses Buchs). Bei dieser Methode wird das Streulicht von kleinen, der Strömung folgenden Teilchen ausgewertet, die durch einen speziell geformten Laserstrahl strömen. Aus der hochfrequenten Modulation des Signals kann die Strömungsgeschwindigkeit abgeleitet werden. Wichtig ist, dass der PM neben einer hohen Empfindlichkeit auch schnell genug ist. Bild 15-4 zeigt dreimal einen typischen Dopplerburst in Abhängigkeit von der Anodenanstiegszeit des jeweiligen PMs. Gut zu erkennen ist die abnehmende Modulationstiefe mit wachsender Anodenanstiegszeit, bei $T_a = 3 \cdot 10^{-8}$ s ist eine Auswertung der Frequenz gerade noch möglich. Würde der PM noch langsamer, wäre er für den Einsatz in der gezeigten Anwendung nicht mehr geeignet.

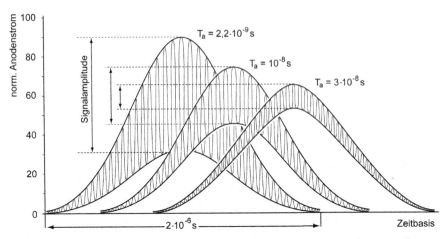

**Bild 15-4**    PM-Signale bei der Laser-Doppler Velocimetrie für verschiedene Anodenanstiegszeiten

# 16 Solarzellen

Mit den Solarzellen knüpfen wir nochmals an die Photodioden an, wir beschränken uns auf die bisher wirtschaftlich relevanten Zellen mit pn-Übergang in Halbleitertechnologie. Wir betrachten einen beleuchteten pn-Übergang ohne äußere Spannung, aber mit einem Lastwiderstand. Damit wird der bisher noch nicht behandelte vierte Quadrant der Kennlinie einer pn-Halbleiterdiode relevant, siehe Bild 16-1 (die gesamte Kennlinie ist im Kapitel über die Photodiode gezeigt). Dargestellt hier ist der Teil der Kennlinie, der begrenzt wird vom Kurzschlussstrom $I_K$ und der Leerlaufspannung $U_0$.

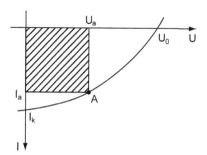

**Bild 16-1**
Vierter Quadrant der Kennlinie
einer pn-Halbleiterdiode

Die abgegebene Leistung der Solarzelle ist das Produkt aus Spannung mal Strom:

$$P = U_a I_a \qquad (16\text{-}1)$$

Sie wird maximal, wenn durch geeignete Wahl des Arbeitspunkts A die in der Abbildung schraffiert dargestellte Fläche maximal wird. Der Kurzschlussstrom einer Solarzelle hängt vom absorbierten Photonenstrom ab, je stärker die Beleuchtung ist, desto größer wird $I_K$. Bei gleichem Photonenstrom ist $I_K$ maximal für den Grenzwert des Bandabstands $\Delta E_G = 0$ (Energielücke zwischen Leitungsband und Valenzband) und nimmt mit wachsendem $\Delta E_G$ ab. Andererseits wird die Leerlaufspannung $U_0$ zu Null für den Grenzwert des Bandabstands $\Delta E_G = 0$ und wächst an mit zunehmendem $\Delta E_G$. Geht eine der beiden Größen $I_K$ oder $U_0$ gegen Null, dann verschwindet zwangsläufig auch die schraffierte Fläche.

Die abgegebene Leistung und damit der Wirkungsgrad $\eta$ der Solarzelle ist eine Funktion des Bandabstands $\Delta E_G$ und hat ein Maximum zwischen Bandabstand Null und Unendlich (in der Realität zw. 1 eV und 2 eV), siehe Bild 16-2.

Halbleitermaterialien mit einem Bandabstand zwischen 1 eV und 2 eV sind also besonders gut geeignet für Solarzellen, z. B. Silizium mit einem Bandabstand $\Delta E_G = 1,12$ eV oder Gallium-Arsenid mit $\Delta E_G = 1,42$ eV. Typische Arbeitsspannungen für eine einzelne Zelle liegen bei ca. 0,5 V, deshalb werden z. B. für Anwendungen mit 12 V normalerweise jeweils 24 Zellen in Reihe geschaltet.

Bei der kommerziellen Produktion von Solarzellen hat sich Silizium als Standardmaterial etabliert. Es ist das zweithäufigste Element der Erdkruste und damit quasi unerschöpflich, außerdem ist es ungiftig.

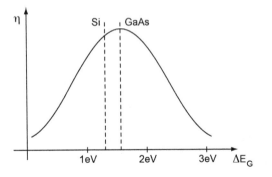

**Bild 16-2**
Wirkungsgrad einer Solarzelle als Funktion
des Bandabstands

Dazu kommt die automatische Bildung einer schützenden Oxidschicht bei Kontakt mit der
Luft. Nachteile sind zum einen die geringe Absorption von Photonen im Silizium, man benötigt deshalb relativ dicke und reine Schichten. Zum anderen ist die spektrale Empfindlichkeit
des Siliziums nicht optimal auf die spektrale Abstrahlung der Sonne angepasst. Die Sonne hat
ihr Maximum bei ca. 480 nm, das Silizium ist empfindlich von 350 bis 1100 nm mit dem Maximum bei 880 nm, siehe Bild 16-3.

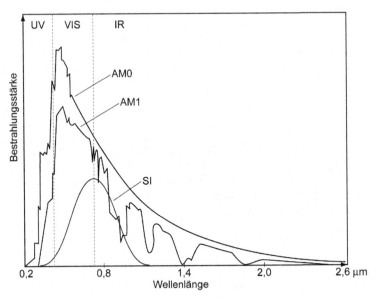

**Bild 16-3**    Sonnenspektrum außerhalb der Atmosphäre (AM0) und auf Meereshöhe (AM1) sowie
spektrale Empfindlichkeit des Siliziums

Der prinzipielle Aufbau einer Si-Solarzelle ist in Bild 16-4 gezeigt. Eine ca. 400 μm dicke Si-
Schicht mit pn-Übergang ist auf der Oberseite mit schmalen Metallstreifen kontaktiert. Die
Leitfähigkeit für die gesamte Oberfläche wird durch die stark dotierte $n^+$-Schicht sichergestellt,
die $p^+$-Schicht an der Unterseite hat die gleiche Funktion. Die Rückseite ist außerdem mit einer
Metallschicht verspiegelt, um nicht absorbierte Photonen nochmals zu reflektieren. Die Oxid-
schichten an den Oberflächen verhindern unerwünschte Oberflächenrekombinationen.

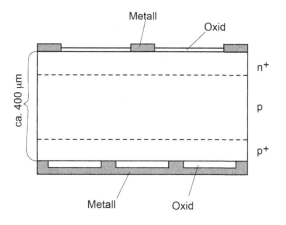

**Bild 16-4**
Prinzipieller Aufbau einer Silizium-
Solarzelle

Eine alternative Oberfläche für besonders hohen Lichteinfang ist eine pyramidenförmige Struktur, wie in Bild 16-5 schematisch dargestellt. Da Silizium eine sehr hohe Brechzahl von $n = 3{,}5$ hat, gibt es Totalreflexion bereits ab einem Grenzwinkel $\alpha_K = 16{,}6°$ (siehe Kapitel 1.3 im ersten Teil dieses Buchs). Weil aufgrund dieses kleinen Grenzwinkels nur sehr steil auf die Grenzfläche auftreffende Strahlen das optisch dichtere Medium (hier das Silizium) verlassen können, reduziert sich durch die pyramidenförmige Struktur der Reflexionsverlust auf ca. 1 % im Vergleich zu fast 10 % bei senkrechtem Einfall auf eine ebene Fläche.

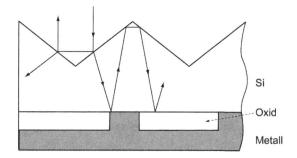

**Bild 16-5**
Silizium-Solarzelle mit pyramiden-
förmiger Oberfläche für sehr geringe
Reflexionsverluste

Die maximal erreichbaren Wirkungsgrade von Solarzellen hängen deutlich vom Aufbau der Zellen und ihrer Oberfläche ab. So werden mit einfachen Zellen aus polykristallinem Silizium Wirkungsgrade von ca. 14 % erreicht, während mit den teureren monokristallinen Zellen Werte von ca. 18 % erzielt werden. Das aktuelle Maximum liegt bei $\eta = 24$ % für monokristalline Solarzellen mit besonders strukturierter Oberfläche unter idealen Bedingungen. In Süddeutschland wird die zur Herstellung, Aufbau und Abbau der Solarzelle aufgewendete Energie innerhalb von drei bis fünf Jahren durch Sonnenernte gewonnen.

*Zahlenbeispiele* für Energieabschätzungen:

Die Sonne liefert im Abstand Sonne-Erde eine Leistungsdichte von ca. 1350 W/m² (Solarkonstante) als integralen Wert über alle Wellenlängen oberhalb der Atmosphäre (AM0 = Air Mass 0). Für senkrechten Einfall mit Atmosphäre (AM1) bleiben noch ca. 890 W/m² und für streifenden Einfall (AM4) ca. 530 W/m². In Deutschland beträgt die durchschnittliche Einstrahlung über ein Jahr gemittelt ca. 115 W/m², was ungefähr 1000 kWh/a·m² ergibt. Für die Sahara liegt dieser Wert um den Faktor 2 höher.

Betrachten wir als zweites Beispiel den Stromverbrauch einer durchschnittlichen Familie in Deutschland, er liegt bei ca. 8 kWh pro Tag. Das ergibt einen jährlichen elektrischen Energieverbrauch von ungefähr 3000 kWh. Mit diesem Wert, den mittleren eingestrahlten 1000 kWh/a·m² und einem optimistischen Wirkungsgrad von 20 % kann die benötigte Fläche einer Photovoltaik-Anlage (PV-Anlage) abgeschätzt werden.

$$A_{solar} = \frac{3000 \text{ kWh/a}}{0,2 \cdot 1000 \text{ kWh/a} \cdot \text{m}^2} = \underline{\underline{15 \text{ m}^2}}$$

Die damit maximal erreichbare Leistung um die Mittagszeit an einem klaren Sommertag (AM1) liegt bei:

$$P_{max} = 890 \text{ W/m}^2 \cdot 15 \text{ m}^2 \cdot 0,2 = \underline{\underline{2,6 \text{ kW}}}$$

Das ist deutlich weniger als typische Verbrauchsspitzen, schon eine Waschmaschine kann das überschreiten oder auch ein Staubsauger beim Einschalten. Einen Teil dieser Problematik könnte man überwinden durch eine deutliche Veränderung des Verbrauchsverhaltens, aber ohne Zwischenspeicherung wird es nicht gehen. Zum aktuellen Zeitpunkt nutzen die meisten Betreiber von PV-Anlagen das Versorgungsnetz als Zwischenspeicher. Das ist einfach, komfortabel und wird mit hohen Einspeisevergütungen gefördert. Es bleibt zu hoffen, dass bis zum Auslaufen des EEVG (Energieeinspeise-Vergütungsgesetz) neue Speichersysteme entwickelt sind, die kleiner, leichter, preiswerter und effizienter sind als bisher. Auf jeden Fall bedeutet eine lokale Zwischenspeicherung nochmals eine Reduzierung des Gesamtwirkungsgrades einer PV-Anlage.

Als drittes und letztes Beispiel an dieser Stelle werden einige Daten von der PV-Anlage des Autors betrachtet, Bild 16-6 zeigt ein Foto der Anlage (im oberen Dachbereich sieht man außerdem eine thermische Solaranlage zur Warmwasserbereitung und Heizungsunterstützung).

Mit einer effektiven Fläche von 15 m² werden seit dem Jahr 2002 jährlich im Mittel 1960 kWh geerntet. Auf den Quadratmeter bezogen ergibt das eine Energie von 130 kWh/a·m². Die flächenbezogene Leistung erhält man daraus durch Division mit der Stundenanzahl eines Jahres:

$$130 \frac{\text{kWh}}{\text{a} \cdot \text{m}^2} = \frac{130.000}{365 \cdot 24} \frac{\text{W}}{\text{m}^2} \approx 15 \frac{\text{W}}{\text{m}^2}$$

Setzt man diesen geernteten Wert ins Verhältnis zur mittleren Einstrahlung in Deutschland von 115 W/m², dann erhält man den Wirkungsgrad der betrachteten PV-Anlage:

$$\eta_m = \frac{15 \text{ W/m}^2}{115 \text{ W/m}^2} \approx \underline{\underline{13 \text{ \%}}}$$

Dieser Wirkungsgrad beinhaltet alle Schritte von der Sonneneinstrahlung bis zur Einspeisung ins Stromnetz, also z. B. auch die Verluste im Wechselrichter bei der notwendigen Umwandlung der Gleichspannung in 230 V-Wechselspannung.

**Bild 16-6**    Photovoltaik-Anlage kombiniert mit einer thermischen Solaranlage

# 17 Lichtwellenleiter

Der Einsatz von Glasfasern oder Lichtwellenleitern (LWL) in den vielfältigsten Anwendungen hat in den letzten 10 bis 15 Jahren in großem Umfang begonnen. Man findet sie heute in Bordnetzen von Flugzeugen und KFZ, sowie in modernen LAN (Local Area Networks). Beispielhaft sei hier der Frankfurter Flughafen genannt, an dem bei Umbau- und Erweiterungsmaßnahmen vor einigen Jahren mehr als 50.000 Endverbraucherstellen für PCs mit einem Glasfasernetz eingerichtet wurden. Aber auch in der Daten- und Nachrichtenübertragung für große Entfernungen bis hin zu interkontinentalen Seekabeln haben LWL in der Zwischenzeit den Vorrang. Außerdem sind LWL aus vielen Laseranwendungen nicht mehr wegzudenken, von der Materialbearbeitung über die Medizintechnik bis zur Messtechnik. In allen diesen Fällen wird der Laser als Lichtquelle durch eine Glasfaser getrennt von der eigentlichen Anwendung. Damit ist einerseits die Handhabung in der Anwendung einfacher und flexibler, der Laser andererseits ist geschützter. Schließlich sollen die neuen Möglichkeiten von LWL in der Fasersensorik hier nicht vergessen werden, im dritten Teil dieses Buchs gibt es dazu ein eigenes Kapitel.

Die Gründe für den Siegeszug der LWL liegen in ihren Vorteilen gegenüber den Kupferkabeln. Sie haben zum ersten eine viel höhere Übertragungskapazität, Datenraten bis über 1 GBit/s bei 100 km Länge sind erreichbar. Zum zweiten bieten sie automatisch eine galvanische Trennung, es werden also keine elektrischen Störungen übertragen. Aus dem gleichen Grund gibt es auch keine Einkopplung von elektromagnetischen Störungen aus der Umgebung, d. h. keine EMV-Probleme. Zum dritten haben LWL ein geringeres Gewicht und weniger Platzbedarf als Kupferkabel und schließlich ist Glas ein quasi unbegrenzter Rohstoff. In diesem Kapitel werden wir zunächst die Multimodenfasern betrachten, im Anschluss daran dann die Monomodefasern.

*Zahlenbeispiel:* Tabelle 17-1 zeigt einen Vergleich von Kupferkabel und LWL am Beispiel von Telekommunikations-Verbindungen (Quelle: Diamond SA).

**Tabelle 17-1**   Vergleich von Kupferkabel und Lichtwellenleiter

|                                              | Kupferkabel | LWL    |
|----------------------------------------------|-------------|--------|
| Anzahl Leiterpaare pro Kabel                 | 12          | 144    |
| Kabeldurchmesser in mm                       | 75          | 22     |
| Kabelgewicht in kg/km                        | 8.000       | 250    |
| Maximale Distanz zwischen Verstärkern in km  | 2           | 100    |
| Anzahl Telefongespräche pro Leiterpaar       | 7.680       | 33.900 |

## 17.1 Multimodenfasern

In dieser Gruppe gibt es im Wesentlichen zwei verschiedene Typen, die Stufenindexfaser und die Gradientenfaser. Beide lassen sich mit dem einfachen Modell der Totalreflexion in der geometrischen Optik beschreiben (siehe auch Kapitel 1 im ersten Teil dieses Buchs).

Speziell die Stufenindexfaser kann man sich vereinfacht wie ein Rohr mit verspiegelten Innenwänden vorstellen durch die Totalreflexion an der Grenzfläche vom optisch dichteren Kern zum optisch dünneren Mantel, siehe die Skizze in Bild 17-1. Ergänzend ist in der Skizze das

Profil der Brechzahl dargestellt. Die Kerndurchmesser von Multimodenfasern betragen in der Regel entweder 50 μm oder 62,5 μm, der Manteldurchmesser 125 μm.

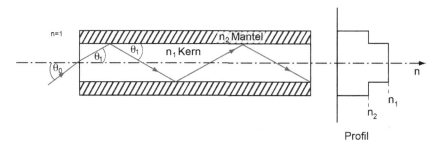

**Bild 17-1**    Stufenindexfaser im Querschnitt mit Brechzahlprofil (rechts)

Nun bestimmen wir den Öffnungswinkel $\theta$ eines Lichtbündels, das gerade noch vollständig in die Faser eingekoppelt wird. Für Strahlen mit einem Winkel größer als $\theta_0$ ist die Bedingung für Totalreflexion nicht mehr erfüllt und sie koppeln durch den Mantel wieder aus. An der Stirnfläche der Faser wird der einfallende Lichtstrahl mit dem Winkel $\theta_0$ zunächst zum Lot hin gebrochen (Winkel $\theta_1$) und trifft dann unter dem Winkel $(90° - \theta_1)$ auf die Grenzfläche zwischen Kern und Mantel. Für den Grenzwinkel der Totalreflexion gilt dort:

$$\sin(90° - \theta_1) = \frac{n_2}{n_1} \tag{17-1}$$

oder

$$\cos(\theta_1) = \frac{n_2}{n_1} \tag{17-2}$$

Das kombinieren wir jetzt mit dem Öffnungswinkel $\theta_0$ über die gebräuchliche Größe der numerischen Apertur $A_{LWL}$ einer Glasfaser:

$$A_{LWL} = n_0 \sin(\theta_0) = n_1 \sin(\theta_1) \tag{17-3}$$

Hierbei wurde schon das Brechungsgesetz für den Lichteintritt in die Faser mit verwendet. Wird von Luft in die Faser eingekoppelt, dann ist $n_0 = 1$ und die numerische Apertur wird zu

$$A_{LWL} = \sin(\theta_0) = n_1 \sin(\theta_1) \tag{17-4}$$

Mit der Beziehung zwischen Sinus und Cosinus am Einheitskreis ergibt sich

$$A_{LWL} = \sin(\theta_0) = n_1 \sqrt{1 - \cos^2(\theta_1)} \tag{17-5}$$

Jetzt kann der Cosinus noch über die Bedingung für Totalreflexion (17-2) ersetzt werden:

$$A_{LWL} = n_1 \sqrt{1 - (n_2/n_1)^2} = \sqrt{n_1^2 - n_2^2} \tag{17-6}$$

Die numerische Apertur ergibt sich damit direkt aus den Daten der Faser zu:

$$A_{LWL} = \sqrt{n_1^2 - n_2^2} = \sqrt{n_{Kern}^2 - n_{Mantel}^2} \tag{17-7}$$

und der maximale Öffnungswinkel für Einkopplung zu:

$$\theta_0 = arc\sin\sqrt{n_{Kern}^2 - n_{Mantel}^2} \qquad (17\text{-}8)$$

***Zahlenbeispiel:*** Für Fasern aus Quarzglas wird der Kern normalerweise mit Germaniumdioxid ($GeO_2$) dotiert, dadurch bekommt er eine Brechzahl $n_1 = 1,474$, während im Mantel die Brechzahl den Wert $n_2 = 1,453$ hat (bei einer Wellenlänge von 850 nm). Setzt man diese Werte in Gleichung (17-8) ein, dann erhält man:

$$\theta_0 = arc\sin(0,248) = \underline{\underline{14,4°}}$$

Das ist der halbe Kegelwinkel eines Lichtbündels, also kann das Licht bis zu einem Kegelöffnungswinkel von 28,8° in die Beispielfaser einkoppeln.

Der zweite wichtige Typ der Multimodenfasern ist die Gradientenfaser, siehe die Skizze in Bild 17-2. Bei diesem Fasertyp ändert sich die Brechzahl nicht stufenförmig, sondern wächst kontinuierlich vom Mantelwert $n_2$ bis zum maximalen Kernwert $n_1$ im Zentrum der Faser an, entsprechend dem Brechzahlprofil rechts in der Skizze. Das Ergebnis ist, wie in der Skizze angedeutet, ein gebogener Lichtstrahl im Faserkern. Entfernt sich der Strahl vom Faserzentrum, wird er wegen der abnehmenden optischen Dichte kontinuierlich vom Lot weggebrochen, bis er seine Richtung umkehrt und wieder dem Zentrum zustrebt. Bei kleinem Öffnungswinkel $\theta_0$ bleibt der Strahl näher am Zentrum, beim maximalen Öffnungswinkel erreicht er den Mantel. Im zweiten Fall nimmt das Licht zwar einen längeren geometrischen Weg als bei kleinem Öffnungswinkel, es gleicht diesen „Nachteil" aber durch höhere Geschwindigkeit im optisch dünneren Bereich wieder aus.

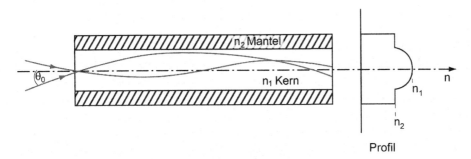

**Bild 17-2**   Gradientenfaser im Querschnitt mit Brechzahlprofil (rechts)

Der optische Weg (siehe Kapitel 1 im ersten Teil des Buchs) ist das Produkt aus geometrischem Weg und der jeweils zugehörigen Brechzahl, er ist für alle gebogenen Strahlen ungefähr gleich. Also haben auch Lichtstrahlen mit unterschiedlichen Einkoppelwinkeln etwa die gleiche Laufzeit durch die Faser. Das ist der wesentliche Vorteil der Gradientenfaser im Vergleich zur Stufenindexfaser, der deutlich höhere Datenraten um mindestens einen Faktor von 10 erlaubt. Die Übertragungskapazität wird nämlich maßgeblich bestimmt durch die Laufzeitdifferenz verschiedener Lichtwege und dem dadurch verursachten Auseinanderlaufen eines eingekoppelten Lichtpulses mit steigender Entfernung. Dieses Auseinanderlaufen wird auch Modendispersion genannt, wobei eine Mode jeweils einen möglichen Lichtweg darstellt. Bei den Multimodenfasern weist die Gradientenfaser deutlich die geringere Modendispersion auf.

## 17.2 Monomodefasern

Wie muss eine Faser beschaffen sein, die nur genau einen Lichtweg, also ein Mode, erlaubt? Um das zu verstehen, müssen wir in diesem Unterkapitel die Wellenbeschreibung von Licht heranziehen. Ganz am Anfang dieses Buchs hatten wir festgestellt, dass ein Lichtstrahl die Ausbreitungsrichtung einer Welle repräsentiert, dass also Wellenfronten und Lichtstrahl senkrecht aufeinander stehen.

Stellen wir uns nun zwei ebene Wellen vor, die sich durchdringen, dann entsteht Interferenz. Bild 17-3 zeigt ein grafisches Modell für diese Interferenz (Moiree-Muster). Im Kreuzungsbereich der beiden Wellen entsteht ein Streifenmuster aus Verstärkung und Abschwächung. Sind die beiden Wellen von reflektierenden Wänden eingefasst, wie in einer Faser, dann treffen sie immer wieder aufeinander und interferieren. Je größer der Winkel zwischen den Wellen ist, desto mehr Streifen, d. h. desto mehr Intensitätsmaxima über dem Durchmesser entstehen.

**Bild 17-3**    Interferenzmuster im Schnittbereich zweier ebener Wellen

Nun können in einer Faser aber nicht alle denkbaren Winkel auftreten, sondern nur diskrete, weil es konstruktive Interferenz nur für die Winkel gibt, bei denen ein Minimum der Intensität an der Wand entsteht. Für alle anderen Winkel schwächen sich die beiden interferierenden Teilwellen ab bis hin zur Auslöschung. Jedes mögliche konstruktive Interferenzmuster nennt man eine Mode.

Macht man den Faserdurchmesser immer kleiner, grenzt also den erlaubten Bereich immer weiter ein, dann bleiben immer weniger Moden übrig. Schließlich gibt es nur noch die Grundmode mit einem Intensitätsmaximum (einem hellen Streifen) in der Fasermitte und dem ersten Minimum an der Wand, siehe Bild 17-4. In der Skizze sind die Wellenfronten gezeichnet und zum Verständnis der Reflexion auch einer der beiden interferierenden Teilstrahlen, außerdem am rechten Rand das Intensitätsprofil über dem Durchmesser.

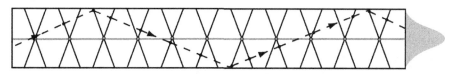

**Bild 17-4**    Grundmode der Wellenausbreitung in einer sehr dünnen Faser

Beschreiben kann man das mit der normierten Frequenz $V$, die Gleichung wird hier der Vollständigkeit halber, aber ohne weitere Begründung angegeben:

$$V = \frac{2\pi}{\lambda} d\, n_K \sqrt{2\Delta} = \frac{2\pi}{\lambda} d\, A_N \tag{17-9}$$

Hierin bedeuten

$\lambda$ = Wellenlänge
$d$ = Kerndurchmesser
$n_K$ = Brechzahl des Kerns
$\Delta$ = Brechzahldifferenz zwischen Kern und Mantel
$A_N$ = numerische Apertur

Für eine Standard-Monomodefaser mit Stufenprofil ergibt sich aus einer wellentheoretischen Rechnung die Forderung für die normierte Frequenz

$$V \leq 2,405 \tag{17-10}$$

Dies bedeutet für sichtbares Licht einen Kerndurchmesser von weniger als 6 µm! Bei der Monomodefaser gibt es also genau einen möglichen Lichtweg durch den engen Kern der Faser, siehe Bild 17-5. Es kann keine Modendispersion geben, eingespeiste Pulse können in der Monomodefaser nicht verlaufen. Damit ist die Bandbreite dieses Fasertyps extrem hoch, Werte von bis zu 100 GHz · km sind möglich für Monomodefasern. Das bedeutet z. B. eine Bandbreite von 1 GHz bei 100 km Faserlänge oder sogar 100 GHz bei 1 km. Die vorher besprochene und auch schon gute Gradientenfaser kommt auf einen Wert von ca. 1 GHz · km.

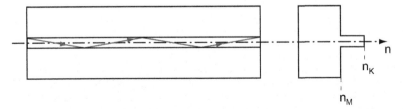

**Bild 17-5**   Monomodefaser im Querschnitt mit Brechzahlprofil (rechts)

Neben der Bandbreite beschränkt natürlich auch die Dämpfung des Lichts in der Faser die Anwendung. Quarzglas ist das mit Abstand am häufigsten verwendete Material für LWL, es hat eine sehr geringe Dämpfung. Diese entsteht im Wesentlichen durch Streuung des Lichts an Inhomogenitäten in der Faser (Rayleigh-Streuung), durch Absorption in Verunreinigungen (z. B. OH⁻-Absorption bei ca. 1400 nm durch Feuchtigkeit), durch Lichtaustritte aus der Faser (an starken Krümmungen, Mikrobiegungen und Einkerbungen) und durch Verluste an Faser-Faser Verbindungen.

Durch die verschiedenen Mechanismen weist die Dämpfung in einem LWL eine deutliche spektrale Abhängigkeit auf. Die erste Generation der optischen Nachrichtentechnik hatte bei 850 nm gearbeitet, vor allem wohl, weil bei dieser Wellenlänge die Lichtquellen am weitesten entwickelt waren. Bei 850 nm dämpft eine Faser mit ca. 2 dB/km, d. h. es findet eine Leistungshalbierung nach jeweils 1500 m statt. Heute werden überwiegend die Wellenlängen von 1310 nm und 1550 nm verwendet, die Fenster beiderseits der OH-Absorption, sie weisen

Dämpfungen von ca. 0,3 dB/km auf, also eine Leistungshalbierung erst nach jeweils 10 km. Der Kerndurchmesser dieser Monomode-LWL beträgt normalerweise 9 µm.

Abschließend sind in Bild 17-6 zwei typische Kabelaufbauten gezeigt, ein sogenanntes Rangierkabel und ein Außenkabel. Beide Aufbauten werden sowohl für Multimoden- als auch für Monomodefasern verwendet.

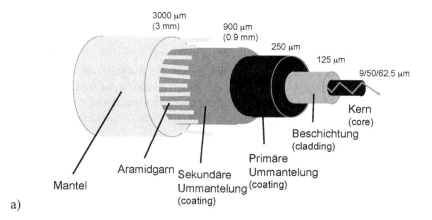

a)

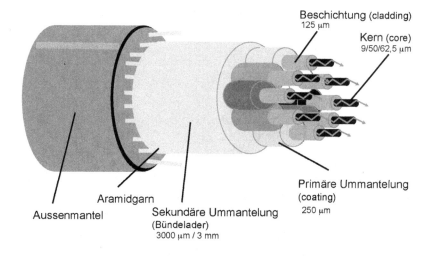

b)

**Bild 17-6**   Kabelaufbauten für Faserbündel
        a) Rangierkabel und
        b) Außenkabel
        (Quelle: Diamond SA)

# 18 Faserkoppler

Nachdem im vorangegangenen Kapitel die Lichtwellenleiter oder Glasfasern selbst betrachtet
wurden, beschäftigt sich dieses Kapitel nun zum einen mit der Lichtein- und -auskopplung in
LWL, zum anderen mit der Kopplung zwischen Glasfasern.

## 18.1 Quelle-Faser-Kopplung

Bei der Ankopplung von Lichtquellen an Fasern besteht immer die Aufgabe, die Strahlungs-
charakteristika aufeinander abzustimmen. Es müssen die Querschnittsfläche und der Divergenzwinkel der Quelle einerseits auf die Fasereintrittsfläche und ihre numerische Apertur andererseits angepasst werden, eventuell mit einer optischen Abbildung zur Verbesserung des Ein-
kopplungswirkungsgrads.

Die Abbildung bei der Einkopplung von Licht einer LED lässt sich noch mit geometrischer
Optik beschreiben. Dabei muss aber berücksichtigt werden, dass das Produkt aus abstrahlender
Fläche $A$ und Divergenzwinkel $\theta$ auch durch die Abbildung nicht verändert wird:

$$A \cdot \theta = const \tag{18-1}$$

Das bedeutet, dass beim Fokussieren auf eine kleine Faserfläche der maximale Einkoppelwin-
kel (Faserapertur) überschritten werden kann. Bild 18-1 zeigt den vereinfachten Strahlengang
bei der Einkopplung einer relativ großen LED mit Abstrahlfläche A auf einen kleinen Faserkern mit Eintrittsfläche a.

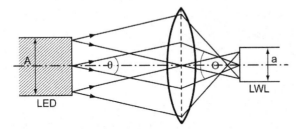

**Bild 18-1**   Lichteinkopplung von einer LED in eine Faser mit einer Linse

Durch die optische Abbildung wird das Lichtbündel in seinem Querschnitt verringert, dabei
aber gleichzeitig in seinem Öffnungswinkel vergrößert:

$$A \cdot \theta = a \cdot \Theta \tag{18-2}$$

Betrachten wir nun die Einkopplung von Laserlicht in eine Faser. Wir hatten bereits im ersten
Teil des Buchs die gaußförmige Intensitätsverteilung über dem Querschnitt eines Laserstrahls
kennengelernt und deren Auswirkung auf die Fokussierung. Der Laserstrahl lässt sich nicht
mehr mit geometrischer Optik beschreiben, er weist eine Strahltaille auf (siehe Bild 18-2).

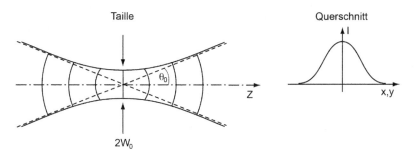

**Bild 18-2** Laserstrahl mit gaußförmigem Querschnitt und Strahltaille

Aber auch hier gilt eine ähnliche Beziehung wie bei der Abbildung in der geometrischen Optik:

$$w_0 \theta_0 = \frac{\lambda}{\pi} \qquad (18\text{-}3)$$

mit der Strahltaille $w_0$, dem Divergenzwinkel $\theta_0$ und der Wellenlänge $\lambda$.

Wenn wir uns nochmals die Intensitätsverteilung über dem Querschnitt einer Monomodefaser vor Augen halten (siehe Bild 17-4 im vorangegangenen Kapitel), dann wird die Ähnlichkeit mit dem Gaußprofil des Laserstrahls offensichtlich. Deshalb ist eine gute Einkopplung von Laserlicht in Monomodefasern realisierbar. Bild 18-3 zeigt schematisch die Fokussierung eines Laserstrahls auf eine Monomodefaser. Idealerweise wird der Fleckradius gleich dem Faserkernradius.

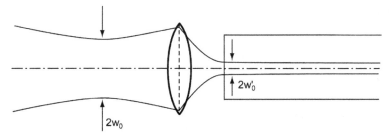

**Bild 18-3** Fokussierung eines Laserstrahls auf eine Monomodefaser

Für Laserdioden sind die Verhältnisse vielschichtiger. Einerseits liegt kein Strahl vor, sondern ein stark divergentes Bündel. Dieses hat bei den klassischen Kantenemittern außerdem einen elliptischen Öffnungswinkel, eine Aufbereitung z. B. mit einer Zylinderlinse ist daher oft notwendig. Andererseits ist die emittierende Fläche von Laserdioden ähnlich klein wie die Kernabmessungen von Monomodefasern.

Bringt man LD und Faser nahe genug aneinander, kann man das Licht gegebenenfalls auch direkt einkoppeln. Dafür gibt es von verschiedenen Herstellern fertige Sendemodule, entweder vollständig mit Lichtquelle oder vorbereitet zum Einbau von genormten Bauteilen, siehe Bild 18-4.

**Bild 18-4**
Sende- und Empfangsmodule mit Lichtquelle
und -empfänger, Faseranbindung über Stecker
(Quelle: Diamond SA)

## 18.2  Faser-Faser-Kopplung

Der Einsatz von LWL in der Praxis wurde erst möglich durch die Entwicklung von dämpfungsarmen Verbindungen. Die typische Länge einer Faser bei der Herstellung beträgt nämlich ca. 2000 m, während man im Betrieb Längen bis 100 km realisieren möchte. Daher benötigt man als ersten Kopplungsmechanismus eine dauerhafte, nichtlösbare Verbindung.

Die vorrangige Technologie hierfür ist das Schmelzspleißen mit einem Lichtbogen. Im ersten Arbeitsschritt wird dabei das Coating an den beiden zu verbindenden Faserenden entfernt, dann werden die Fasern kurz hinter dem Ende an einer scharfen Kante gebrochen, um möglichst glatte Kontaktflächen zu haben. Nun werden die Fasern zueinander ausgerichtet und mit einem kurzen Lichtbogen aufgeschmolzen und verbunden. Zum Schluss wird die Spleißstelle mit einem Überzug und einem Schutzrohr abgedeckt.

Die Genauigkeitsanforderungen für das Spleißen liegen bei Monomodefasern im Bereich deutlich unterhalb eines Mikrometers, sonst wird bei einem Kerndurchmesser von 9 μm der Verlust zu groß. Deshalb erfolgt die Justage der Fasern zueinander unter einem Mikroskop mit Spezialbeleuchtung, welche die Faserkerne sichtbar macht.

Die erreichten Dämpfungen beim Schmelzspleißen sind sehr gering, sie liegen bei 0,05 dB für Gradientenfasern und bei 0,1 dB für Monomodefasern. Der Spleißvorgang ist schnell, präzise und dauerhaft, außerdem ist er für alle Fasertypen geeignet. Schließlich findet keine Alterung der Spleißstelle statt, sie besteht ja vollständig aus Glas, weil die Verbindung ohne Klebstoff realisiert wird.

Der zweite Koppelmechanismus ist eine parallele Faserkopplung und dient zur Verzweigung oder Zusammenführung von optischen Signalen vor allem in Verteil- und Sammelpunkten in Glasfasernetzen bei der optischen Datenübertragung. Aber auch in der Messtechnik und Sensortechnik finden solche Glasfaserkoppler ihre Anwendung. Die Firma Diamond SA in der Schweiz, Marktführer in der LWL-Konfektionierung, stellt solche Koppler mit der FBT-Technik her (FBT = Fused Biconical Taper), wobei durch Verschmelzen und Ziehen der parallelen Fasern die Koppelzonen erzeugt werden, siehe Bild 18-5.

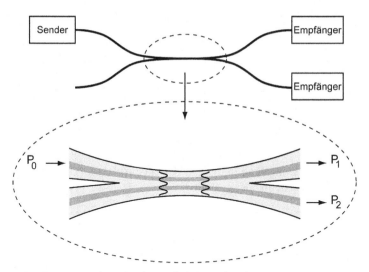

**Bild 18-5**  Kopplung durch parallele Verschmelzung

Grundmaterial sind zwei LWL, von denen jeweils ein kurzes Stück des Coatings entfernt wird. Die Koppelstelle wird auf einem Träger aus Quarzsubstrat fixiert, dann wird dieser Bereich geschmolzen und gleichzeitig gezogen. Dabei nähern sich die Kerne der beiden Fasern an und die Wellen können von einem Kern in den anderen überkoppeln. Der Ziehvorgang wird durch eine Messeinrichtung gesteuert und kann beliebig gestoppt werden, wenn das gewünschte Koppelverhältnis erreicht ist. Aufteilungsverhältnisse von 1 % bis 50 % sind mit dieser Technik realisierbar.

Im Schmelzkoppler bilden die beiden Fasern eine reine Glasverbindung und verlaufen ohne Unterbrechung. Wird eine der beiden Eingangsfasern mit einem reflexionsarmen Abschluss versehen, entsteht ein 1x2-Koppler. Durch Verwendung mehrerer dieser Koppler hintereinander können Kopplermodule mit bis zu 16 Ausgängen hergestellt werden, siehe Bild 18-6.

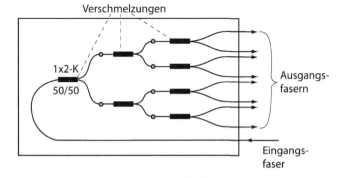

**Bild 18-6**  Kopplermodul für bis zu 16 Ausgänge

Der dritte Koppelmechanismus sind die lösbaren Verbindungen, also die LWL-Stecker und Buchsen. Diese werden vor allem an Endgeräten benötigt, um schnell und reproduzierbar Glasfaserkabel entfernen und wieder anschließen zu können. Auch hierbei werden sehr hohe Anforderungen an die mechanische Genauigkeit vor allem bei den Monomodefasern gestellt. Von entscheidendem Einfluss sind der Stirnflächenabstand, der Achsenversatz, der Kippwinkel und die Oberflächenqualität.

Eine hochwertige Steckverbindung für LWL zeichnet sich aus durch mehrere Aspekte. Zunächst darf nur wenig Licht in der Verbindung verloren gehen, d. h. die Dämpfung soll gering sein. Wichtig ist aber auch eine hohe Stabilität des Dämpfungswertes bei häufigem ein- und ausstecken. Außerdem sollte sich die Dämpfung auch bei wechselnden Verbindungen nicht nennenswert verändern, selbst wenn man einen Übergang zwischen verschiedenen Steckertypen hat.

***Zahlenbeispiel:*** In Tabelle 18-1 sind die Dämpfung in dB und der entsprechende Verlust in % in einer Glasfaser oder einem Koppler nebeneinander gestellt.

**Tabelle 18-1**   Dämpfung in dB und entsprechender Verlust

| Dämpfung | Verlust in % |
|:---:|:---:|
| 0,1 dB | 2,3 |
| 0,4 dB | 8,8 |
| 1 dB | 20 |
| 3 dB | 50 |

Realisiert wird das heute üblicherweise mit hochpräzisen Ferrulen. Diese haben einen Außenmantel aus korrosions- und abriebsfestem Material, z. B. Hartmetall oder Keramik. Ihr Durchmesser ist genormt auf 2,5 mm und sie haben eine Bohrung von 128 µm, siehe Bild 18-7.

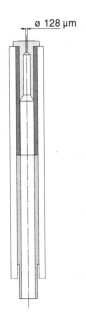
ø 128 µm

Die Ferrule nimmt die Faser mit einem Manteldurchmesser von ca. 125 µm auf und wird an der Stirnfläche leicht konvex verschliffen und poliert. Die Ferrule steht normalerweise aus dem Steckergehäuse hervor und kann in eine Verbindungshülse eingesteckt werden. Dort trifft sie auf die zweite Ferrule, mit der die Verbindung hergestellt wird. Die Stirnflächen der Ferrulen werden durch Federn aneinander gedrückt, um durch den physikalischen Kontakt eine gute Verbindung zu gewährleisten.

**Bild 18-7**
Ferrule im Querschnitt (Quelle: Diamond SA)

Bereits beim Einsetzen der Fasern in die Ferrulen verwenden verschiedene Hersteller unterschiedliche Technologien. Hier sei nochmals die Firma Diamond als Beispiel angeführt, welche die hochwertigsten und teuersten Steckverbindungen auf dem Markt anbietet. Nach einem patentierten Verfahren werden die Fasern bei Diamond in einem zweistufigen Prägeverfahren in der Ferrule zentriert. Dafür haben die Ferrulen einen Titaneinsatz (früher Neusilber) an der Stirnseite, siehe Bild 18-8.

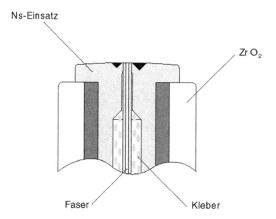

**Bild 18-8**    Endstück einer Ferrule mit Neusilber- bzw. Titaneinsatz (Quelle: Diamond SA)

Nachdem die Faser mit einem elastischen Kleber von hinten in der Ferrule fixiert worden ist, wird im ersten Prägeschritt der Titaneinsatz von der Stirnseite konzentrisch eingekerbt. Dabei weicht das Titan etwas aus und umfasst die Faser gleichmäßig, die Ferrulenbohrung wird damit auf den aktuellen Faserdurchmesser geschlossen. Allein mit dieser Zentrierung kann eine Restexzentrizität von ca. 1 μm erreicht werden.

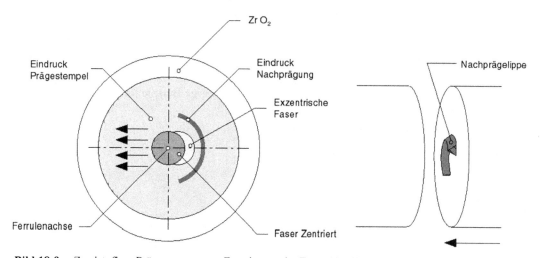

**Bild 18-9**    Zweistufiger Prägevorgang zur Zentrierung der Faser (Quelle: Diamond SA)

Im zweiten Prägeschritt wird unter mikroskopischer Videokontrolle mit einem segmentförmigen Werkzeug die Zentrierung noch verbessert auf eine Restexzentrizität von unter 0,25 µm, siehe Bild 18-9.

Die leicht konvexe Politur der Faserstirnfläche mit einem Radius von 15 bis 30 mm und der daraus resultierende physikalische Kontakt (PC = physical contact) der Faserkerne zur Vermeidung eines Luftspalts und zur Reduktion von Reflexionen war schon angesprochen worden. Eine Alternative dazu bietet der APC-Schliff, siehe Bild 18-10.

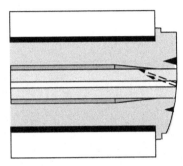

**Bild 18-10**    Schrägschliff der Faserstirnfläche zur Minimierung von Reflexionen
(Quelle: Diamond SA)

Hierbei wird die Einkopplung von reflektierten Lichtanteilen durch einen Schrägschliff der Stirnflächen verhindert. Die beschriebenen Maßnahmen führen dazu, dass die Firma Diamond heute Stecker anbietet, die vergleichbare geringe Dämpfung wie Spleißverbindungen aufweisen. Für ihre aktuellen Stecker garantiert Diamond eine 0,1 dB Random-Dämpfung, also auch für wechselnde Steckerplätze und das für mindestens 1000 Aus- und Einsteckvorgänge.

Ursprünglich hatte jeder Hersteller seine eigene Steckerform entwickelt und die Produkte verschiedener Hersteller waren vollkommen inkompatibel. Dann gelang aber zum Glück noch eine gewisse Standardisierung auf mindestens fünf verschiedene Bauformen. In der Zwischenzeit bieten seriöse Hersteller diese Bauformen alternativ an, sowie Adapter für den Übergang von einem Typ zu einem anderen.

In Bild 18-11 sind die fünf LWL-Steckverbinder-Standards zusammengestellt, ganz links in der Tabelle befindet sich der Name, ganz rechts das zugehörige Beispielfoto.

| Standard | Ferrule | Polishing | Fixation | Application | Fiber type | Picture |
|---|---|---|---|---|---|---|
| ∅ 2.5 mm Ferrule | | | | | | |
| **LSA (DIN)** **LSA-HRL** **(DIN-APC)** | ∅ 2.5 mm Spring Loaded | Convex PC Convex APC (8°) | Threaded | Telecommunication Test equipment | MM & SM | 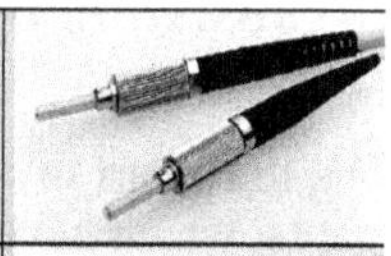 |
| **ST™** | ∅ 2.5 mm Spring Loaded | Convex PC | Nut with bajonet | LAN | MM (SM) | 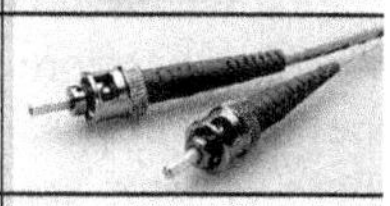 |
| **FC** | ∅ 2.5 mm Spring Loaded | Convex PC Convex APC (8°) | Threaded | Telecommunication Test equipment | MM & SM | 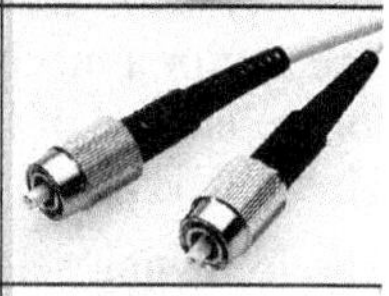 |
| **SC-PC** **SC-APC** | ∅ 2.5 mm Spring Loaded | Convex PC Convex APC (8°) | Push-Pull | Telecommunication Test equipment LAN | MM & SM | 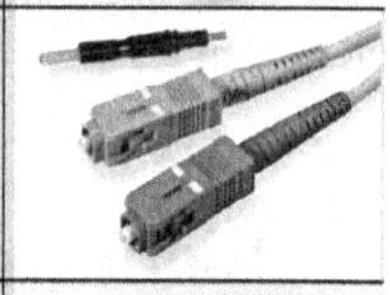 |
| **E-2000™** | ∅ 2.5 mm Spring Loaded | Convex PC Convex APC (8°) | Push-Pull | Telecommunication Test equipment LAN | MM & SM | 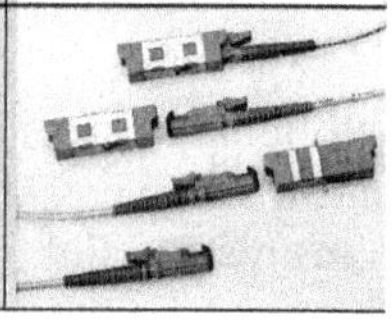 |

**Bild 18-11**   Zusammenstellung der fünf LWL-Steckverbinder-Standards
(Quelle: Diamond SA)

# Part III: Systems
**(Translation by *Hans Schillo* and *Ken Rotter*)**

The third part of this book will present systems of optical sensors. Usually several basic elements, which have been mentioned in the previous parts of this book, will be applied in a system. Furthermore most of the optical systems consist not only of active optical elements but they contain passive optical components as well, i. e. lenses, mirrors, or beam splitters. Thus these systems are basically mechatronic systems, which additionally need a mechanical structure and/or a mechanical casing. Most of the modern systems contain electronic elements, e. g. for the control of light sources, to digitise received data, for data analysis and data presentation. This task is usually done by a micro controller or a DSP with appropriate software.

The following selection of systems is naturally not complete due to the available space in this book, but it reflects the experiences and preferences of the author.

# 19 Light Barriers

All lights barriers consist of a light source as transmitter – preferably LEDs and laser diodes – and a receiver – mostly a photo diode. There are three basic types of construction: (a) the transmission light barrier, (b) the reflection light barrier, and (c) the off-axis light barrier, see figure 19-1.

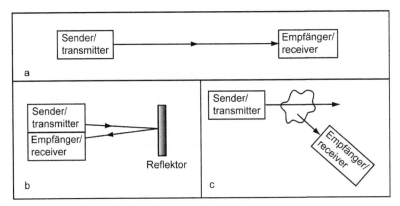

**Figure 19-1** Principal set-ups of light barriers, (a) transmission, (b) reflection, (c) off-axis

The measurement principle of type (a) and (b) is the same: due to a partial or total interruption of the light beam the output voltage of the receiver will change. Type (c) works only, if particles in the light beam scatter the light into the direction of the receiver.

A great number of applications is based on these three types: alarm systems, passive infrared detector alarm systems, light barriers for dangerous machines, height monitoring in tunnels, fork light barriers for measuring the number of rotations, smoke detectors, turbidity measurement, and some more special techniques. In the following chapters some examples are explained in more detail.

# Teil III: Systeme

Im dritten Teil dieses Buches werden Systeme der optischen Sensortechnik vorgestellt. In der Regel kommen dabei mehrere der im vorangegangenen Buchteil besprochenen Grundelemente zum Einsatz. Darüber hinaus beinhalten die meisten Systeme neben den aktiven optischen Elementen auch passive Optikanteile wie z. B. Linsen, Spiegel oder Strahlteiler. Solche im Grunde mechatronischen Systeme benötigen des weiteren ein mechanisches Grundgerüst und/oder ein mechanisches Gehäuse. Außerdem ist in modernen Systemen fast immer eine Elektronik integriert, z. B. zur Ansteuerung von Lichtquellen, zur Digitalisierung von Empfängerdaten, zur Auswertung und zur Darstellung. Dies wird meist von einem Mikro-Controller oder einem DSP mit entsprechender Software organisiert.

Die Auswahl der Systeme muss aus Platz- und Kenntnisgründen natürlich unvollständig bleiben, sie spiegelt die Erfahrungen und Vorlieben des Autors wieder.

# 19 Lichtschranken

Allen Lichtschranken gemeinsam ist, dass sie als Sender eine Lichtquelle haben – bevorzugt LEDs und Laserdioden – und als Empfänger meist eine Photodiode. Es gibt drei prinzipielle Bauformen: die Transmissionslichtschranke (a), die Reflexionslichtschranke (b) und die Off-Axis-Lichtschranke (c), siehe Bild 19-1.

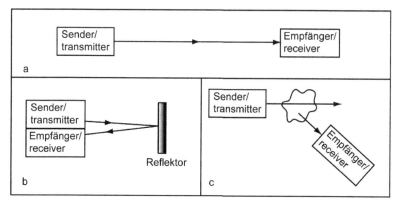

**Bild 19-1**    Prinzipielle Bauformen von Lichtschranken, (a) Transmission, (b) Reflexion, (c) Off-Axis

Das Messprinzip besteht bei Typ a und b darin, dass sich bei einer teilweisen oder vollständigen Strahlunterbrechung die Empfängerspannung ändert. Bei Typ c werden streuende Teilchen im Sendestrahl benötigt, damit überhaupt Licht in den Empfänger kommen kann.

Eine Fülle von Anwendungen basiert auf einem der drei Typen: Alarmanlagen, Bewegungsmelder, Schutzlichtschranken an gefährlichen Maschinen, Höhenüberwachung in Tunnels, Gabellichtschranken zur Drehzahlmessung, Rauchmelder, Trübungsmessungen und weitere Spezialmesstechniken. Im Folgenden werden einige Beispiele davon etwas genauer betrachtet.

## 19.1  Smoke Detectors

The figure 19-2 shows, how a smoke detector works.

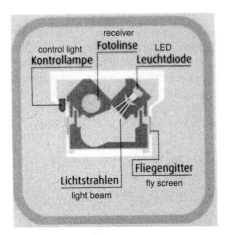
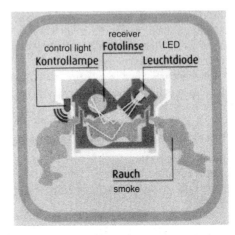

**Figure 19-2**   Internal construction of a smoke detector, without and with smoke

The core of the smoke detector consists of a measurement cell with an infrared LED and a photo diode ("Photolens"). The measurement cell is open, but contains light traps to avoid disturbances of the photolens through light from the surroundings of the cell. The upper part of the above picture shows that there is no smoke in the cell and the light of the LED does not reach the receiver. Only when smoke gets into the measurement cell the light will be scattered at the particles of the smoke and reach the photolens and thus activate an alarm.

## 19.2  Measurement of Turbidity

To evaluate the quality of water the turbidimetry is used besides other techniques. The light beam passes through a small test-tube, which is filled with the water under investigation. The light extinction and the light scattering under an angle of $90°$ are measured, see figure 19-3.

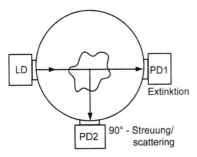

**Figure 19-3**   Set-up for the measurement of turbidity with one laser diode (LD) and two photo diodes (PD1 for extinction, PD2 for scattering at $90°$)

## 19.1 Rauchmelder

Eine Prinzipskizze und der Funktionsmechanismus sind in Bild 19-2 dargestellt.

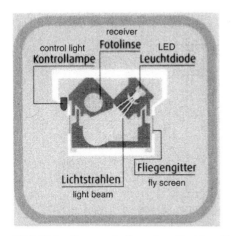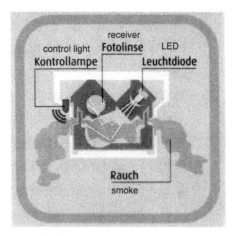

**Bild 19-2**  Innerer Aufbau eines Rauchmelders, ohne und mit Rauch

Kernstück ist eine Messzelle mit einer IR-LED und einer Photodiode („Fotolinse"). Die Messzelle ist offen, hat aber Lichtfallen, um eine Störung der Fotolinse durch Umgebungslicht zu verhindern. Im linken Teil der Abbildung ist kein Rauch in der Messzelle und das Licht der LED gelangt nicht in den Empfänger. Erst wenn Rauch in die Messzelle eindringt, wird Licht an den Rauchpartikeln gestreut, fällt in die Fotolinse und löst einen Alarm aus.

## 19.2 Trübungsmessung

Zur Beurteilung der Wasserqualität wird neben anderen Methoden auch die Turbidimetrie eingesetzt. Hierbei wird Licht in eine vom Prüfmedium gefüllte oder durchströmte Messküvette eingestrahlt und sowohl die Abschwächung (Extinktion) des Strahls als auch die Streuung unter 90° ausgewertet, siehe Bild 19-3.

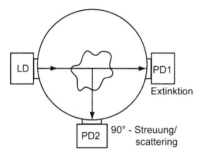

**Bild 19-3**  Anordnung zur Trübungsmessung mit einer Laserdiode (LD) und zwei Photodioden (PD1 für Extinktion, PD2 für 90°-Streuung)

The problem with this measurement method could be dirt on the windows and variations in the light intensity, which would distort the signals. To eliminate distortion an alternating four-beam-technique was evaluated. Two alternating beam sources LDA and LDB send their light into the medium under investigation and the two receivers PD1 and PD2 measure the intensities I1A and I2A resp. I1B and I2B, see figure 19-4.

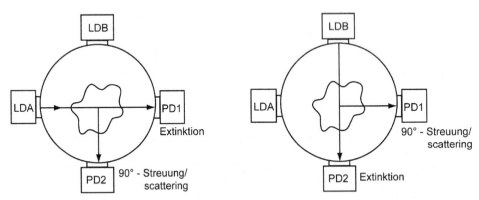

**Figure 19-4**    Alternating four-beam-technique with two transmitters (LDA and LDB) as well as two receivers (PD1 and PD2)

The signal on PD1 with a beam from LDA is given to

$$I_{1A} = I_A \varepsilon f_1 \qquad (19\text{-}1)$$

with the intensity $I_A$ of the transmitter, the extinction coefficient $\varepsilon$ and the window damping $f_1$. For PD2 we have:

$$I_{2A} = I_A \varepsilon \, \sigma f_2 \qquad (19\text{-}2)$$

with $\sigma$ as additional scattering coefficient. Two similar equations are formed when the beam comes from LDB. Hence we have:

$$\frac{I_{1A}}{I_{2A}} = \frac{I_A \varepsilon f_1}{I_A \varepsilon \, \sigma f_2} = \frac{1}{\sigma} \frac{f_1}{f_2} \qquad (19\text{-}3)$$

$$\frac{I_{1B}}{I_{2B}} = \sigma \frac{f_1}{f_2} \qquad (19\text{-}4)$$

This step leads to the elimination of the transmitter intensities and the extinction coefficient. In a second step we eliminate the damping relation $f_1/f_2$:

$$\sigma \frac{I_{1A}}{I_{2A}} = \frac{1}{\sigma} \frac{I_{1B}}{I_{2B}} \qquad (19\text{-}5)$$

Thus we get the scattering coefficient $\sigma$ without any disturbances:

$$\sigma = \sqrt{\frac{I_{1B} I_{2A}}{I_{1A} I_{2B}}} \qquad (19\text{-}6)$$

Das Problem bei dieser Methode sind mögliche Fensterverschmutzungen und Intensitäts-schwankungen der Lichtquelle, welche die Messsignale verfälschen würden. Um das zu elimi-nieren, wurde die Vierstrahl-Wechsellichttechnik entwickelt. Für diese wird abwechselnd mit zwei Lichtquellen in das Medium gestrahlt und jeweils die beiden Empfänger ausgewertet, siehe Bild 19-4.

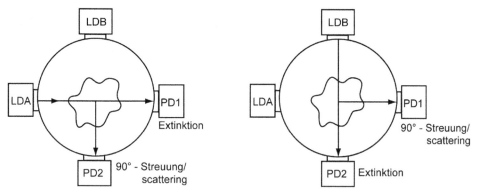

**Bild 19-4**   Vierstrahl-Wechsellichttechnik mit zwei Sendern (LDA und LDB) sowie zwei Empfängern (PD1 und PD2)

Das Signal an PD1 bei Beleuchtung mit LDA ergibt sich zu:

$$I_{1A} = I_A \varepsilon\, f_1 \tag{19-1}$$

mit der Senderintensität $I_A$, dem Extinktionskoeffizient $\varepsilon$ und der Fensterdämpfung $f_1$. Für PD2 ergibt sich gleichzeitig:

$$I_{2A} = I_A \varepsilon\, \sigma\, f_2 \tag{19-2}$$

mit dem zusätzlichen Streukoeffizienten $\sigma$. Zwei analoge Gleichungen kann man für die Signa-le bei Beleuchtung mit LDB aufstellen. Nun setzt man jeweils die beiden Gleichungen für einen Sender ins Verhältnis:

$$\frac{I_{1A}}{I_{2A}} = \frac{I_A \varepsilon\, f_1}{I_A \varepsilon\, \sigma\, f_2} = \frac{1}{\sigma}\frac{f_1}{f_2} \tag{19-3}$$

$$\frac{I_{1B}}{I_{2B}} = \sigma\,\frac{f_1}{f_2} \tag{19-4}$$

Durch diesen Schritt werden die Senderintensitäten und der Extinktionskoeffizient $\varepsilon$ eliminiert. Im zweiten Schritt werden die beiden verbleibenden Gleichungen über das Fensterdämpfungs-verhältnis $f_1/f_2$ gekoppelt:

$$\sigma\,\frac{I_{1A}}{I_{2A}} = \frac{1}{\sigma}\frac{I_{1B}}{I_{2B}} \tag{19-5}$$

Daraus ergibt sich schließlich der gesuchte Streukoeffizient $\sigma$, befreit von allen Störgrößen zu:

$$\sigma = \sqrt{\frac{I_{1B} I_{2A}}{I_{1A} I_{2B}}} \tag{19-6}$$

## 19.3 Fog Sensor

Transmissometers are used to measure the range of sight in a foggy environment. These systems contain light barriers with typical distances of 50 m or 300 m between transmitter and receiver. You can see several of these systems along the motorway A8 in Germany between Stuttgart and Ulm.

A new data evaluation enables the distinction of the different fog types into drop fog, ice fog, and mist. The different scattering characteristics of the particles depending on the scattering angle are used. Several receivers surround a measurement area to measure both the forward and the backward scattering under determined angles. The figure 19-5 shows the schematic setup of a fog sensor.

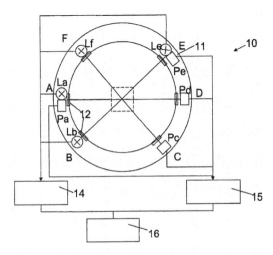

**Figure 19-5**   Patented set-up of a fog sensor with four transmitters (La, Lb, Le, and Lf) as well as four receivers (Pa, Pc, Pd, and Pe), details and explanation of the numbers can be found in the European patent PCT/EP2007/006183

If one extends the alternating four-beam-technique from the turbidity measurement to several beams then the results of the fog sensor will no longer depend on dirty or dusty windows and on the variations of the light intensity of the transmitter. In figure 19-6 the decision tree for discriminating the different kinds of fog is presented according to a scattering simulation for different particles.

Regarding the general turbidity the ratio of forward and backward scattering $Q_{NRD} = \sigma_{35}/\sigma_{145}$ distinguishes between fog and mist. If the ratio $Q_{NRD}$ is less than 10 fog is detected, which can be subdivided in drop fog and ice fog according to the ratio of forward scattering and 90°-scattering $Q_{TE} = \sigma_{35}/\sigma_{90}$. Big values of $Q_{TE}$ higher than 50 indicate most probably spherical drops. The above mentioned numbers must be regarded with some caution because they were evaluated from numerical simulations and not determined by experiments.

## 19.3 Nebelsensor

Zur Bestimmung der Sichtweite in Nebel hat sich das Transmissiometer etabliert, eine Transmissionslichtschranke mit typischerweise 50 m oder 300 m Abstand zwischen Sender und Empfänger. Zum Beispiel entlang der Autobahn A8 von Stuttgart bis Ulm kann man diese Systeme in regelmäßigen Abständen sehen.

Eine neue Methode ermöglicht darüber hinaus die Unterscheidung der Nebelarten in Tropfennebel, Eisnebel und Dunst. Hierfür wird die unterschiedliche Streucharakteristik der jeweiligen Teilchen in Abhängigkeit vom Streuwinkel ausgenutzt. Es werden also mehrere Empfänger um einen Messraum herum aufgebaut, um sowohl die Vorwärtsstreuung als auch die Rückwärtsstreuung unter bestimmten Winkeln zu erfassen. Bild 19-5 zeigt den schematischen Aufbau eines solchen Nebelsensors.

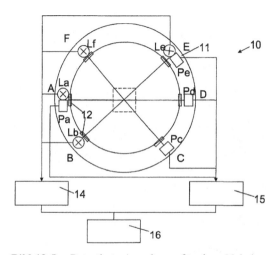

**Bild 19-5**   Patentierte Anordnung für einen Nebelsensor mit vier Sendern (La, Lb, Le und Lf) sowie vier Empfängern (Pa, Pc, Pd und Pe), Details können in der Patentschrift des Autors (PCT/EP2007/006183) gefunden werden

Erweitert man die bei der Trübungsmessung vorgestellte Vierstrahl-Wechsellichttechnik auf mehrere Strahlen, dann kann auch der Nebelsensor zur Artunterscheidung unabhängig von Fensterverschmutzungen und von Intensitätsschwankungen der Sender gemacht werden. Abschließend ist in Bild 19-6 der Entscheidungsbaum zur Unterscheidung der Nebelarten dargestellt, wie er sich aus Streusimulationen für verschiedene Partikelarten ergibt.

Von der allgemeinen Trübung ausgehend wird zunächst aus dem Verhältnis von Vorwärts- zu Rückwärtsstreuung $Q_{NRD} = \sigma_{35}/\sigma_{145}$ zwischen Nebel und Dunst unterschieden. Für Werte von $Q_{NRD}$ unter 10 handelt es sich um Nebel, der mithilfe des Verhältnisses von Vorwärts- zu 90°-Streuung $Q_{TE} = \sigma_{35}/\sigma_{90}$ weiter unterteilt werden kann in Tropfennebel und Eisnebel. Für große Werte von $Q_{TE}$ über 50 sind die Streuteilchen höchstwahrscheinlich kugelförmige Tröpfchen. Die Zahlenwerte sind aber mit einer gewissen Vorsicht zu betrachten, es handelt sich um Einzelteilchensimulationen und nicht um experimentell bestimmte Werte.

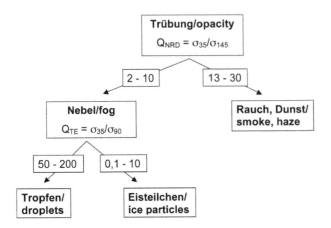

**Figure 19-6**
Decision tree for discriminating different types of opacity, developed from simulations

## 19.4 PARSIVEL

PARSIVEL is a laser-optical measuring system to measure the size and the velocity (PArticle Size and VELocity) of particles. It is mainly used in meteorology to measure the precipitation, see figure 19-7. The data received can be used to determine the intensity of rain, the type of precipitation (drizzle, steady rain, shower, snow, graupel, hail), and the total amount of precipitation during a certain time. More than 1000 PARSIVEL systems are in operation all over the world.

**Figure 19-7**   PARSIVEL system for the detection of precipitation particles

Basis of PARSIVEL is a transmission light barrier, which is formed like a band, see figure 19-8. The cross section of this light band is 30 mm wide and 1 mm thick. The light is generated through a laser diode with a wavelength of 670 nm (resp. 780 nm in older types) and a power output of 0.3 mW. The light band is formed via a mirror and a lens and reaches the receiver through a aperture. Then the light is focussed through a lens onto a photodiode.

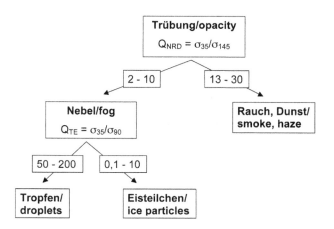

**Bild 19-6**
Entscheidungsbaum zur Nebel-
unterscheidung aus Simulationen

## 19.4 PARSIVEL

PARSIVEL ist ein laseroptisches Messsystem zur gleichzeitigen Bestimmung von Partikelgröße und -geschwindigkeit (PARticel SIze and VELocity). Es wird vor allem in der Meteoro-
logie eingesetzt zum Erfassen von Niederschlagspartikeln, siehe Bild 19-7. Aus den Messwer-
ten kann die Regenintensität berechnet werden, die Art des Niederschlags (Nieselregen, Land-
regen, Schauer, Schnee, Graupel, Hagel) und die gesamte, in einer bestimmten Zeit gefallene
Menge. PARSIVEL-Systeme sind momentan an ca. 1200 Stellen auf der Erde im Einsatz.

**Bild 19-7**    PARSIVEL-System zur Erfassung von Niederschlagsteilchen

Grundlage von PARSIVEL ist eine bandförmige Transmissionslichtschranke, siehe Bild 19-8.
Im Querschnitt hat dieses Lichtband eine Breite von 30 mm und eine Dicke von 1 mm. Erzeugt
wird es auf der Senderseite von einer Laserdiode mit einer Wellenlänge von 670 nm (bzw.
780 nm in der älteren Bauform) und einer Leistung von 0,3 mW. Über einen Spiegel und eine
Linse wird das Lichtband geformt, das schließlich auf der Empfängerseite durch eine Blende
und eine weitere Linse auf eine Photodiode fokussiert wird.

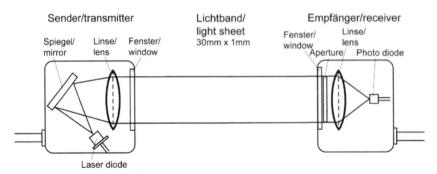

**Figure 19-8**    Transmitter and receiver of the PARSIVEL laser light sheet

When a particle drops through the light band the light intensity will be reduced and thus the voltage at the receiver, see figure 19-9. The bigger the particle is the more will the voltage reduce. Total shadowing will lead to a minimum in the voltage. The slower a particle drops the longer will be the signal reduction. The points on the analogue signal curve represent the sampling points of the A/D converter. The corresponding values can be used for additional evaluations. It is evident that the maximum speed to be detected is limited by the sampling frequency of the A/D converter.

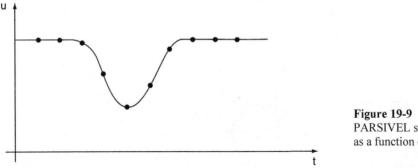

**Figure 19-9**
PARSIVEL signal, voltage $U$
as a function of time $t$

The task of the PARSIVEL software is to find the minimum of the digitised signal and to calculate the size of the particle out of its value. Together with the signal duration one can estimate the speed of the particle. The goal is to register all particles dropping through the light band, for instance for a time period of one minute. The data then can be presented in a two-dimensional number distribution over particle size and velocity; see example in figure 19-10 for a thunderstorm with hail.

The coloured coding in the single fields represent the number of drops or hailstones with the corresponding size and speed; see the scale on the right hand side of the graph. Based on this distribution all other necessary information can be deduced and calculated.

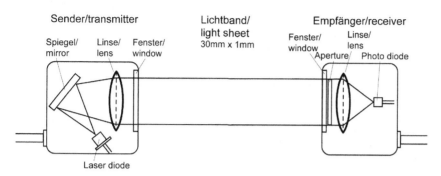

**Bild 19-8** Sender und Empfänger des PARSIVEL-Laserlichtbands

Fällt ein Teilchen durch dieses Lichtband, dann wird vorübergehend das Licht partiell abgeschattet und die Spannung am Empfänger wird reduziert, wie in Bild 19-9 dargestellt. Je größer das Teilchen ist, desto stärker wird die Spannung reduziert, bis sie bei Vollabschattung auf ihren Minimalwert abfällt. Je langsamer ein Teilchen fällt, desto länger ist das Signal in der Zeit. Die Punkte auf der analogen Signalkurve in der Skizze stellen diskrete Abtastpunkte durch die A/D-Wandlung dar, diese stehen für die weitere Auswertung zur Verfügung. Es ist offensichtlich, dass die Abtastfrequenz die maximal erfassbare Teilchengeschwindigkeit limitiert.

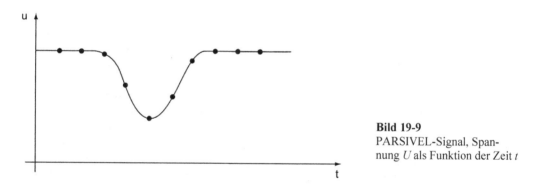

**Bild 19-9**
PARSIVEL-Signal, Spannung $U$ als Funktion der Zeit $t$

Die PARSIVEL-Software hat die Aufgabe, im digitalisierten Signal jeweils das Minimum zu finden und aus seinem Wert die Partikelgröße zu berechnen. Außerdem muss die Signaldauer bestimmt werden, daraus kann unter Berücksichtigung der Partikelgröße die Geschwindigkeit abgeschätzt werden. Das Ziel ist die Erfassung aller Teilchen, die durch das definierte Lichtband fallen. Dann können die Daten z. B. minutenweise in einer zweidimensionalen Anzahlverteilung über Partikelgröße und -geschwindigkeit dargestellt werden, siehe das Beispiel in Bild 19-10 für einen Gewitter-Schauer mit Hagel.

Die farbliche Kodierung in den einzelnen Feldern gibt die Anzahl der Tropfen oder Hagelkörner an mit der entsprechenden Größe und Geschwindigkeit, siehe auch die Skala am rechten Bildrand. Aus dieser Verteilung können alle weiteren Informationen abgeleitet und berechnet werden. Eine tiefer gehende Beschreibung findet man in Löffler-Mang & Joss (2000).

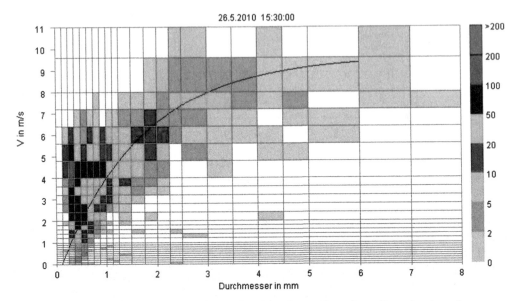

**Figure 19-10**    Thunderstorm with hail, integration time of one minute (two-dimensional number
distribution as a function of particle size and velocity)

*Example of an experiment:* The measurement principle of PARSIVEL can easily be demonstrated with a commercially available light band and an oscilloscope. A number of different experiments can be carried out. The setup is suitable for systematic measurements within the scope of a practical course including error detection and error analysis. A light band is available for instance from the company Keyence, a pair of sensors type LX2-13W, or the cheaper and less homogeneous sensor type LV-H300, in each case with the accompanying amplifier module. The signal of the receiver can easily be visualised via an oscilloscope.

In the first step one can drop different objects through the light band. With increasing practice one is able to distinguish the different signals from barriers with different shapes or the different signal of a screw and a nut. In the second step one can drop down steel balls of different sizes from different heights and determine the diameter of the balls and their speed. In a third step the oscilloscope can be replaced by a data acquisition system and the data analysis is done for instance with a LabView system, see example in figure 19-11.

Now it is possible to carry out a series of drops and make a statistical evaluation of the results. For this step one needs a second light band. If these light bands are fixed with a known distance (see example in figure 19-12) one is able to calculate both the actual speed and the average speed of the dropping balls. Finally the acceleration of the balls can be estimated and compared with the acceleration by gravity.

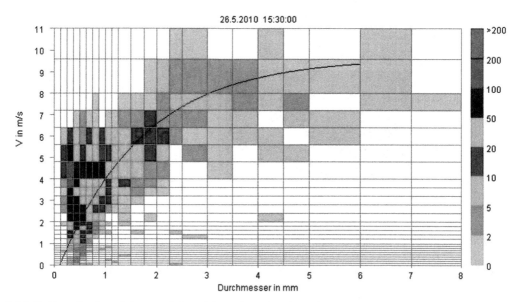

**Bild 19-10**   Gewitter-Schauer mit Hagel, integriert über eine Minute (zweidimensionale Anzahl-verteilung über Partikelgröße und -geschwindigkeit)

**Experimentierbeispiel:** Mit einem kommerziellen Lichtband und einem Oszilloskop lässt sich das PARSIVEL Messprinzip einfach nachvollziehen. Eine Reihe von Möglichkeiten können erprobt werden, der Aufbau eignet sich auch gut für systematische Messungen im Rahmen eines Praktikums inklusiv einer Fehlerbetrachtung. Als Lichtband kann man z. B. von der Firma Keyence das Sensorpaar LX2-13W verwenden oder auch den preiswerteren und etwas weniger homogenen Sensor LV-H300, jeweils mit zugehörigem Verstärkermodul. Das Empfängersignal lässt sich relativ einfach mit einem Oszilloskop visualisieren.

Im ersten Schritt kann man zunächst einige verschiedene Objekte durch das Lichtband fallen lassen. Mit etwas Übung gelingt es rasch, im Signal z. B. die Form einer Schraube oder auch einer Mutter von einer Kugel zu unterscheiden. Im zweiten Schritt kann man verschieden große Stahlkugeln aus verschiedenen Höhen fallen lassen und aus dem Signal den Kugeldurchmesser und die Fallgeschwindigkeit bestimmen. Wenn man möchte, könnte man im dritten Schritt das Oszilloskop ersetzen durch eine Datenerfassung und die Auswertung z. B. in Lab-View programmieren, siehe Beispiel in Bild 19-11.

Dann könnte man auch Serien von Abwürfen durchführen und eine statistische Bewertung der Ergebnisse vornehmen. Für den letzten Schritt benötigt man ein zweites Lichtband. Montiert man die beiden Lichtbänder z. B. mit Boschprofilen in einem festen Abstand zueinander (siehe Beispiel in Bild 19-12), dann kann man sowohl Momentanwerte der Geschwindigkeit als auch Mittelwerte für die Kugelabwürfe bestimmen. Abschließend können auch Beschleunigungen abgeschätzt und mit der Erdbeschleunigung verglichen werden.

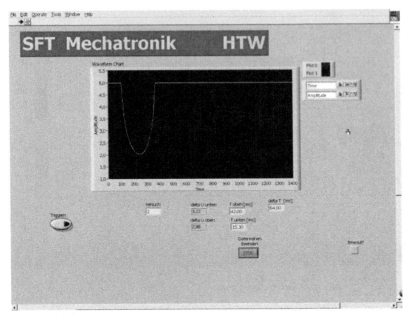

**Figure 19-11**    LabView interface for analysis of an experiment

**Figure 19-12**    Two Keyence light bands mounted over one another for an experiment

Note to the speed of particles: The evaluation of the signal duration is not very exact, especially for smaller particles. In the beginning and at the end of the signal the gradient is small and the time on which the signal becomes evident against the background noise of the sensor cannot be determined sharply. This problem occurs often with measurements of this type. One achieves a better evaluation if one determines the full width at half the maximum signal. But that means one has at least once to determine the correlation of the half width and the total width of the signal.

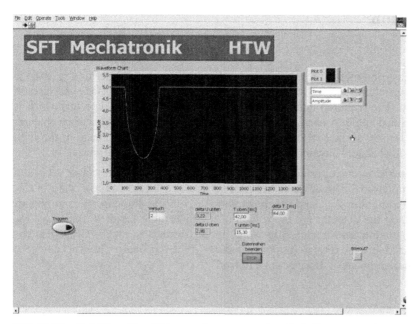

**Bild 19-11**    LabView-Oberfläche zur Auswertung eines Praktikumsversuchs

**Bild 19-12**    Zwei Keyence-Lichtbandsysteme übereinander montiert für einen Praktikumsversuch

Anmerkung zur Partikelgeschwindigkeit: Die Auswertung der Signaldauer ist nicht besonders genau, vor allem für kleinere Teilchen. Am Anfang und Ende des Signals ist der Gradient nämlich recht klein und der Zeitpunkt, an dem das Signal aus dem Untergrundrauschen des Sensors hervortritt, ist nicht besonders scharf. Das ist ein häufiges messtechnisches Problem und man kommt zu einer wesentlich robusteren Auswertung, wenn man die Halbwertsbreite des Signals bestimmt. Allerdings muss man dann zumindest einmal einen Zusammenhang zwischen der Halbwertsbreite und der Gesamtbreite des Signals ableiten oder bestimmen.

# 20 Triangulation

Triangulation is a measuring method for the measurement of distances. A laser or a laserdiode creates a little light spot on the surface of an object. The distance between surface and laserdiode is to be measured. The scattered light from the surface is gathered by a detector, which is mounted at a well defined angle. A change in the distance between sensor and surface changes the triangle between sensor, surface, and detector. Thus the position of the image of the light spot in the detector will change. Knowing the position one can calculate the distance.

Figure 20-1 shows the measurement principle of a triangulation sensor. Usually laser, lens, and detector are in a common box. The distance between surface and laserdiode may vary in this example between the minimum $P_{min}$ and the maximum $P_{max}$. In the drawing the spot images $P'_{min}$, $P'_0$, and $P'_{max}$ on the detector are the results of the three light bundles from $P_{min}$, $P_0$, and $P_{max}$. The triangulation sensor can only work, if the surface is rough. Otherwise the amount of light reflected into the direction of the detector will be too small. Thus this device is not suitable for the measurement of distances to a mirror.

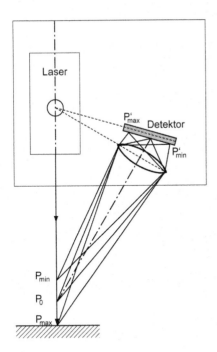

**Figure 20-1**
Measurement principle of a triangulation sensor

In the case of enough scattering light the images of the points $P_{min}$ till $P_{max}$ will appear on the detector. Usually a spectral filter is placed before the lens; thus mainly the light with the wavelength of the laser will pass and the disturbances through the light of the environment will be reduced. Due to geometrical reasons it is necessary that detector and lens are not collinear with each other to achieve sharp image points.

# 20 Triangulation

Die Triangulation ist ein Messverfahren zur Abstandsmessung. Dabei wird mit einem Laser oder einer Laserdiode ein kleiner Fleck auf der Oberfläche erzeugt, deren Entfernung man bestimmen möchte. Unter einem definierten Winkel wird der Fleck auf einen Detektor abgebildet. Je nach Abstand zwischen Sensor und Oberfläche verändert sich die Geometrie des Dreiecks aus Laser, Oberfläche und Detektor. Damit ändert sich auch die Position des abgebildeten Flecks auf dem Detektor. Aus der Position kann schließlich auf den Abstand zurückgerechnet werden.

In Bild 20-1 ist das Prinzip eines Triangulationssensors dargestellt. Laser, Linse und Detektor befinden sich normalerweise in einem gemeinsamen Gehäuse. Der Abstand der Oberfläche darf im gezeigten Beispiel variieren zwischen der minimalen Messentfernung bei $P_{min}$ und der maximalen Messentfernung $P_{max}$. In der Skizze sind die abbildenden Lichtbündel für die drei Flecken bei $P_{min}$, $P_0$ und $P_{max}$ gezeichnet. Voraussetzung für das Prinzip ist eine Struktur der Oberfläche, die diffuse Streueigenschaften hat, sonst fällt nicht ausreichend Licht auf den Detektor. Für die Abstandsmessung zu einem Spiegel ist die Triangulation also ungeeignet.

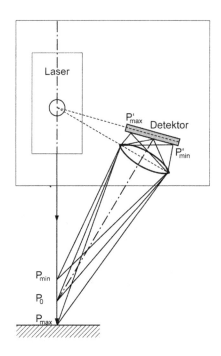

**Bild 20-1**
Prinzipieller Aufbau eines Triangulationssensors

Ist genug Streulicht vorhanden, dann werden die Punkte $P_{min}$ bis $P_{max}$ auf dem Detektor abgebildet. Meist sitzt ein Spektralfilter vor dem Objektiv, das vorrangig die Wellenlänge des verwendeten Laserlichts durchlässt und Störungen durch das Umgebungslicht reduziert. Aufgrund der schiefen Geometrie ist es notwendig, dass Detektor und Linse gegeneinander geneigt sind für scharfe Bildpunkte auf dem Detektor.

One can calculate the pitch between lens and detector in using the general equation for imaging

$$\frac{1}{b} + \frac{1}{g} = \frac{1}{f}$$                                                    (20-1)

and the equation for enlargement

$$V = \frac{B}{G} = -\frac{b}{g}$$                                                    (20-2)

(both presented in the first chapter of the first book title) and some more sophisticated geometrical calculations. This leads to the so called Scheimpflug condition, which states that the detector plane and the lens plane intersect on the laser axis. Those who are interested in more details should read the corresponding chapter in the book "Lasermesstechnik", written by Donges and Noll (see bibliography).

Usually a CCD-line or lateral-effect-diode is used as a triangulation sensor. The lateral-effect-diode has the dimensions of 5 mm times 2 mm and determines directly the centre of mass of the image of the spot. However the distribution of the intensity can not be measured and multiple scattering can not be detected. The CCD-line has the dimensions of approximately 20 mm time 10 µm. It can measure the distribution of the intensity, from which the centre of mass is calculated, and multiple scattering is detected.

*Example* to the resolution:

A typical 20 mm long CCD-line consists of 2048 pixels. The image of the spot will run over the whole line, if the distance varies between $P_{min}$ and $P_{max}$. For a measuring range of – 100 mm to + 100 mm we get – due to the number of pixels – a resolution of approximately 0.1 mm.

Various factors influence the accuracy of a triangulation sensor. At first the characteristics of the laser beam itself must be regarded. The Gauß-shape profile of the laser beam with the smallest constriction has already been mentioned above. That means there is only one position for the ideal little spot on the surface and this will be achieved only with the well defined distance $P_0$. With all the other distances the laser beam enlarges, the spot increases and thus the image on the detector can only be localised with less precision. Secondly the scattering characteristics of the surface influence the measurement. Difficulties may for instance be caused by unevenness, edges, and material changes. Furthermore atmospheric conditions must be taken into account. This may be important if one wants to determine the distance to hot surfaces, above which the path of the light might deviate due to variations in the refractive index caused by density changes in the surrounding air (or gas). And finally various reproduction errors may be important, especially coma, astigmatism, and spherical aberration (see the first part of this book), usually the more the cheaper a sensor is.

Triangulation sensors are often used today. High precision sensors are for instance installed in coordinate measuring machines. These devices are used for quality control of mechanical components. More simple sensors work as safety protection devices to control minimum distances for instance on arms of robots. A lot of control and quality assurance tasks in production processes are fulfilled by triangulation sensors. As examples can be mentioned: control of given profile contours of components, measurement of inner diameters of pipes, control of thicknesses of sheet metals, or detection of imbalances on rotating machines.

Ausgehend von der allgemeinen Abbildungsgleichung

$$\frac{1}{b} + \frac{1}{g} = \frac{1}{f}$$ (20-1)

und der Gleichung für die Vergrößerung

$$V = \frac{B}{G} = -\frac{b}{g}$$ (20-2)

(beide im ersten Kapitel des ersten Buchteils vorgestellt) in Verbindung mit einigen etwas aufwändigeren geometrischen Betrachtungen, kann man die Neigung zwischen Detektor und Linsenebene berechnen. Dieses liefert die sogenannte Scheimpflug-Bedingung, die besagt, dass sich Detektorebene und Linsenebene auf der Laserachse schneiden. Wer sich für diese Herleitung interessiert, dem sei das entsprechende Kapitel im Buch „Lasermesstechnik" von Donges und Noll empfohlen (siehe Liste mit weiterführender Literatur).

Als Detektor kommt im Triangulationssensor normalerweise eine CCD-Zeile oder eine Lateraleffektdiode zum Einsatz. Die Lateraleffektdiode hat eine Größe von ca. 5 mm mal 2 mm und bestimmt direkt den Schwerpunkt des abgebildeten Flecks. Allerdings ist die Intensitätsverteilung nicht messbar und auch Mehrfachstreuungen sind nicht erkennbar. Die CCD-Zeile hat eine Größe von ca. 20 mm mal 10 µm, sie erfasst die Intensitätsverteilung, aus der der Schwerpunkt berechnet wird und sie erlaubt auch das Erkennen von Mehrfachstreuungen.

*Zahlenbeispiel* zur Auflösung:

Eine typische CCD-Zeile hat 2048 Pixel auf einer Länge von 20 mm. Diese Zeile überstreicht der abgebildete Fleck, wenn der Abstand von $P_{min}$ bis $P_{max}$ variiert wird. Für einen Messbereich von −100 mm bis +100 mm ergibt sich also aus der Anzahl der unterscheidbaren Pixel die räumliche Auflösung von ca. 0,1 mm.

Verschiedene Größen beeinflussen die Genauigkeit eines Triangulationssensors. Zunächst genannt sei der Strahlverlauf des Laserstrahls. Wir hatten bereits mehrfach über das gaußförmige Strahlprofil mit einer engsten Strahltaille gesprochen. Das bedeutet, dass es einen ideal kleinen Fleck auf der Oberfläche nur bei einem definierten Abstand $P_0$ gibt. Für alle anderen Abstände ist der Laserstrahl weiter, der Fleck größer und damit das Abbild auf dem Detektor weniger präzise lokalisierbar. Als zweites beeinflussen die Streueigenschaften der Oberfläche die Messung. So können z. B. Probleme entstehen mit Unebenheiten, Kanten und Materialwechseln. Außerdem sind natürlich die atmosphärischen Bedingungen von Bedeutung. Das kann wichtig werden, wenn man den Abstand zu heißen Oberflächen bestimmen möchte, über denen der Lichtweg verändert sein kann wegen der Brechzahlvariationen aufgrund der Dichteveränderungen. Und schließlich können verschiedene Abbildungsfehler relevant werden, vor allem Koma, Astigmatismus und sphärische Aberration (siehe im ersten Teil dieses Buchs), normalerweise desto mehr, je billiger ein Sensor ist.

Triangulationssensoren haben heute vielfältigste Anwendungen. In hochpräzisen Ausführungen kommen sie z. B. in Koordinatenmessmaschinen zur Überprüfung von hochwertigen Bauteilen zum Einsatz, in einfacherer Version aber auch als Schutzeinrichtung zum Einhalten bestimmter Mindestabstände z. B. an Roboterarmen. Außerdem werden eine Fülle von Kontroll- und Qualitätssicherungsaufgaben in Produktionsprozessen durch Triangulationssensoren übernommen, wie z. B. die Überwachung vorgegebener Profilkonturen von Bauteilen und Innenabmessungen von Rohren, die Dickenkontrolle an gewalzten Blechen oder die Unwuchterkennung an rotierenden Geräten.

***Example of an experiment:*** Model-Sensor Triangulation

This example describes the task for constructing a simple triangulation sensor as a model. A ground plate and a box with necessary construction elements are needed:

- A laser diode with lenses or a small laser; depending on the quality of the equipment a laser pointer can be used as well:
- Several lenses with casings, e. g. "Mikrobank" construction set from Spindler and Hoyer;
- Detector screen consisting of graph paper (mm) with mounting and variable mounting materials;
- Movable test surface and a precise scale for measuring the length.

Using these components one can compose a measuring station and arrange it on the movable test surface. It is recommended to start with a drawing with detailed description and accurate dimensioning. According to the Scheimpflug condition the position of each component is determined. Then the components are fixed on the test surface and their functionality is controlled and tested. Is the image on the detector screen sharp and precise over the whole measuring range? Does the chosen focal length of the lens fit to the measuring range? It may happen that the assembly must be optimised by an iteration process. The figure 20-2 shows a photo of a model, constructed by students in the laboratory of the author.

**Figure 20-2**    Model of a triangulation sensor on an optical bench

The calibration of the model sensor is done as follows: move the test surface in defined steps along the scale and determine the respective displacements of the light point on the detector screen. It is useful to draw a calibration curve and determine the measuring range of the sensor. Finally one should calculate the achieved accuracy and the error dispersion.

*Experimentierbeispiel:* Modell-Sensor Triangulation

Dieses Beispiel beschreibt die Aufgabe, einen einfachen eigenen Triangulationssensor als Modell aufzubauen. Dafür verwendet man am besten eine Grundplatte und einen kleinen Baukasten mit den notwendigen Einzelelementen:

- Laserdiode mit Linsenvorsatz oder kleiner Laser, je nach Qualität kann auch schon ein Laserpointer gute Dienste leisten;
- diverse Linsen zur Auswahl mit Befestigungsmaterial, z. B. aus dem Mikrobank-Baukasten von Spindler und Hoyer;
- Detektorschirm aus Millimeterpapier mit Halterung und variable Befestigungsmaterialien;
- bewegliche Testoberfläche und einen möglichst genauen Maßstab zur Längenmessung als Referenzsystem.

Aus diesen Komponenten kann man einen modellmäßigen Messplatz zusammenstellen und auf der Grundplatte realisieren. Am besten macht man für die Planung zunächst eine Skizze mit detaillierter Beschriftung und Bemaßung. Dafür bestimmt man mit Hilfe der Scheimpflug-Bedingung die Stellung der Bauteile zueinander. Dann baut man die Teile entsprechend der Planung auf und kontrolliert die Funktionalität. Ist das Bild auf dem Detektorschirm über den gesamten Messbereich möglichst scharf? Ist die gewählte Linsenbrennweite für den gewünschten Messbereich gut geeignet? Möglicherweise muss der Aufbau iterativ optimiert werden. Bild 20-2 zeigt das Foto eines studentischen Modellaufbaus im Labor des Autors.

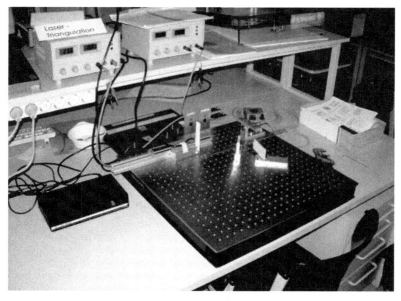

**Bild 20-2**    Modellaufbau eines Triangulationssensors auf einem optischen Tisch

Nun kann eine Kalibrierung des Modell-Sensors vorgenommen werden. Dazu verschiebt man die Testoberfläche in definierten Schritten längs des Referenzmaßstabs und nimmt die zugehörige Verschiebung des Lichtpunktes auf dem Detektorschirm auf. Abschließend kann man die Kalibrierung grafisch darstellen, außerdem den Messbereich des Sensors bestimmen und eine vernünftige Abschätzung der erreichten Genauigkeit bzw. Auflösung vornehmen.

# 21  Optical Mice

Optical Mice are used to move a cursor on a screen and thus support the navigation through the desired contents of the screen. Such a system can either be implemented in a conventional mouse which one moves by hand on a surface (first part of this chapter), or it is integrated directly into the screen, as for instance in a mobile telephone, and one moves only the finger on the screen (second part of this chapter).

The optical mouse for a computer, integrated in a conventional mouse casing, is constructed like a small camera. The sensor of the mouse contains a CMOS chip which takes a picture of the surface on which it is moved. The light for the picture comes from a LED or for better contrast from a laser diode. The emitted light is scattered on the surface and via a lens gathered on the chip, see figure 21-1. The pictures are taken continuously and the sensor compares two consecutive patterns. In the case of a movement of the mouse relative to the surface one can calculate the direction and the length of the displacement in x- and y-coordinates.

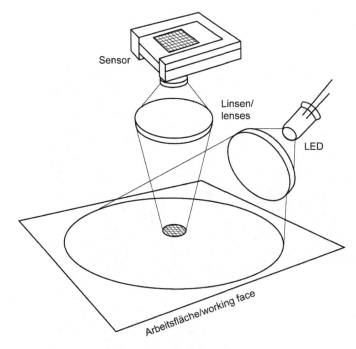

**Figure 21-1**    Principle of the optical PC mouse

The number of producers of mouse sensors in the market is relatively small. The most extended selections are offered by the companies Avago and PixArt. Their sensors are implemented in most of the optical mice. The designs of the mice are very similar, whereas there are a great number of sensors with different performance parameters.

# 21 Optische Mäuse

Optische Mäuse sind Hilfsmittel, um sich auf einem Bildschirm zu bewegen und sich durch die gewünschten Inhalte zu navigieren. Ein solches System kann entweder in eine herkömmliche Maus eingebaut werden, die man mit der Hand über eine Oberfläche schiebt (erster Teil dieses Kapitels), oder auch direkt am Bildschirm integriert sein, wie z. B. in einem Mobiltelefon, und man fährt nur noch mit dem Finger darüber (zweiter Teil dieses Kapitels).

Die optische Computermaus, integriert in ein klassisches Mausgehäuse, ist eigentlich ein kleines Kamerasystem. Der Maussensor besitzt einen CMOS-Chip, mit dem er ein Bild der Oberfläche, über die er bewegt wird, aufnimmt. Dafür beleuchtet er die Oberfläche mit einer LED oder für mehr Kontrast mit einer Laserdiode. Das Licht wird an der Oberfläche gestreut, diese wird über eine Linse auf den Chip abgebildet, siehe Bild 21-1. Die Bilder werden kontinuierlich aufgenommen, wobei der Sensor jeweils zwei aufeinander folgende Bilder miteinander vergleicht. Findet eine Bewegung der Maus relativ zur Oberfläche statt, kann aus der Verschiebung der Bildpunkte die Bewegungsrichtung und die Wegstrecke in x- und y-Richtung berechnet werden.

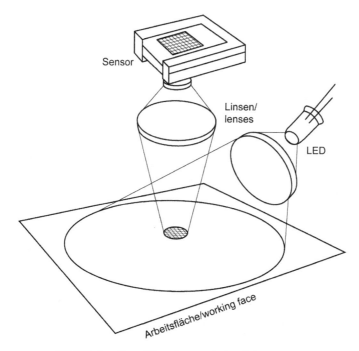

Sensor

Linsen/lenses

LED

Arbeitsfläche/working face

**Bild 21-1**    Grundidee eines optischen Maussensors

Die Anzahl der Hersteller von Maussensoren auf dem Markt ist relativ klein, die größte Auswahl bieten momentan die Firmen Avago und PixArt an, deren Sensoren in den meisten optischen Mäusen verbaut sind. Die Bauformen sind prinzipiell recht ähnlich, es gibt aber eine große Zahl von Sensoren mit unterschiedlichen Leistungsmerkmalen.

Figure 21-2 shows the cross-section of the mouse sensor Agilent ADNS-3080. The light is emitted from the LED (right side), its path goes through the sensor via the scattering surface until it reaches the above CMOS chip. The ADNS-3080 is a so called High-Performance-Mouse-Sensor; whose technical data is shown below, and explained in the following example where it is compared with data from other sensors currently available.

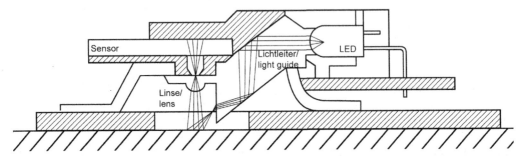

**Figure 21-2**    Cross-section of the ADNS-3080 from Avago

*Example:* Table 21-1 compares specifications of the high perfomance mouse sensor ADNS-3080 with typical values of commercially available standard sensors.

**Table 21-1**    Comparison between ADNS-3080 and other mouse sensors

|  | **ADNS-3080** | **Usual Values** |
|---|---|---|
| Dimension o picture in (px) | 30 x 30 | 15 x 15 to 22 x 22 |
| Resolution in (cpi) | 1600 | 400 to 1600 |
| Framerate in (fps) | 6470 | 1500 to 10000 |
| Data rate in (Mpx/s) | 5.822 | 0.384 to 4.000 |
| Max. speed in (cm/s) | 100 | 30 to 95 |
| Max. acceleration in (g) | 15 | 0.15 to 20 |

A recent development of the companies Logitech and Avago has been issued to the market during the work of this book. This is a "Dark Field Mouse", which was named "Anywhere-Mouse". Following the dark field microscope the light is emitted by two laser diodes at an oblique angle. Thus no reflected light from the surface can reach the camera chip. When there are for instance small dust particles or microscopic small scratches on the surface then the light will be scattered and the background of the pictures remains dark. Thus it is for the first time possible to use the mouse on polished surfaces or even glass tables. See figure 21-3 with a photo of such a mouse, seen from under the table. An interference filter with a small bandwidth is additionally implemented into the "Anywhere-Mouse" which allows only the light of the used laser diodes to pass and nothing else. Thus no other light from under the glass table can disturb the mouse sensor.

Bild 21-2 zeigt den Aufbau eines Agilent ADNS-3080 Maussensors im Schnitt. Gut zu erkennen ist die LED rechts im Bild und auch der Lichtweg durch den Sensor über die streuende Oberfläche bis hin zum oben liegenden CCD-Chip. Der ADNS-3080 ist ein sogenannter High-Performance Maussensor; das wird klar aus seinen Daten, die im folgenden Zahlenbeispiel zusammengestellt sind und dort mit den Werten der momentan verfügbaren sonstigen Sensoren verglichen werden.

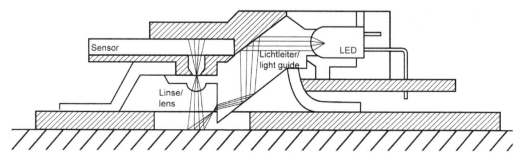

**Bild 21-2**    Schnitt durch einen optischen Maussensor

*Zahlenbeispiel:* Tabelle 21-1 vergleicht den High-Performance Maussensor ADNS-3080 mit einem Querschnitt sonstiger kommerziell verfügbarer Sensoren.

**Tabelle 21-1**    Vergleich zwischen ADNS-3080 und sonstigen Maussensoren

|                                | **ADNS-3080** | **Wertebereich sonst** |
|--------------------------------|---------------|------------------------|
| Bildgröße in (px)              | 30x30         | 15x15 bis 22x22        |
| Auflösung in (cpi)             | 1600          | 400 bis 1600           |
| Framerate in (fps)             | 6470          | 1500 bis 10000         |
| Datenrate in (Mpx/s)           | 5,822         | 0,384 bis 4,000        |
| Max. Geschwindigkeit in (cm/s) | 100           | 30 bis 95              |
| Max. Beschleunigung in (g)     | 15            | 0,15 bis 20            |

Eine ganz aktuelle Weiterentwicklung von Logitech und Avago ist während der Arbeit an diesem Buch auf den Markt gekommen. Es handelt sich dabei um eine Dunkelfeld-Maus, die den kommerziellen Namen „Anywhere-Mouse" bekommen hat. Bei dieser Maus wird in Anlehnung an das Dunkelfeld-Mikroskop die Beleuchtung mit zwei Laserdioden unter einem schrägen Winkel so durchgeführt, dass kein direkt reflektiertes Licht von der Oberfläche auf den Kamera-Chip gelangen kann. Erst wenn sich z. B. kleine Staubteilchen oder mikroskopische Kratzer auf einer Oberfläche befinden, wird an diesen das Licht gestreut, der Hintergrund des Bildes erscheint dunkel. Damit ist es erstmals möglich, die Maus auch auf Hochglanzlack-Oberflächen und sogar auf Glastischen zu verwenden, siehe Bild 21-3 mit dem Foto einer solchen Maus von unten durch eine Glasplatte gesehen. Als zusätzliche Sicherheit ist in der Anywhere-Mouse ein Interferenzfilter eingebaut, der sehr schmalbandig nur das Licht der verwendeten Laserdioden durchlässt und sonst nichts, was von unten durch einen Glastisch den Maussensor stören könnte.

**Figure 21-3**  Anywhere mouse from Logitech on a glass table, seen from below

The second method presented here was evaluated by the company Philips and is based on the Laser-Doppler self mixing setup. In this case the phenomenon is used that the radiation, which is emitted from a laser, influences the properties of the laser, if it is backscattered into the resonator of the laser. Both the amplification in the resonator and the wavelength of the laser can be changed by such a feedback. This self mixing effect is used to determine the speed or the position of objects.

The figure 21-4 shows the self mixing setup. The light coming from a laser diode is focused onto an external object, e. g. a finger-tip. The light is scattered there and a small part of it is backscattered into the resonator of the diode. Here it interferes with the light in the interior of the resonator. The system can be regarded as a laser with three mirrors with a large external resonator in comparison to the original internal resonator.

If the finger moves in the direction of the optical axis then the backscattered light will be changed due to the Doppler shift. Thus two waves with slightly different frequencies interfere within the resonator and create a beat frequency with the Doppler-frequency. The amplification of the laser is not constant anymore, but varies harmonically with the beat frequency. To measure the variations in the intensity one uses a laser diode with an integrated monitor diode. The resulting signal from the monitor diode shows a sinusoidal modulation, in which the frequency is directly proportional to the speed of the finger. In principle the signal can be used to determine the direction of the movement, but this will not be explained here. Interested readers may read the original paper from Liess et al (see list of literature).

**Bild 21-3**   Anywhere-Mouse von Logitech auf Glastisch, von unten gesehen

Die zweite hier vorgestellte Methode wurde von der Firma Philips entwickelt und basiert auf dem Prinzip eines Laser-Doppler Self-Mixing Aufbaus. Hierbei wird das Phänomen ausgenutzt, dass die von einem Laser ausgesandte Strahlung die Eigenschaften des Lasers beeinflusst, falls sie nochmals zurück in den Resonator des Lasers gelangt. Sowohl die Verstärkung im Resonator als auch die Wellenlänge des Lasers können durch eine solche Rückkopplung verändert werden. Dieser Self-Mixing Effekt kann ausgenutzt werden, um die Geschwindigkeit oder die Position (aus der Integration der Geschwindigkeit) von Objekten zu bestimmen.

In Bild 21-4 ist schematisch ein Self-Mixing Aufbau gezeigt. Das Licht aus der Laserdiode wird auf ein externes Objekt fokussiert, z. B. auf eine Fingerkuppe. Dort wird das Licht gestreut und ein kleiner Teil gelangt zurück in den Resonator der Diode. Hier interferiert er mit dem Licht im Innern des Resonators. Das System kann als ein Dreispiegel-Laser betrachtet werden, mit einem großen externen Resonator im Vergleich zum ursprünglichen internen Resonator.

Wenn sich nun der Finger längs der optischen Achse bewegt, dann weist das zurückreflektierte Licht eine Doppler-Verschiebung auf. Damit interferieren im internen Resonator zwei Wellen mit leicht unterschiedlichen Frequenzen und es entsteht eine Schwebung mit der Doppler-Frequenz. Die Laserverstärkung ist nicht mehr konstant, sondern variiert harmonisch entsprechend der Schwebung. Um diese Intensitätsschwankung messen zu können, wird eine Laserdiode mit integrierter Monitordiode verwendet. Das resultierende Signal der Monitordiode zeigt eine sinusförmige Modulation, wobei die Frequenz proportional zur Fingergeschwindigkeit ist. Prinzipiell kann aus dem Signal auch noch die Richtung der Bewegung abgeleitet werden, darauf wird hier aber nicht näher eingegangen. Bei Interesse sei die Originalarbeit von Liess et al. (2002) empfohlen (siehe Liste mit weiterführender Literatur).

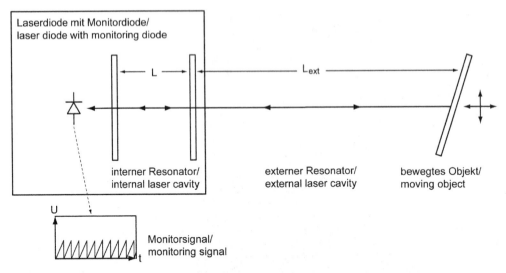

Figure 21-4 Schematic self-mixing setup with internal and external laser cavity (resonator)

The above mentioned technique is used as a 2D-version with two laser diodes in cell phones, see figure 21-5. With such a device it is possible to decide between the movements "up" and "down" and one can "click". The further development leads to a 3D-version, which has already been implemented into a game console and which could also be used in laptops and PDAs.

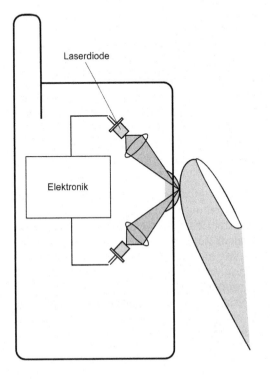

Figure 21-5
Mobile phone with laser optical navigator

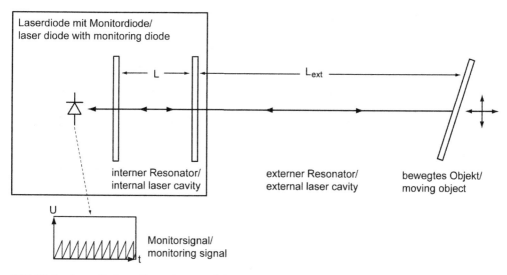

Bild 21-4   Laserdiodenaufbau mit zusätzlichem externen Resonator

Anwendung findet diese Technik als 2D-Version mit zwei Laserdioden in Mobiltelefonen, siehe Bild 21-5. Damit kann einerseits eine Bewegung „auf – ab" durchgeführt werden und andererseits „geklickt" werden. Die Weiterentwicklung führt zu einer 3D-Version, die bereits in einer Spielkonsole eingebaut ist und auch in Laptops und PDAs Einsatz finden soll.

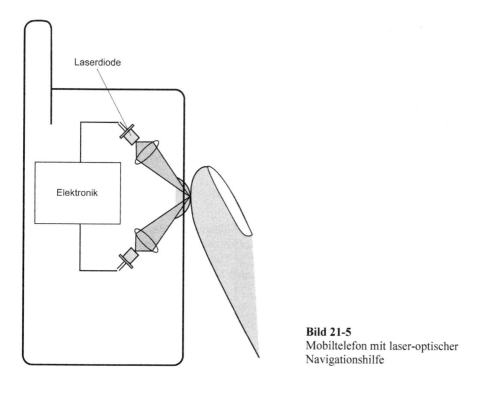

**Bild 21-5**
Mobiltelefon mit laser-optischer
Navigationshilfe

# 22  Faseroptische Sensoren

Die Glasfaser als modernes Medium der Datenübertragung ist heute aus der IT-Welt nicht mehr wegzudenken. Die Lichtführung in einer Faser kann mit verschiedenen Modellen beschrieben werden (siehe entsprechendes Kapitel im zweiten Teil dieses Buchs). In der Nachrichten- und Datentechnik werden möglichst stabile und von äußeren Einflüssen unabhängige Übertragungseigenschaften gefordert. Hier setzten faseroptische Sensoren an. Beeinflussungen des Lichtwegs und einzelner Parameter sind explizit erwünscht, können gemessen und ausgewertet werden. Damit sind Umgebungseinflüsse auf die Übertragungsgröße Licht erfassbar.

Jede Glasfaser reagiert prinzipiell auf Biegung, Zug, Druck und Torsion, wobei die Reaktionsstärke auch von der optischen Anregung abhängt. Es stehen verschiedene optophysikalische Phänomene zur Verfügung, die ausgenutzt werden können: Änderung der Transmissionseigenschaften (Dämpfung), Änderung der Wellenlänge (Farbe), Laufzeiteffekte (Reflektometer), Wechselwirkung zwischen verschiedenen Ausbreitungsmoden (Interferometer) und Änderung der Polarisation. Während die Dämpfungsmessung relativ einfach durchzuführen ist, ist zur Erfassung der anderen Parameter teilweise eine aufwändige Messtechnik erforderlich.

Unter faseroptischer Sensorik werden manchmal alle Sensor-Systeme zusammengefasst, die irgendwo ein Stückchen Glasfaser enthalten. Wir wollen uns hier im wesentlichen auf die sogenannten intrinsischen Sensoren beschränken, bei denen die Messgröße direkt auf die Ausbreitungseigenschaften von Licht in einer Glasfaser einwirkt und die Charakteristika der übertragenen Lichtwelle verändert. Mit intrinsischen Sensoren lassen sich eine große Vielzahl von Messgrößen erfassen: Beschleunigung, Rotation, Druck, Kraft, Temperatur, Strahlung, Flüssigkeitsstand, Magnetfeld, elektrischer Strom, chemische Eigenschaften und vieles andere mehr. So gibt es z. B. einen kommerziellen Temperatursensor, der im Messbereich von 50 °C bis 250 °C mit einer Auflösung von 0,1 K misst, indem er die Temperaturabhängigkeit der Brechzahl ausnutzt. Kurz erwähnt sei auch der gesamte Bereich von Deformationssensoren zur Überwachung von Tanks, Bauwerken, Brücken, Staudämmen, Maschinenteilen etc.. Hierfür werden in spezielle Fasern Beugungsgitter (Bragg-Gitter) eingebrannt, die bei Dehnung der Faser ihre Periodenlänge verändern. Dies ändert auch die spektralen Reflexionseigenschaften und erlaubt Rückschlüsse auf die Stärke und den Ort von Deformationen.

In diesem Kapitel werden eine Reihe von Beispielen etwas genauer betrachtet, sortiert nach den physikalischen Effekten Intensitätsmodulation, Polarisationsdrehung und Interferometrie.

## 22.1  Intensitätsmodulation

Das einfachste Prinzip eines Fasersensors ist die Intensitätsmodulation. Öffnet man die Faser, dann ergeben sich verschiedene Möglichkeiten für extrinsische Sensoren, die eigentlich noch zu Kapitel 19 des Buchs (Lichtschranken) gehören. In Transmission gibt es z. B. einen faseroptischen Unterbrechungssensor oder in Reflexion einen Näherungssensor, siehe Bild 22-1.

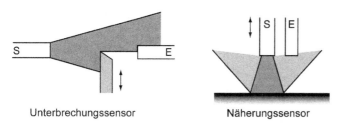

Unterbrechungssensor                          Näherungssensor

**Bild 22-1**    Beispiele für extrinsische Fasersensoren, (a) Unterbrechungssensor, (b) Näherungssensor

Aber auch in einer geschlossenen Faser kann die Intensität schwanken durch die Teilauskopplung von Licht an stärkeren Krümmungen oder bei Veränderung des Umgebungsmediums. Im Labor des Autors wurden Grundlagenversuche dazu durchgeführt. Im ersten Schritt wurden einfache Faserschleifen untersucht. An drei verschiedenen Monomodefasern wurde Laserlicht mit 1310 nm und mit 1550 nm eingekoppelt und die Dämpfung in der Faser gemessen. Mit einem Motor wurde ein Schlitten gleichmäßig bewegt und dabei die Schleife einer eingespannten Faser enger gezogen bzw. weiter geschoben. Der Verfahrweg wurde elektronisch erfasst. In Bild 22-2 ist das Ergebnis einer Messreihe dargestellt. Dabei wurde eine Schleife zweimal zusammengezogen und wieder aufgeschoben. Dargestellt ist die Dämpfung als Funktion des Schlittenwegs. Am Beginn des Experiments bei Schlittenweg 0 hatte die Schleife einen maximalen Durchmesser von ca. 30 mm. Zunächst änderte sich die Dämpfung nur gering, ab einer kritischen Krümmung nahm sie dann aber fast linear mit dem Schlittenweg ab über einen Messbereich von beinahe 30 dB.

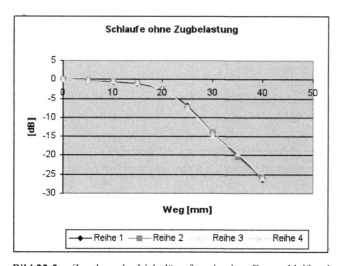

**Bild 22-2**    Zunahme der Lichtdämpfung in einer Faserschleife mit abnehmendem Radius

Im zweiten Schritt wurden für einen Biegesensor Voruntersuchungen durchgeführt. Besonders geeignet dafür erschien der Kopplungsbereich zweier Fasern, reduziert auf zwei Faserenden mit Keramikferrulen in einer passenden Hülse aus Phosphorbronze, siehe Skizze in Bild 22-3. Durch diese Anordnung wurde die Veränderung der Übertragungsdämpfung bei Verbiegung im wesentlichen auf den Kippwinkel reduziert, die Einflüsse durch Faserabstand und Achsversatz weitgehend ausgeschlossen.

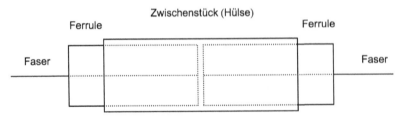

**Bild 22-3**    Offene Faserenden mit Keramikferrulen in einer Bronze-Hülse

Die Biegeversuche ergaben Dämpfungen wie in Bild 22-4 als Funktion des Biegewinkels dargestellt. Der Anstieg der Dämpfung ist auch hier annähernd linear, die Empfindlichkeit beträgt ca. 6 dB pro Grad. Auch nach mehreren hundert Verbiegungen waren die gemessenen Dämpfungen immer noch reproduzierbar und zeigten keine nennenswerte Drift. Im Temperaturbereich von 20 °C bis 70 °C zeigte sich keine Veränderung der aufgenommenen Dämpfungswerte und selbst unter Wasser blieb der Sensorprototyp unbeeinträchtigt.

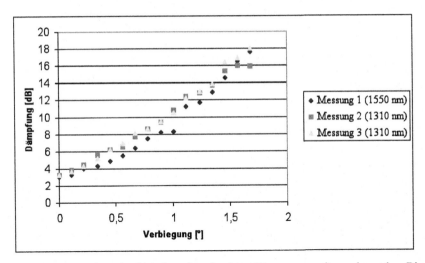

**Bild 22-4**    Zunahme der Lichtdämpfung in einem Biegesensor mit zunehmendem Biegewinkel

Mit einem Nachfolgesensor des gleichen Typs konnten im Feldversuch unter einer Autobahnrampe Dämpfungsmessungen bei Durchbiegung durch Fahrzeuge gemacht werden und diese mit den gleichzeitig durchgeführten Verkehrsbeobachtungen korreliert werden.

Als letztes Beispiel zur Intensitätsmodulation sei ein Füllstandssensor angeführt, siehe Bild 22-5. Verwendet wird eine Faser, bestehend aus einem Kern ohne Mantel, typischerweise eine Kunststofffaser mit einigen Millimetern im Durchmesser. Befindet sich die Faser in Luft, wird praktisch das gesamte Licht zur Empfangsdiode geleitet (linkes Bild). Steigt der Flüssigkeitspegel, dann kommt es wegen der veränderten Brechzahlunterschiede zu einer Teilauskopplung von Licht und das Empfängersignal wird schwächer. Zur Erinnerung: Der Grenzwinkel der Einkopplung beträgt

$$\theta = arc\sin\sqrt{n_{Kern}^2 - n_{Umgebung}^2} \tag{22-1}$$

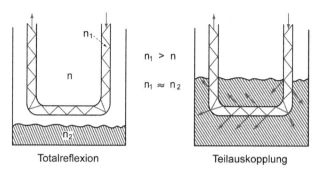

Totalreflexion          Teilauskopplung

**Bild 22-5**   Funktionsweise eines faseroptischen Füllstandssensors

## 22.2 Polarisationsdrehung

Monomodefasern können durch eine spezielle Behandlung, z. B. in dem ihr Kern elliptisch deformiert wird, zu polarisationserhaltenden Fasern werden. Das bedeutet, dass richtig eingekoppeltes linear polarisiertes Licht die Faser auch wieder linear polarisiert verlässt. Durch die asymmetrische Kernausformung haben die beiden Polarisationsrichtungen unterschiedliche Ausbreitungsgeschwindigkeiten, die Faser ist also doppelbrechend (siehe Kapitel über Polarisation im ersten Teil des Buchs), das ist in Bild 22-6 stark vereinfacht skizziert. Dargestellt ist ein Querschnitt durch die Faser mit den beiden Polarisationsrichtungen des ordentlichen (o) und des außerordentlichen (e) Strahls.

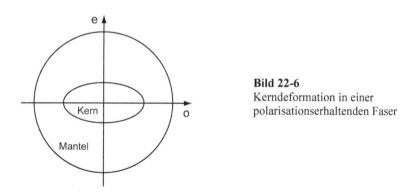

**Bild 22-6**
Kerndeformation in einer
polarisationserhaltenden Faser

Die doppelbrechende Faser kann man verwenden z. B. für einen Magnetfeld- oder Stromsensor. Grundlage dafür ist der Faraday-Effekt, der besagt, dass die Polarisation in einem Glasstab gedreht wird durch ein Magnetfeld längs des Stabs. Dieser Effekt ist auch in einer Glasfaser wirksam. Eine mögliche Anordnung ist in Bild 22-7 skizziert.

Linear polarisiertes Licht wird in die Faser eingekoppelt. Diese ist um einen stromdurchflossenen Leiter mit B-Feld gelegt. Je nach Stärke des Stroms bzw. des Magnetfelds wird die Polarisationsrichtung in der Faser gedreht und damit in o-Strahl und e-Strahl aufgeteilt. Am Ende der Faser werden die beiden Strahlen durch einen Polarisator getrennt und separat ausgewertet. Aus dem Verhältnis von o- und e-Strahl kann auf die Stärke des Stroms bzw. des Magnetfelds zurückgeschlossen werden. Der Vorteil eines solchen Sensors liegt in der vollständigen galvanischen Trennung von Messort und Auswerteeinheit.

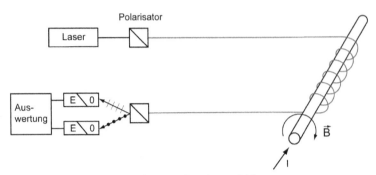

**Bild 22-7**   Faseroptischer Strom- oder Magnetfeldsensor

Ein zweites Beispiel für die Ausnutzung der Polarisationsdrehung ist ein hochempfindlicher Temperatursensor. Dafür wird linear polarisiertes Licht unter 45° zur Hauptachse der Faser eingekoppelt. Das Licht wird also bewusst in einen o- und einen e-Strahl zerlegt, die unterschiedliche Laufzeiten in der Faser haben. Nach der Hälfte der Faserlänge wird diese aber gebrochen und unter 90° verdreht wieder gespleißt. Damit wird der Laufzeitunterschied in der zweiten Faserhälfte wieder rückgängig gemacht. Bei sorgfältiger Ausführung hat man am Ende der Faser gerade wieder linear polarisiertes Licht. Wird nun eine Hälfte der Faser gekühlt oder erwärmt und damit die Brechzahl etwas verändert, dann liegt am Faserausgang elliptisch polarisiertes Licht vor aufgrund der resultierenden Laufzeitunterschiede. Dies kann mit einem Polarisator als Intensitätsschwankungen sichtbar gemacht und ausgewertet werden. Mit dieser Methode sind Temperaturänderungen von 0,01 K erfassbar.

## 22.3 Interferometrie

Eine Gruppe von sehr empfindlichen Fasersensoren nutzt die Änderung der Phase der Lichtwelle in der Faser durch äußere Einflussgrößen aus. Schon kleinste Phasenänderungen können anschließend mit einem Interferometer detektiert werden. Eine wichtige Anwendung dieser Methode ist das Faser-Gyroskop im Einsatz als Drehratensensor. In Flugzeugen sind Faser-Gyroskope schon verbreitet, aber auch in PKWs finden sie sich zur Unterstützung von ESP-Systemen.

Grundlage ist der Sagnac-Effekt, siehe Bild 22-8. Das Licht von der Quelle S wird an einem Strahlteiler in zwei Wellen gleicher Intensität aufgeteilt, die ein Interferometer in entgegengesetzten Richtungen durchlaufen. Befindet sich das System in Ruhe, dann sind die beiden Wege zum Detektor gleichlang, es gibt keine Phasendifferenz und am Detektor E findet konstruktive Überlagerung statt.

Rotiert nun die Anordnung mit der Drehrate (= Winkelgeschwindigkeit) $\omega$, dann bewegt sich der Detektor dem einen Teilstrahl entgegen, während er sich mit dem anderen mitdreht. Die optischen Wege der beiden Teilwellen zum Detektor sind nicht mehr gleichlang, es entsteht eine Phasendifferenz, die durch einen Rückgang der Intensität von der maximalen Verstärkung am Detektor messbar wird. Der Laufzeitunterschied $\Delta t$ ist gegeben durch:

$$\Delta t = \frac{4A\omega}{c^2} \tag{22-2}$$

mit der vom Lichtweg eingeschlossenen Fläche $A$, der Drehrate $\omega$ und der Lichtgeschwindigkeit $c$.

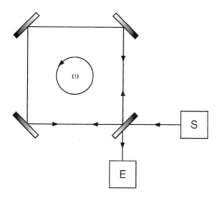

**Bild 22-8**
Aufbau eines Sagnac-Interferometers

Ein Sagnac-Interferometer lässt sich gut als Fasersensor realisieren, siehe Bild 22-9. Verwendet wird eine Faserspule mit typischerweise einem Durchmesser von wenigen Zentimetern und einer Länge von mehreren hundert Metern. Die vielfachen Windungen erhöhen deutlich die vom Lichtweg eingeschlossene Fläche und damit die Empfindlichkeit des Systems. Als Quelle wird normalerweise eine Laserdiode und als Detektor eine Photodiode eingesetzt. Im Lichtweg werden zwei Strahlteiler verwendet, damit beide Teilwellen eine gleiche Anzahl von Oberflächenreflexionen erfahren, bei denen jeweils ein Phasensprung von $\pi/2$ auftritt (wie bei einer Seilwelle, wo am festen Ende ein Berg als Tal reflektiert wird).

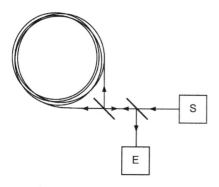

**Bild 22-9**
Aufbau eines Sagnac-Interferometers
mit einer Faserspule

Der prinzipielle Aufbau eines solchen Faser-Gyroskops ist zunächst einfach, im Detail gibt es dann eine ganze Reihe von Problemen, vor allem, wenn die Messung sehr genau werden soll. Aber schon vor einigen Jahren wurden Auflösungen beim Bestimmen der Drehrate bis in den Bereich von 0,1 bis 0,01 Grad pro Stunde erreicht!

# 23 Spektrometer

Spektrometer sind Systeme, welche die spektrale Zerlegung von Licht ermöglichen. Man kann damit einerseits die von Lichtquellen ausgesendeten Anteile bei verschiedenen Wellenlängen analysieren (Emissionsspektroskopie) oder andererseits die Abschwächung des Lichts einer bekannten Quelle durch ein Medium untersuchen (Absorptionsspektroskopie). Je nach Anwendungsgebiet hat sich historisch bedingt entweder die Darstellung des Spektrums über der Wellenlänge oder über der Frequenz etabliert. Das ist aber jederzeit direkt ineinander umwandelbar mit der Beziehung $c = \lambda \nu$, in der die Wellenlänge, die Frequenz und die Lichtgeschwindigkeit miteinander verknüpft sind. Spektrometer werden normalerweise durch ihr Auflösungsvermögen $AV$ charakterisiert, das definiert ist über

$$AV = \frac{\lambda}{\Delta\lambda} \qquad\qquad\qquad (23\text{-}1)$$

Hierbei ist $\Delta\lambda$ der Abstand der gerade noch trennbaren Wellenlängen $\lambda$ und $\lambda + \Delta\lambda$. Wir werden in diesem Kapitel zunächst den ältesten Spektrometertyp besprechen, das Prismenspektrometer. Dann gibt es ein Unterkapitel über die neuere und heute gebräuchliche Form des Gitter- oder Beugungsspektrometers. Schließlich folgt ein Unterkapitel über eine Technologie mit vielfältigsten Anwendungsmöglichkeiten, die Fourier-Transformations-Infrarot (FTIR) Spektroskopie.

## 23.1 Prismenspektrometer

Es liegt schon Jahrhunderte zurück, dass Physiker entdeckt haben, wie Sonnenlicht beim Durchgang durch ein Glasprisma in viele Farben aufgeteilt wird. Daraus wurde bereits im 19. Jahrhundert eine leistungsfähige Methode zur chemischen Analyse. Die verschiedenen Elemente zeigen ganz charakteristische Emissionslinien bei thermischer Anregung (d. h., wenn man sie verbrennt). Ganz dominant ist z. B. die gelbe Natriumlinie, aber auch andere Elemente haben ihren individuellen Fingerabdruck. Im 20. Jahrhundert konnten diese Linien mittels der neuen Atommodelle verstanden werden (siehe das Kapitel zum Termschema von Wasserstoff im ersten Teil des Buchs).

Ausgenutzt wird in einem Prismenspektrometer die Dispersion des Lichts in einem Prisma, also die wellenlängenabhängige Brechzahl $n(\lambda)$, um damit das Licht spektral zu zerlegen. Bild 23-1 zeigt das Prinzip eines Prismenspektrometers.

Am Eintrittsspalt in der Brennebene eines Hohlspiegels gelangt weißes Licht in das Spektrometer. Der Spiegel schickt das aufgeweitete, parallele Bündel auf das Prisma, wo die Aufspaltung nach Farben geschieht, weil blaues Licht am stärksten gebrochen wird und rotes am schwächsten. Das Prisma hat eine typische Größe von ca. 10 cm Kantenlänge und ist an der Rückseite verspiegelt. Damit wird das Licht wieder umgelenkt auf einen zweiten Hohlspiegel, die parallelen Lichtbündel der einzelnen Farben haben jetzt aber jeweils leicht verschiedene Einfallswinkel. Die Fokussierung des zweiten Hohlspiegels liefert also eine kontinuierliche Linie verschiedenfarbiger Brennpunkte. Durch eine leichte Drehung des Prismas können die einzelnen Wellenlängen nacheinander durch den Austrittsspalt zu einem Analysator geschickt werden.

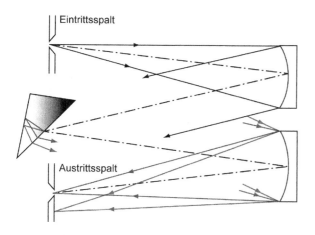

Bild 23-1
Gefalteter Strahlengang in einem
Prismenspektrometer

Das Spektrometer gibt auch die Möglichkeit, eine gewünschte Farbe zu selektieren und für eine Anwendung zu nutzen. Dann nennt man das Gerät einen Monochromator. Maximale Auflösungen, die mit Prismenspektrometern erreicht werden können, liegen in der Größenordnung von $AV = 15.000$.

## 23.2  Gitterspektrometer

Die im vorangegangenen Unterkapitel vorgestellten Prismenspektrometer sind seit geraumer Zeit von den Gitter- oder Beugungsspektrometern verdrängt worden. Diese ermöglichen eine deutlich bessere Auflösung und können kleiner gebaut werden. Ein modernes Beugungsspektrometer muss nicht mehr größer sein als eine Zigarettenschachtel, siehe ein Beispiel in Bild 23-2. Von verschiedenen Herstellern werden solche oder ähnliche Geräte angeboten, die nur noch via USB-Schnittstelle mit einem PC verbunden werden. Die zugehörige Software ermöglicht die volle Ansteuerung des Spektrometers, die Datenerfassung und Auswertung.

Bild 23-2
Kleines Beugungsspektrometer, Modell USB2000
von Ocean Optics

Aufgebaut sind die Gitterspektrometer prinzipiell ähnlich wie die Prismenspektrometer, aber das Prisma wird ersetzt durch ein Reflexionsgitter. Die Gitter bestehen aus einer gefurchten, metallisierten Oberfläche mit einem typischen Gitterabstand $d$ in der Größenordnung von 1 bis 2 µm. Hergestellt werden Reflexionsgitter entweder durch den Abdruck von geritzten Gittern oder häufiger durch eine fotografische Ätztechnik. Hierfür wird ein Laserstrahl aufgeweitet und in zwei Teilwellen aufgeteilt, die unter einem Winkel wieder überlagert werden. Das führt zu parallelen Interferenzstreifen, die auf einer fotoempfindlichen Schicht abgebildet werden. Nach der Belichtung und Entwicklung wird das Ergebnis geätzt und mit einer dünnen Metallschicht bedampft, fertig ist das Gitter.

Am Reflexionsgitter wird das auftreffende Licht für jede Wellenlänge aufgeteilt in viele Beugungsordnungen, deren Maxima bei den Winkeln $\Phi$ liegen:

$$\sin(\Phi) = \frac{m\lambda}{d} \tag{23-2}$$

mit den Beugungsordnungen $m = \pm 0, 1, 2, \ldots$, der Wellenlänge $\lambda$ und dem Gitterabstand $d$. Schematisch ist das in Bild 23-3 dargestellt für einen roten und einen blauen Strahl. Das Maximum nullter Ordnung liegt für alle Wellenlängen gemeinsam auf der optischen Achse, aber mit zunehmender Beugungsordnung wird die Aufspaltung immer größer, da die größeren Wellenlängen (im Bild der rote Anteil) stärker gebeugt werden. Die Intensität nimmt allerdings mit den höheren Beugungsordnungen immer weiter ab, deshalb wird als guter Kompromiss zwischen Auftrennung und Intensität häufig die dritte Ordnung ($m = 3$) verwendet. Da die Gitterauflösung von der Anzahl der beleuchteten Gitterstriche abhängt (siehe Kapitel Interferenz im ersten Teil des Buchs), wird im Gitterspektrometer der Strahl vor dem Beugungsgitter so aufgeweitet, dass ca. $10^5$ Gitterstriche beleuchtet sind. Mit hochwertigen Gitterspektrometern lassen sich maximale Auflösungen in der Größenordnung von $10^5$ bis $10^6$ erreichen.

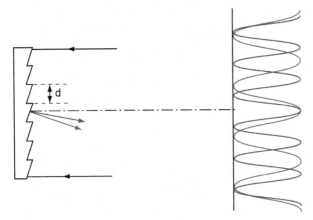

**Bild 23-3**    Prinzip der Wellenlängenselektion am reflektierenden Beugungsgitter

Die Lichteinkopplung in Spektrometer erfolgt heute meist mit Glasfasern. Damit kann das Licht präzise und flexibel von einer Quelle in das Spektrometer gebracht werden und es lassen sich einfach evtl. benötigte Eingangsoptiken (wie z. B. ein Cosinus-Korrektor) auf der Faser anbringen. Als Empfänger in Spektrometern werden heute bevorzugt CCD-Zeilen eingesetzt. Es ist dadurch nicht mehr nötig, das Gitter oder den Detektor zu bewegen, es wird das gesamte

Spektrum abgebildet und anschließend ausgewertet. Bild 23-4 zeigt das Innere des USB2000-Spektrometers der Firma Ocean Optics, das bei seiner Markteinführung das kleinste verfügbare Beugungsspektrometer war. Gut zu erkennen ist der gefaltete Strahlengang, das Gitter und die Detektorzeile.

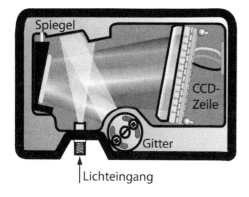

**Bild 23-4**
Prinzipskizze zum Lichtweg in einem Spektrometer
(Quelle: Ocean Optics)

Das auf der CCD-Zeile abgebildete Spektrum ist ein relatives Spektrum in mehrerer Hinsicht. Zunächst ist es auf Pixeln erfasst, deren Zuordnung zu Wellenlängen nicht von vorneherein festliegt. Auch die Linearität zwischen Pixeln und Wellenlängen ist nicht zwangsläufig. Und schließlich stecken in den Amplituden die verschiedenen spektralen Empfindlichkeitskurven der Glasfaser, des Beugungsgitters und der Detektorzeile.

Um auf ein absolutes Spektrum zu kommen, benötigt man eine Lichtquelle mit bekanntem Spektrum. Man könnte dafür mehrere verschiedene Laser verwenden, deren Wellenlängen bekannt und deren Leistungen mit einem Powermeter relativ einfach messbar sind. Dann müsste man die Empfindlichkeitskurve des Powermeters berücksichtigen und hätte schließlich einige absolute Punkte in dem relativen Spektrum. Viel besser ist eine breitbandige Lampe, die mit einem kalibrierten Spektrum im Datenblatt geliefert wird. Bildet man dieses bekannte Spektrum auf die CCD-Zeile im Spektrometer ab, kann man für jedes Pixel in einem Schritt die notwendige Korrektur für alle oben aufgeführten Unsicherheiten bestimmen. Damit ist aus dem relativen Messgerät ein absolutes geworden, mit dem man spektral aufgelöst die Leistungsdichte in Watt pro Fläche und pro Wellenlänge ($\mu W/cm^2/nm$) abschätzen kann. Diese Spektrometerkalibrierung ist in Bild 23-5 dargestellt. Am Beispiel des Spektrums von Neonröhren ist im oberen Bild das relative und unten das absolute Spektrum gezeigt.

Die Unterschiede in den einzelnen Peaks sind offensichtlich und es wird klar, dass für physikalische Interpretationen und Vergleiche verschiedener Lichtquellen nur absolute Spektren geeignet sind.

## 23.3 FTIR-Spektrometer

Die Fourier-Transformations-Infrarot (FTIR) Spektroskopie ist eine Methode, bei der Interferometrie und Spektroskopie kombiniert werden. Damit sind vielfältigste Anwendungen im gesamten infraroten Spektralbereich möglich. In diesem Unterkapitel werden wir zunächst die Grundlagen der FTIR-Spektroskopie diskutieren und dann eine Reihe von Anwendungsbeispielen betrachten.

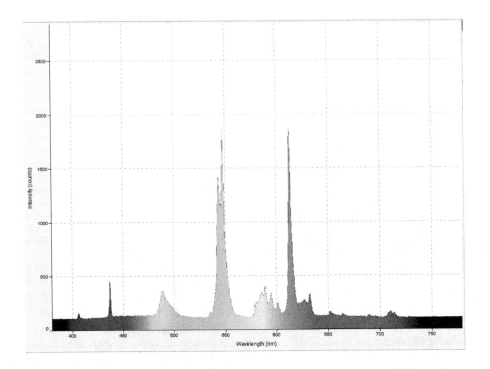

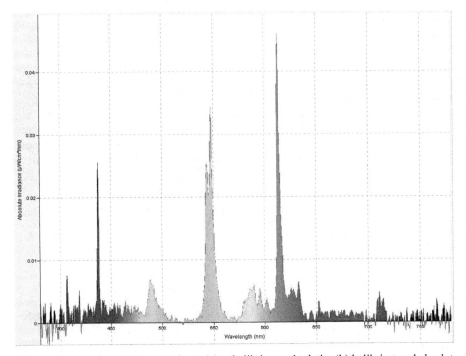

**Bild 23-5**   Spektrum von Neonröhren, (a) unkalibriert und relativ, (b) kalibriert und absolut

Der Astronom W. Herschel begann im Jahr 1800 mit Untersuchungen am Sonnenspektrum. Er spaltete Sonnenlicht mit einem Prisma auf und maß die Temperatur der verschiedenfarbigen Lichtzonen mit einem Quecksilberthermometer. Dabei fand er die höchsten Temperaturen jenseits des roten Spektralbereichs, er entdeckte damit die Infrarot-Strahlung. Dann stellte er ein Wassergefäß zwischen das Prisma und das Thermometer. Die gemessenen Temperaturen waren in diesem zweiten Experiment durchweg geringer als im Fall ohne Wasserprobe, allerdings war die Temperaturabnahme nicht gleichmäßig im gesamten Spektralbereich, sondern wies eine deutliche Abhängigkeit von der untersuchten Wellenlänge auf. Damit hatte Herschel gleich auch noch den Grundstein für die IR-Spektroskopie zur Untersuchung von Substanzen gelegt! Um diese Entdeckungen zu würdigen, hat das neue Weltraumteleskop der ESA den Namen Herschel bekommen, es dient zur Analyse der IR-Strahlung von Sternen und Galaxien.

Bei der IR-Spektroskopie geht es um die Wechselwirkung von Strahlung mit Materie, wobei vor allem die Absorption relevant ist. Weiter vorne in diesem Buch hatten wir dafür schon mehrfach das Modellbild von Molekülschwingungen herangezogen. Auch hier können wir die Vorstellung von schwingenden und rotierenden Dipolen im Folgenden zum Verständnis und zur Interpretation der Ergebnisse verwenden. Der weite IR-Bereich wird nochmals in drei Teilbereiche untergliedert, wobei jeweils eine Schwingungsform dominant ist. In allen Fällen ist es für eine IR-Absorption notwendig, dass sich das Dipolmoment bei der Schwingung ändert. In Tabelle 23-1 sind die drei IR-Bereiche zusammengestellt.

**Tabelle 23-1**    Unterteilung des IR-Bereichs in Nah-IR, Mittel-IR und Fern-IR

|               | **NIR**         | **MIR**          | **FIR**          |
|---------------|-----------------|------------------|------------------|
| $\lambda$ in µm  | 0,8 – 2,5       | 2,5 – 25         | 25 – 2000        |
| $k$ in cm$^{-1}$ | 12.500 – 4.000  | 4.000 – 400      | 400 – 5          |
|               | Obertöne        | Grundschwingungen | Gerüstschwingungen |

In Tabelle 23-1 ist unter der Wellenlänge $\lambda$ auch die Wellenzahl $k$ aufgeführt, weil sie in manchen Anwendungsbereichen die bevorzugte Darstellung ist. Sie wird normalerweise in Wellenlängen pro Zentimeter angegeben und berechnet sich dann direkt aus der Wellenlänge $\lambda$ in µm mit der Formel:

$$k = \frac{10.000}{\lambda} \tag{23-3}$$

Der Faktor 10.000 entsteht durch die Umrechnung von Mikrometer in Zentimeter.

Obwohl die Grundidee der IR-Spektroskopie seit Anfang des 19. Jahrhunderts bekannt war, dauerte es bis in die 40er Jahre des 20. Jahrhunderts, als die ersten IR-Spektrometer mit quantitativer Auswertung bei der BASF in Ludwigshafen entwickelt wurden. Die erste Gerätegeneration bestand aus dispersiven Spektrometern, in den 1970er Jahren kamen dann FTIR-Spektrometer auf, die sich heute fast ausschließlich durchgesetzt haben.

Wo und warum kommt aber nun die Fourier-Transformation ins Spiel? Um das zu verstehen, beginnen wir mit dem prinzipiellen Aufbau eines FTIR-Spektrometers, wie er in Bild 23-6 dargestellt ist.

Das Licht einer Quelle durchläuft ein Interferometer, danach die zu untersuchende Probe und trifft schließlich auf einen Detektor. Von dort wird das elektrische Signal zur weiteren Verarbeitung einer Elektronik zugeführt.

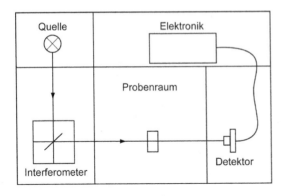

**Bild 23-6**
Prinzipieller Aufbau eines
FTIR-Spektrometers

Nun schauen wir uns genauer an, was im Interferometer passiert. Ein übliches System ist ein Michelson-Interferometer, wie es schematisch in Bild 23-7 dargestellt ist.

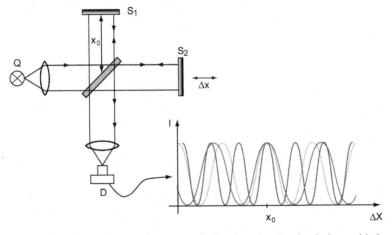

**Bild 23-7**   Michelson-Interferometer mit Detektorsignalen für drei verschiedene Wellenlängen

Das ankommende Licht der Quelle wird an einem halbdurchlässigen Spiegel in zwei Teilstrahlen aufgeteilt, am festen Spiegel $S_1$ und am verschiebbaren Spiegel $S_2$ jeweils reflektiert, und am Detektor wieder interferierend überlagert. In der Abbildung ergänzend ist das Detektorsignal als resultierende Intensität $I$ über dem Spiegelverschiebeweg $\Delta x$ aufgetragen. Betrachten wir zunächst nur die rote Intensitätskurve, dann sehen wir das typische Interferogramm, das man z. B. mit einem HeNe-Laser als Quelle erhalten würde. Steht der Spiegel $S_2$ genau beim Verschiebeweg $\Delta x = x_0$, sind also die beiden Teilwege gleich lang, dann erhält man maximale Intensität (konstruktive Interferenz bzw. Verstärkung). Verschiebt man $S_2$ um eine viertel Wellenlänge vor oder zurück, wird der Gangunterschied zwischen den Teilstrahlen gerade $\lambda/2$ (weil der Weg hin und zurück durchlaufen wird) und man erhält destruktive Interferenz (Auslöschung). Bei weiterer Verschiebung kommt es wieder zur Verstärkung, danach zur Auslöschung und so weiter.

Nehmen wir nun weitere Lichtquellen (oder Wellenlängen) hinzu, dann ergeben sich im Interferogramm z. B. die in Bild 23-7 gezeigten grünen und blauen Kurven. Da die Wellenlängen der Farben unterschiedlich sind, liegen die Positionen für Verstärkung und Auslöschung beim kurzwelligeren Blau näher beieinander als beim langwelligeren Rot. Aber allen Farben gemeinsam ist eine maximale Intensität bei gleichen Teilwegen, also bei $\Delta x = x_0$.

Werden schließlich die einfarbigen Lichtquellen durch eine breitbandige polychromatische Quelle ersetzt, dann bekommt das resultierende Interferogramm für viele Wellenlängen die in Bild 23-8 gezeigte Form.

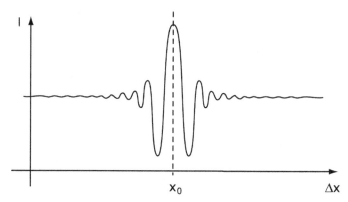

**Bild 23-8**   Interferogramm einer polychromatischen Lichtquelle

Volle Verstärkung gibt es nur noch für $\Delta x = x_0$, zu beiden Seiten hin klingt das Signal relativ schnell auf eine mittlere Intensität ab, weil die verschiedenen Wellenlängen nicht interferieren, sondern sich nur mischen. Das räumlich begrenzte Wellenpaket $I(x)$ im Interferogramm ist das Ergebnis der Überlagerung sehr vieler Cosinus-Anteile von den einzelnen Wellenlängen. Und die Methode, mit der man herausfindet, aus welchen Wellenlängen $\lambda$ bzw. Wellenzahlen $k$ es sich zusammensetzt, ist die Fourier-Analyse:

$$j(k) \propto \int\limits_{-\infty}^{\infty} I(x)e^{-ikx}dx \tag{23-4}$$

Führt man eine Fourier-Transformation mit dem Interferogramm $I(x)$ durch, dann erhält man das Spektrogramm $j(k)$, das eine Aussage über die spektrale Zusammensetzung des analysierten Lichts macht. Damit kann man Rückschlüsse entweder über eine unbekannte Lichtquelle ziehen, oder aber bei bekannter Quelle über eine Probe, die in den Strahlengang vor dem Detektor gebracht wird und teilweise Strahlung absorbiert.

Im FTIR-Spektrometer wird also ein Spiegel kontinuierlich hin- und herbewegt, um ein Interferogramm zu erzeugen. Dabei werden an den Interferometeraufbau hohe Anforderungen gestellt, weil man nicht an Interferenzen durch Ungenauigkeiten des Interferometers, durch Vibrationen oder durch schräge Spiegelbewegungen interessiert ist. Hierbei haben sich vor allem Strahlengänge mit Trippelspiegeln (englisch: cube corner mirror) bewährt, Bild 23-9 zeigt zwei Beispiele.

In den Beispielen werden jeweils beide Spiegel fest gekoppelt miteinander bewegt, das führt zu einer Verdopplung des Verschiebewegs. Außerdem wird die besondere Eigenschaft des Trippelspiegels ausgenutzt, nämlich die exakte Rückreflexion des Strahls in sich selbst, auch dann, wenn der Spiegel sich etwas dreht oder verkippt. Der in Bild 23-9 links gezeigte Aufbau wird in den Bruker RockSolid Interferometern verwendet, der rechte in Geräten der Firma Ansyco.

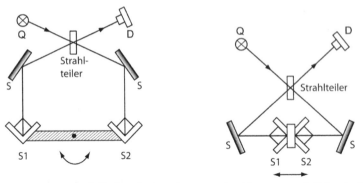

**Bild 23-9**    Möglichkeiten für Interferometer-Strahlengänge mit Trippelspiegeln,
(a) Firma Bruker „RockSolid", (b) Firma Ansyco

Die Vorteile der FTIR-Spektrometer gegenüber den dispersiven Systemen liegen zum ersten in ihrer deutlich höheren Lichtstärke am Detektor (um etwa den Faktor 200), da keine Schlitzblende benötigt wird. Zum zweiten werden alle Linien gleichzeitig gemessen (Multiplex), was bei gleicher Messzeit zu einem viel besseren Signal/Rausch-Verhältnis führt. Und drittens ist bei den FTIR-Spektrometern eine einfache Kallibrierung vorhanden, weil im Interferometer als interne Referenz zur Erfassung der Spiegelposition normalerweise zusätzlich ein HeNe-Laser eingebaut ist mit stabiler und bekannter Wellenlänge. Eine Auflösung von besser als $0,001$ cm$^{-1}$ insgesamt ist bei FTIR-Spektrometern möglich, das bedeutet ein Auflösungsvermögen $AV = \lambda/\Delta\lambda = k/\Delta k$ von bis zu $10^7$.

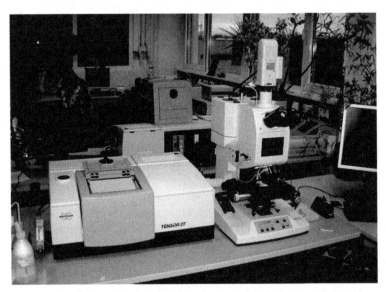

**Bild 23-10**    FTIR-Spektrometer von Bruker mit angekoppeltem Mikroskop

Dieses Unterkapitel soll mit einer Reihe von Anwendungsbeispielen abgerundet werden. Prinzipiell kann man mit FTIR-Spektroskopie fast alles machen. Man kann z. B. Unbekanntes analysieren, Bekanntes quantifizieren, Produkte kontrollieren und Prozesse steuern. Das alles geht mit Gasen, Flüssigkeiten, Pulvern, Feststoffen, Oberflächen und auch an weit entfernten Proben.

In der Kriminaltechnik verwendet man z. B. ein gekoppeltes System aus Mikroskop und Spektrometer, siehe Bild 23-10. Schon kleinste Lacksplitter reichen aus, um mit Hilfe einer Spektrenbibliothek daraus die Automarke und das Baujahr zu bestimmen.

Man kann mit FTIR-Spektrometern die Zusammensetzung von Abluft und Abgasen bestimmen, siehe ein Messbeispiel in Bild 23-11. Das wird eingesetzt zur kontinuierlichen Überwachung und Dokumentation von Kraftwerksschornsteinen und Müllverbrennungsanlagen, aber auch zur Analyse von Fahrzeugabgasen und von Abluftkaminen chemischer Anlagen.

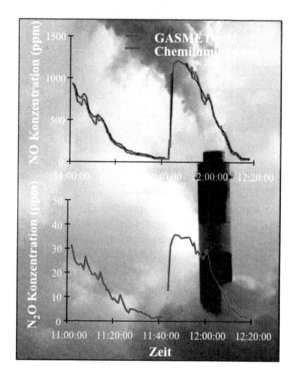

**Bild 23-11**
Schadstoffmessungen an einem Kamin
(Quelle: Ansyco)

Produktkontrolle wird betrieben in der Pharmaindustrie zur Überprüfung der korrekten Zusammensetzung von Arzneimitteln und auch in der Lebensmittelindustrie. Außerdem werden in großtechnischen Anlagen industrielle Bioprozesse z. B. bei der Abwasserbehandlung, der Fermentation und der enzymatischen Synthese überwacht und geregelt. Dafür hat alleine die Firma Bayer ca. 65 FTIR-Systeme mit mehr als 300 Messstellen in Rohren und Tanks im Einsatz.

Auch die Atmosphäre der Erde lässt sich mit FTIR-Spektroskopie untersuchen. Dafür wurde z. B. am Forschungszentrum Karlsruhe das MIPAS-System entwickelt (Michelson Interferometer for Passive Atmospheric Soundings). Damit können die Spurengase in der Atmosphäre mit der Sonne als Lichtquelle erkannt und quantifiziert werden. Das erfolgt sowohl vom Boden aus (z. B. von der Zugspitze und vom Jungfraujoch), als auch bei Ballonaufstiegen bis in über 10 km Höhe. Und ein MIPAS-System fliegt sogar auf dem Envisat-Satellit mit (siehe Bild 23-12), unter anderem zur Beobachtung des Ozonlochs und der Spurenstoffe über dem Südpol.

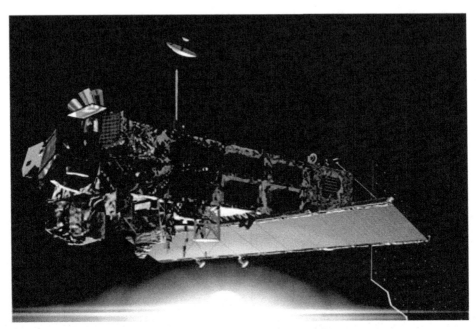

**Bild 23-12**    Envisat-Satellit mit einem FTIR-Spektrometer (Quelle: European Space Agency – ESA)

Das Abschlussbeispiel zeigt in Bild 23-13 das momentan kleinste kommerziell verfügbare FTIR-Spektrometer Bruker-Alpha im Labor des Autors mit einem Messkopf für abgeschwächte Totalreflektion. Damit sollen zukünftig unter anderem Proben von archäologischen Funden analysiert werden, aber auch Lebensmitteluntersuchungen und Algencharakterisierungen sind in Vorbereitung.

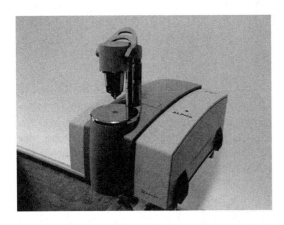

**Bild 23-13**
Miniatur FTIR-Spektrometer Bruker-Alpha

# 24 Partikelmesstechnik

Partikelmesstechnik wäre eigentlich ein Thema für ein eigenständiges Buch. Deshalb wird hier nicht eingegangen auf die Darstellung von Partikelgrößenverteilungen, nicht auf die Probennahme und auch nicht auf konventionelle Messmethoden. Diese für die Partikelmesstechnik relevanten Themen können bei Bedarf z. B. in dem Buch von Löffler & Raasch über die „Grundlagen der Mechanischen Verfahrenstechnik" nachgelesen werden (siehe Hinweise zur weiterführenden Literatur).

In diesem Kapitel werden drei laser-optische Messsysteme vorgestellt. Das ist erstens die Laserbeugung, mit der an Partikelkollektiven die Größenverteilung bestimmt werden kann. Zweitens wird die Laser-Doppler Velocimetrie (LDV) behandelt, die an Einzelteilchen die Geschwindigkeit misst und auch vielfältige Anwendungen in der Strömungsmesstechnik findet. Und drittens werden wir uns mit der Phasen-Doppler Partikelanalyse (PDPA) beschäftigen, die mit hoher räumlicher Auflösung die simultane Bestimmung von Größe und Geschwindigkeit an einzelnen Partikeln erlaubt.

## 24.1 Laserbeugung

Allein bei der BASF durchlaufen etwa 2000 von 3000 Produkten bei der Erzeugung eine Partikelphase. In der Regel werden durch ein Verfahren bestimmte Produkteigenschaften angestrebt (Löslichkeit, Reaktivität, Festigkeit, Struktur, Fließverhalten, Geschmack usw.), wobei diese Eigenschaften stark mit der Partikelgrößenverteilung verknüpft sind. Der Beschreibung, Messung und Kontrolle der Größenverteilung kommt also eine ganz wichtige Funktion zu.

Die Laserbeugung ist eine Methode, mit der man schnell eine Information über ein Partikelkollektiv erhalten kann. Partikeln können dabei fest sein und sich in einem Gas befinden (Staub, Ruß etc.), oder in einer Flüssigkeit (Suspension). Sie können aber auch flüssig in Gas sein (Tropfen), oder flüssig in einer Flüssigkeit (Emulsion). Und schließlich gibt es noch die Möglichkeit gasförmiger Partikeln in Form von Blasen, Schäumen und Sprudelschichten.

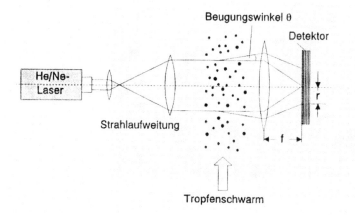

**Bild 24-1**   Grundprinzip der Laserbeugung

Das Grundprinzip eines Messsystems, das auf der Laserbeugung basiert, ist in Bild 24-1 darge-stellt. Als Lichtquelle wird typischerweise ein HeNe-Laser mit einigen Milliwatt Leistung eingesetzt, dessen Strahl aufgeweitet wird und das Messvolumen bildet. Der Strahl wird durch Partikeln abgeschwächt und teilweise gebeugt. Es entsteht eine Beugungslichtverteilung, die sich aus der Summe der gebeugten Intensitäten aller Teilchen im Strahl zusammensetzt. Das gebeugte Licht und der abgeschwächte Laserstrahl werden durch eine Linse gesammelt und auf einer Zentraldiode sowie auf ca. 30 konzentrisch dazu angeordneten Diodenhalbringen abge-bildet.

Durch die Linse wird eine Fourier-Transformation bewirkt (siehe Kapitel Beugung und Interfe-renz im ersten Teil dieses Buchs), d. h., gleiche Beugungswinkel $\theta$ werden auf gleichen Radien $r$ in der Brennebene auf dem Detektor abgebildet. Der Aufenthaltsort und die Geschwindigkeit der Teilchen sind dabei ohne Einfluss, solange sie nicht zu schnell bzw. zu weit von der Emp-fängerlinse entfernt sind.

Zur Auswertung wird nun die Intensitätsverteilung auf den Detektorringen verglichen mit berechneten Intensitätsverteilungen nach der Fraunhofer- oder Mie-Theorie für angenommene Partikelgrößenverteilungen. In einem iterativen Prozess werden die angenommenen Verteilun-gen so lange variiert, bis die Abweichung zwischen gemessener und gerechneter Lichtintensi-tätsverteilung minimal wird. Die angenommene Partikelgrößenverteilung, die zur minimalen Abweichung geführt hat, wird als Ergebnis betrachtet.

Aus der Abschwächung des Lichts auf der Zentraldiode durch das Partikelkollektiv im Ver-gleich zur partikelfreien Messung lässt sich dann bei bekannter Größenverteilung auch noch die Teilchenkonzentration bestimmen.

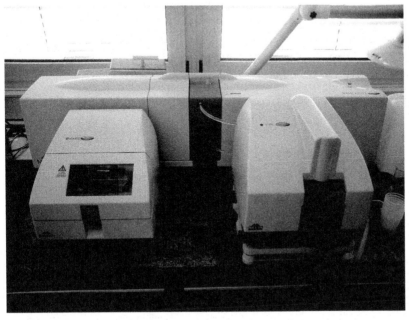

**Bild 24-2**   MasterSizer 2000 von Malvern mit Nass- und Trockendispergiereinheit

Die Laserbeugung ist heute eine wichtige Partikelmesstechnik geworden. Durch vielfältiges Zubehör ist sie sehr flexibel und kann auf Trockenpulver, Suspensionen, Emulsionen und Sprays angewendet werden. Dabei ist sie relativ einfach in der Handhabung und erzielt eine gute Reproduzierbarkeit. Außerdem benötigt sie keine Kalibrierung und kann mit hoher Geschwindigkeit bis zu mehrere tausend Einzelmessungen pro Sekunde durchführen. Der gesamte Größenmessbereich reicht von unter einem Mikrometer bis zu mehreren Millimetern, wobei dafür verschiedene optische Konfigurationen notwendig sind. Marktführer bei den Laserbeugern ist die Firma Malvern Inc., Bild 24-2 zeigt den aktuellen MasterSizer 2000. In diesem Gerät wird zur Messbereichserweiterung zusätzlich zum HeNe-Laser eine kurzwellige blaue Lichtquelle eingesetzt, sowie ergänzende Detektoren in Vorwärts- und Rückwärtsrichtung unter größeren Winkeln.

## 24.2 Laser-Doppler Velocimetrie

Die Laser-Doppler Velocimetrie (LDV) hat sich als Messverfahren zur Bestimmung von lokalen Geschwindigkeiten in der Strömungsmechanik etabliert. Ursprünglich war sie eher als Laser-Doppler Anemometrie (LDA) bezeichnet worden. Das verschleiert aber die Tatsache, dass es nicht direkt die Strömung (der „Wind") ist, die gemessen wird, sondern kleine Teilchen, die einer Strömung folgen. Voraussetzung für die Methode ist ein optisch transparentes Strömungsmedium, sowie eine angemessene Zahl kleiner Tracerpartikeln.

LDV ist eine berührungslose, optische Messmethode, sie stört also die Strömung nicht. Außerdem bietet sie neben einer hohen räumlichen und zeitlichen Auflösung den Vorteil der Kalibrierungsfreiheit. Das einfachste Modell zur Beschreibung von LDV ist das Interferenzstreifen-Modell. Werden zwei Laserstrahlen zum Schnitt gebracht, durchdringen sich also die Wellenzüge, dann entsteht im Kreuzungsbereich ein Interferenzfeld aus hellen und dunklen Schichten, siehe eine vereinfachte 2D-Visualisierung in Bild 24-3.

**Bild 24-3**    Interferenzfeld im Schnittbereich zweier Wellen

In einer Ebene senkrecht zur Winkelhalbierenden zwischen den beiden Laserstrahlen entsteht ein Streifenmuster, das man mit einem kleinen Mikroskopobjektiv auf einem Schirm sichtbar machen kann, siehe Bild 24-4. Der Streifenabstand $\Delta x$ beträgt im gezeigten Beispiel ca. 5 µm; wie er beeinflusst werden kann, wird im weiteren Verlauf dieses Unterkapitels noch diskutiert.

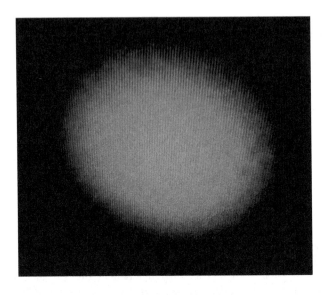

**Bild 24-4**
Interferenzstreifenmuster im Schnitt
für einen HeNe-Laser, Aufnahme
durch ein Mikroskopobjektiv (Quelle:
Bachelor-Thesis Di Lorenzo)

Bewegt sich nun ein Teilchen durch das Interferenzfeld (= Messvolumen), dann ist das ausgesendete Streulicht des Teilchens moduliert, es blinkt quasi immer dann auf, wenn es durch eine helle Schicht kommt. Auf diese Weise kann man sich die Entstehung des in Bild 24-5 gezeigten Doppler-Bursts erklären.

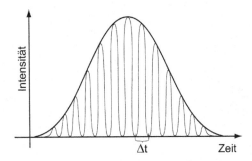

**Bild 24-5**
Intensität als Funktion der Zeit für
einen typischen Doppler-Burst

Die Einhüllende des Doppler-Bursts ist gaußförmig aufgrund der Intensitätsverteilung im Laserstrahl. Die Frequenz der Modulation $v_D$ ist ein Maß für die Teilchengeschwindigkeit. Eine geradlinig gleichförmige Bewegung vorausgesetzt, kann man bei bekanntem Streifenabstand $\Delta x$ die Partikelgeschwindigkeit $v$ senkrecht zu den Streifen bestimmen:

$$v = \frac{\Delta x}{\Delta t} = \Delta x \cdot v_D \qquad (24\text{-}1)$$

Grundvoraussetzung für Streifen im Messvolumen ist die Fähigkeit der beiden gekreuzten Laserstrahlen zur Interferenz, sie müssen kohärent sein. Das lässt sich nur realisieren, wenn sie aus derselben Quelle kommen. Bild 24-6 zeigt den einfachsten prinzipiellen Aufbau für ein LDV-Messsystem in Vorwärtsstreuung.

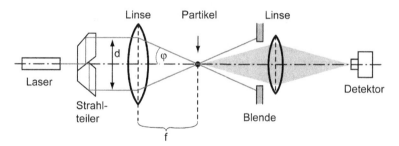

**Bild 24-6**   Prinzipieller Aufbau eines LDV-Systems in Vorwärtsstreuung

Am Strahlteiler wird der Laserstrahl aufgeteilt, danach werden die beiden parallelen Teilstrahlen mit Abstand $d$ von einer Linse mit der Brennweite $f$ im Messvolumen zum Schnitt gebracht. Der Schnittwinkel $\varphi$ und die Wellenlänge $\lambda$ des Lasers legen dabei den Streifenabstand $\Delta x$ fest, was man anhand von geometrischen Überlegungen überprüfen kann:

$$\Delta x = \frac{\lambda}{2\sin(\varphi)} \tag{24-2}$$

Hierin kann man den Schnittwinkel $\varphi$ noch durch den Strahlabstand $d$ und die Linsenbrennweite $f$ ersetzen:

$$\tan(\varphi) = \frac{d/2}{f} \tag{24-3}$$

Und für kleine Winkel $\varphi$ vereinfacht ($\sin(\varphi) \approx \tan(\varphi)$), ergibt sich der Streifenabstand:

$$\Delta x = \frac{\lambda f}{d} \tag{24-4}$$

Der Streifenabstand ist also durch die Systemkonfiguration festgelegt. Damit ergibt sich die Partikelgeschwindigkeit alleine aus der Messung der Modulationsfrequenz $\nu_D$ entsprechend Gleichung (24-1).

***Zahlenbeispiel:*** Bei Verwendung eines HeNe-Lasers mit $\lambda = 632,8$ nm und einer Linse mit $f = 250$ mm errechnet sich bei einem Strahlabstand von $d = 30$ mm der Streifenabstand mit Gleichung (24-4):

$$\Delta x = \frac{632,8 \cdot 10^{-9}\,\text{m} \cdot 250\,\text{mm}}{30\,\text{mm}} \approx \underline{\underline{5,3\,\mu\text{m}}}$$

Soweit das Interferenzstreifen-Modell, das anschaulich ist, aber auch begrenzt in seinen Erklärungsmöglichkeiten. Das wird klar, wenn man sich Teilchen vorstellt, die deutlich größer als der Interferenzstreifenabstand sind. Diese Teilchen sind gleichzeitig in vielen hellen und dunklen Schichten und nach dem bisherigen Modell dürfte es kaum noch eine Signalmodulation geben. Damit wäre die Geschwindigkeitsmessung auf sehr kleine Teilchen beschränkt, was aber nicht der Fall ist. Selbst Partikeln im Zentimeter-Bereich, die viel größer als das gesamte Messvolumen sind, liefern noch ein moduliertes Signal und erlauben eine sinnvolle Geschwindigkeitsmessung. Um das zu verstehen, müssen wir zu dem mathematisch anspruchsvolleren Doppler-Modell übergehen. Wir werden uns aber im wesentlichen auf qualitative Überlegungen beschränken.

Das Doppler-Modell basiert physikalisch auf dem Doppler-Effekt für elektromagnetische Wellen. Trifft ein Laserstrahl auf ein bewegtes Teilchen, so erfährt das gestreute Licht eine Frequenzverschiebung entsprechend der Relativbewegung zwischen Teilchen und Lichtquelle. Allerdings beträgt die Frequenzänderung nur einen winzigen Bruchteil der Frequenz des Laserlichts, weil die Strömungsgeschwindigkeit im Verhältnis zur Lichtgeschwindigkeit sehr klein ist. Die verschobene Frequenz $\nu_1$ berechnet sich aus der ursprünglichen Frequenz $\nu_0$ des Lasers:

$$\nu_1 = \nu_0 \sqrt{\frac{c+v}{c-v}} \tag{24-5}$$

mit der Lichtgeschwindigkeit $c$ und der Teilchengeschwindigkeit $v$ in Strahlrichtung.

Diese Frequenzänderung kann kaum von Detektoren und nachgeschalteter Elektronik aufgelöst und ausgewertet werden. Deshalb werden zwei Strahlen mit gleicher Intensität, aber unter leicht verschiedenen Winkeln auf dasselbe Teilchen gesendet. Es entstehen zwei dopplerverschobene Streulichtfelder mit leicht unterschiedlichen Frequenzen $\nu_1$ und $\nu_2$. In der Empfängeroptik wird die Überlagerung der beiden Streulichtfelder als Schwebung registriert mit der Frequenz

$$\nu_D = \nu_1 - \nu_2 = v \frac{2\sin(\varphi)}{\lambda} \tag{24-6}$$

Aufgelöst nach der Geschwindigkeit $v$ ergibt sich wieder Gleichung (24-1), also das gleiche Ergebnis wie mit dem Interferenzstreifen-Modell. Die vollständige Herleitung findet der interessierte Leser z. B. im Buch von Ruck (siehe Hinweise zur weiterführenden Literatur).

Wir haben LDV als Methode nun mit zwei Modellen beschrieben. In beiden Fällen sind die Interferenzstreifen stationär, sie bewegen sich nicht. Das Signal aus dem Messvolumen trägt in seiner Frequenz die Information über den Betrag der Geschwindigkeitskomponente senkrecht zu den Interferenzstreifen, es lässt aber keine Aussage über die Richtung der Teilchen zu. Die Doppler-Bursts zweier Teilchen, die das Messvolumen mit betragsmäßig gleicher Geschwindigkeit, aber in entgegen gesetzten Richtungen durchqueren, sind nicht zu unterscheiden. Außerdem sind weitere Geschwindigkeitskomponenten parallel zu den Interferenzstreifen nicht detektierbar.

Das erste Problem löst man, indem man die Interferenzstreifen im Messvolumen mit konstanter Geschwindigkeit in eine Richtung bewegt. Dies nennt man Geschwindigkeits- oder Frequenzshift und kann mit verschiedenen Verfahren realisiert werden. Die gebräuchlichste Methode ist die Frequenzverschiebung eines oder beider Teilstrahlen mit einer Bragg-Zelle (siehe Ruck). Daneben wurden früher teilweise auch rotierende Gitter in einem oder beiden Teilstrahlen eingesetzt. Eine dritte neuere Möglichkeit ist die periodische Phasenverschiebung eines Teilstrahls z. B. in einem multifunktionalen integrierten optischen Chip (MIOC). Dies erlaubt eine deutliche Verkleinerung moderner LDV-Systeme.

Durch den Offset der Streifenbewegung wird eine Nullpunktsverschiebung des Geschwindigkeitsmessbereichs erzielt. Durchquert ein Teilchen das Messvolumen in Bewegungsrichtung der Streifen, dann ist seine Dopplerfrequenz kleiner als die eines Teilchens, das sich gegen die Interferenzstreifen bewegt. Eine typische Frequenzshift von Bragg-Zellen beträgt 40 MHz, was bei einem Streifenabstand von 5,3 µm (siehe Zahlenbeispiel) einer Geschwindigkeit von 211 m/s entspricht. Für eindeutige Geschwindigkeitsauswertungen muss man sicherstellen, dass keine Teilchengeschwindigkeiten in Richtung der Streifenbewegung auftreten, die größer als die Shiftgeschwindigkeit sind. Prinzipiell sind Strömungs- bzw. Partikelgeschwindigkeiten bis zu mehreren 100 m/s für LDV kein Problem.

Die Erweiterung auf eine zweite und evtl. sogar dritte Geschwindigkeitskomponente wird durch die Überlagerung mehrerer jeweils geeigneter Messvolumina realisiert. Um die Signale an den Detektoren auseinander halten zu können, verwendet man in der Regel für jede Komponente eine eigene Farbe. Besonders gut geeignet als Lichtquelle ist hierfür ein Argon-Ionen-Laser, der zwei fast gleichstarke Linien bei 514,5 nm (grün) und 488 nm (blau) sowie eine etwas schwächere bei 454,6 nm (violett) aufweist. Die gebräuchlichen Zweikomponentensysteme werden mit einer gemeinsamen Sendeoptik aufgebaut, wobei die Ebene der beiden blauen Strahlen senkrecht auf der Ebene der beiden grünen Strahlen steht.

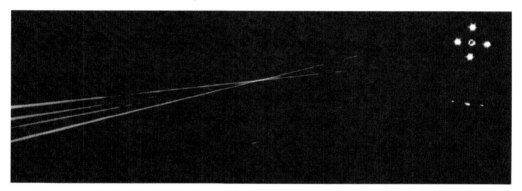

**Bild 24-7**    Foto im Bereich des Messvolumens für ein System mit Argon-Ionen-Laser, die Ebene der blauen Strahlen steht senkrecht auf der Ebene der grünen Strahlen

Die Lage der vier Strahlen ein kleines Stück hinter dem Messvolumen kann man in Bild 24-7 erkennen. Mit den grünen Strahlen wird in der dargestellten Anordnung die vertikale Komponente und mit den blauen Strahlen die horizontale Komponente gemessen. Für die dritte Komponente benötigt man dann eine weitere Sendeoptik, damit man die beiden violetten Strahlen in der dritten Raumrichtung überlagern kann. Dadurch wird die Justage relativ aufwändig, weil die verschiedenfarbigen Messvolumina exakt aufeinander liegen müssen für die Erfassung mehrerer Geschwindigkeitskomponenten am selben Einzelteilchen.

Bild 24-8 zeigt das Prinzipbild eines Zweikomponenten-LDV. Das Licht des Argon-Ionen-Lasers bekommt in der Bragg-Zelle die Frequenzshift aufgeprägt und wird dann in die wichtigsten Linen zerlegt. Zwei Paare davon werden in Fasern eingekoppelt und damit flexibel zur Sendeoptik geführt. Durch die Frontlinse werden die Strahlen ins Messvolumen fokussiert und dort zum Schnitt gebracht.

Die Besonderheit der dargestellten und kommerziell gebräuchlichen Rückstreu-Konfiguration ist die erneute Verwendung der Optik als Empfangseinheit. Das Streulicht der Partikeln aus dem Messvolumen wird also mit der Sendelinse wieder aufgenommen und in eine weitere Faser zur Detektoreinheit eingekoppelt. Dort werden die Signale farblich gefiltert und getrennt mit jeweils einem Photomultiplier pro Geschwindigkeitskomponente aufgenommen. Im letzten Schritt erfolgt die Frequenzanalyse und Geschwindigkeitsberechnung. Das wurde früher meist mit einer Counter-Elektronik gemacht, heute gebräuchlich ist die Fourier-Transformation.

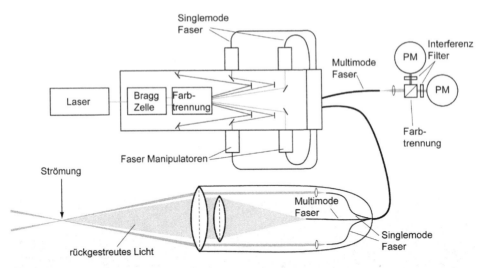

**Bild 24-8**   Prinzipieller Aufbau eines Zweikomponentensystems mit Argon-Ionen-Laser und Farbtrennung

*Zahlenbeispiel:* In Tabelle 24-1 sind typische Werte (Streifenabstand, Messvolumenabmessungen) für ein gegebenes LDV-System (Brennweite, Strahlabstand) mit Ar-Ionen-Laser (514,5 nm) zusammengestellt.

**Tabelle 24-1**   Typische Werte für ein LDV-System mit Ar-Ionen-Laser

| Brennweite | Strahlabstand | Streifenabstand | Länge des Messvolumen | Durchmesser des Messvolumens |
|---|---|---|---|---|
| $f$ in mm | $d$ in mm | $\Delta x$ in µm | $l_m$ in µm | $d_m$ in µm |
| 120 | 22 | 1,43 | 357 | 65,5 |
| 120 | 50 | 0,67 | 157 | 65,5 |
| 250 | 22 | 2,93 | 1551 | 137 |
| 250 | 50 | 1,31 | 682 | 137 |
| 500 | 22 | 5,85 | 6204 | 273 |
| 500 | 50 | 2,59 | 2730 | 273 |

Anwendung findet LDV in vielfältigsten Bereichen der Partikel- und der Strömungsmesstechnik. Schon in den 80er Jahren des 20. Jahrhunderts etablierte sie sich z. B. zur Untersuchung der Umströmung von Fahrzeugen im Windkanal, siehe Bild 24-9. Dargestellt ist ein im Maßstab 1:5 verkleinertes Modellauto, dessen Aerodynamik mit einem Dreikomponentensystem vermessen wird.

Die Sendeoptiken befinden sich auf einem gemeinsamen Traversiersystem, damit das Messvolumen systematisch um das Automodell herum bewegt werden kann. Mit hoher räumlicher Auflösung kann so sukzessive das Strömungsfeld um die Karosserie erfasst werden.

## Measurement of flow field around a
## 1:5 scale car model in a wind tunnel

Photo courtesy of Mercedes-Benz, Germany

**Bild 24-9**     Vermessung des Strömungsfelds um ein verkleinertes Modellauto
mit einem Dreikomponentensystem (Quelle: Dantec)

Das zweite Beispiel zeigt in Bild 24-10 das vom Autor vermessene Strömungsfeld im Innern einer vergrößerten, aus Plexiglas hergestellten Modelldüse für die Zerstäubung flüssiger Brennstoffe. Die Düse hat einen Mündungsdurchmesser von 20 mm und zeigt in der rechten Bildhälfte sowohl die axialen als auch die tangentialen Geschwindigkeitsprofile in verschiedenen Höhen. Da der Brennstoff unter Druck durch tangentiale Kanäle zugeführt wird, entsteht im Innern ein Wirbel mit einem luftgefüllten Hohlkern im Zentrum. An der Mündung tritt die Flüssigkeit als dünner Film aus und wird rasch in feine Tropfen zerstäubt. Solche Düsen finden Einsatz in Heizölbrennern vom Haushaltsbereich bis hin zu großen Gasturbinen in Kraftwerken.

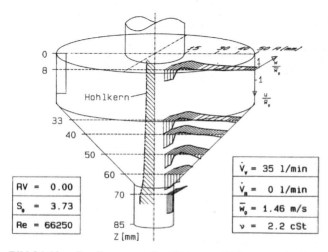

**Bild 24-10**     Zweikomponentige Strömungsfeldmessung in einer Modelldüse

Ein drittes, großes und exotisches Beispiel ist das LDA-Windmessgerät der Universität Erlangen. Mobil in einem LKW untergebracht, ermöglicht dieses System die Untersuchung von Bauwerksumströmungen direkt am realen Objekt. In Bild 24-11 ist eine nächtliche Messung mit dem LDA-Windmessgerät aus dem Anhänger des LKW heraus zu sehen. Die beiden grünen Strahlen werden mit der Optik eines großen Teleskops in 300 m Entfernung zum Schnitt gebracht, die Partikelsignale von immer in der Luft vorhandenen Streuteilchen und Aerosolen werden in Rückstreuung von derselben Optik erfasst. Durch die große Brennweite kann prinzipiell auch die Strömung im Propellerbereich von Windkraftanlagen untersucht werden.

**Bild 24-11**    Nächtliche Messung mit einem LDA-Windmessgerät (Quelle: LSTM, Universität Erlangen)

Als letztes Beispiel sei die Anwendung von LDV auf einer sehr kleinen Größenskala angeführt. Es handelt sich um Messungen im 1,7 mm engen Spalt des Tubinenschaufelrads eines Radialverdichters. Hier soll es jetzt nicht um Messergebnisse gehen, sondern um den Trick der extrem hohen Ortsauflösung. Im normalen LDV-System kann die Auflösung nicht besser sein als die Messvolumenlänge, also kaum unter einem Millimeter (siehe vorangegangenes Zahlenbeispiel mit typischen Messvolumenabmessungen), da man nicht detektieren kann, an welcher Stelle ein Teilchen das Messvolumen durchquert. Diese Einschränkung kann man überwinden, wenn man in einer Zweikomponentenanlage die beiden Farben in einer Ebene überlagert. Allerdings muss für die eine Farbe die Strahltaille etwas vor dem Messvolumen und für die andere Farbe kurz dahinter liegen. Dann hat man als Messvolumen die Überlagerung eines divergierenden und eines konvergierenden Interferenzstreifensystems. Für jede Farbe wird das jeweilige Signalspektrum und die Mittenfrequenz der spektralen Linie bestimmt. Hieraus ergibt sich dann sowohl die Geschwindigkeit eines Streuteilchens als auch seine Position im Messvolumen. Die Auflösung wird also viel besser als die Messvolumenlänge. Bei näherem Interesse sei dem Leser das Paper von Czarske et al. empfohlen (siehe Hinweise zur weiterführenden Literatur).

## 24.3 Phasen-Doppler Partikelanalyse

Die Phasen-Doppler Partikelanalyse (PDPA) ist die neueste der drei in diesem Kapitel vorgestellten laser-optischen Messmethoden. Besonders geeignet ist sie für Untersuchungen in Partikelströmungen, weil sie mit hoher lokaler Auflösung simultan die Größe und die Geschwindigkeit von Partikeln erfasst. Die Geschwindigkeitsmessung erfolgt analog zur LDV-Messung (siehe vorangegangenes Unterkapitel), die Größenmessung basiert auf einer Idee von Durst und Zaré aus dem Jahr 1975, das Fernfeldstreulichtmuster kugelförmiger Partikeln für die Analyse ihres Durchmessers zu nutzen. Erste kommerzielle PDPA-Systeme wurden Ende der 80er Jahre des 20. Jahrhunderts verfügbar.

Wir wollen zunächst ein qualitatives Modell betrachten, das die grundlegende Idee von PDPA veranschaulicht. Tropfen oder andere kugelförmige Teilchen, die sich durch das Interferenzstreifenmuster im Schnittpunkt kohärenter Laserstrahlen bewegen, streuen das Licht so, dass sie um sich herum das durchquerte Streifenmuster abbilden. Auf einer großen Milchglaskugel, die als Projektionsschirm um eine kleine stationäre Kugel angeordnet ist, kann dieses Fernfeldstreulichtmuster sichtbar gemacht werden, siehe Bild 24-12. Der Abstand zwischen den projizierten Streifen ist ein Maß für den Tropfendurchmesser, er ist außerdem eine Funktion der Laserwellenlänge, des Strahlschnittwinkels, der Tropfenbrechzahl und der Beobachtungsrichtung.

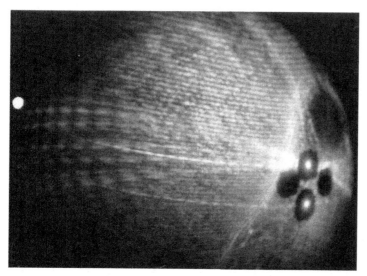

**Bild 24-12**   Abbildung des Messvolumens durch eine kleine stationäre Goldkugel von innen auf eine große Milchglaskugel

Das von einem bewegten Tropfen erzeugte Streulichtmuster passiert zwei räumlich nebeneinander angeordnete Photodetektoren jeweils mit der Dopplerfrequenz, aus der die Tropfenge-
schwindigkeit bestimmt wird. In beiden Detektoren werden die gleichen Signale erzeugt, die
aber in Abhängigkeit vom Streifenabstand phasenverschoben sind. Somit besteht ein direkter
Zusammenhang zwischen Tropfengröße und gemessener Phasenverschiebung. Aus der zeitlichen Frequenz der Signale wird also die Geschwindigkeit, aus der räumlichen Frequenz die
Tropfengröße bestimmt. Bild 24-13 zeigt schematisch die phasenverschobenen Dopplersignale
von drei Photomultipliern, durch den dritten Detektor sind mehrere redundante Phasenmessun-
gen zum Ausschluss von Zweideutigkeiten möglich.

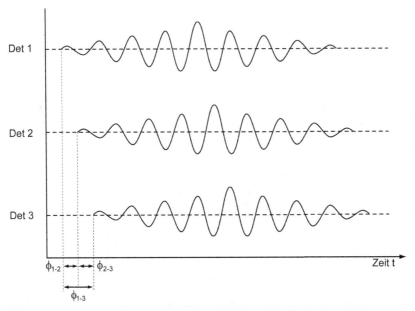

**Bild 24-13**     Phasenverschobene Signale an den drei Detektoren eines PDPA-Systems

Im Folgenden wird mit einem quantitativen Modell die Bestimmung der Teilchengröße physi-
kalisch/mathematisch hergeleitet. Die korrekte und vollständige Beschreibung der Wechselwirkung von elektromagnetischen Wellen mit Partikeln ist über die Maxwell-Gleichungen
möglich, wobei speziell für Kugeln die Mie-Theorie exakte Lösungen liefert. Beschränken wir
uns auf Teilchen, die deutlich größer als die verwendete Wellenlänge sind, können wir die
geometrische Optik als Vereinfachung verwenden. Des weiteren können wir den Beugungsanteil des Lichts für unsere Betrachtung vernachlässigen. Prinzipiell beinhaltet das Fernfeldstreulichtmuster eines Einzelteilchens natürlich Reflexion, Brechung und Beugung. Abgesehen von
kleinen Winkeln um die optische Achse herum nimmt aber der Beugungsanteil mit wachsendem Tropfendurchmesser rasch ab. Schon für eine 5 µm-Kugel mit einer Brechzahl von $n = 1,5$
unter einem Beobachtungswinkel von 45° gegen die optische Achse beträgt der Beugungsanteil im Streulicht nur noch wenige Prozent.

Für unser quantitatives Modell nehmen wir einen Strahl und betrachten nur seine Brechung am
Tropfen als Linse, siehe Bild 24-14.

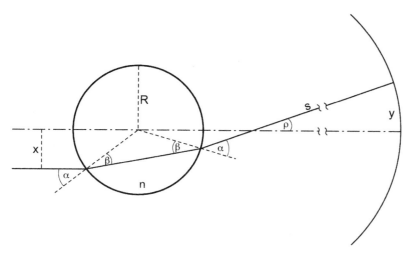

**Bild 24-14**    Strahlengang und Geometrie für einen Strahl durch eine Kugel

Aus der Geometrie am Tropfen ergibt sich für den Einfallswinkel $\alpha$:

$$\sin(\alpha) = \frac{x}{R} \tag{24-7}$$

mit dem Strahlabstand $x$ von der optischen Achse und dem Tropfenradius $R$, oder aufgelöst nach $\alpha$:

$$\alpha = arc\sin(\frac{x}{R}) \tag{24-8}$$

Wenden wir nun das Brechungsgesetz für den Übergang des Strahls von Luft in den Tropfen an:

$$\sin(\alpha) = n \cdot \sin(\beta) \tag{24-9}$$

mit der Tropfenbrechzahl $n$ und aufgelöst nach $\beta$:

$$\beta = arc\sin(\frac{x}{nR}) \tag{24-10}$$

Hierbei wurde der $\sin(\alpha)$ von (24-7) eingesetzt. Im nächsten Schritt wollen wir die Auslenkung $y$ an einem weit entfernten Schirm quantifizieren, sie ist gegeben durch:

$$y = s\rho \tag{24-11}$$

mit dem Abstand $s$ zwischen Teilchen und Schirm und dem Winkel $\rho$ des Strahls zur optischen Achse. Dieser Winkel ist gegeben durch zweimal die Differenz von $(\alpha{-}\beta)$, wie man anhand der Geometrie nachvollziehen kann. Wenn wir nun das und die beiden Winkel $\alpha$ und $\beta$ von (24-8) und (24-10) einsetzen, erhalten wir für die Auslenkung $y$:

$$y = 2s\left[ arc\sin(\frac{x}{R}) - arc\sin(\frac{x}{nR}) \right] \tag{24-12}$$

Abschließend ersetzen wir den einzelnen Strahl im quantitativen Modell durch ein Interferenz-streifenmuster und wählen den Streifenabstand aus Gleichung (24-4) als Strahlabstand $x$:

$$x = \frac{\lambda f}{d} \tag{24-13}$$

mit der Wellenlänge $\lambda$, der Brennweite $f$ der Sendelinse und dem Strahlabstand $d$ der beiden Teilstrahlen an der Sendelinse. Damit ergibt sich die endgültige Gleichung für die Auslenkung $y$ am Schirm:

$$y(R) = 2s \left[ arc\sin(\frac{\lambda f}{d R}) - arc\sin(\frac{\lambda f}{n d R}) \right] \tag{24-14}$$

Diese Auslenkung ist nur noch vom Tropfenradius $R$ abhängig, alle anderen Parameter sind durch das verwendete System festgelegt.

***Zahlenbeispiel:*** Für eine feste optische Konfiguration mit einer Wellenlänge von $\lambda = 600$ nm, einer Brennweite von $f = 50$ cm, einem Schirmabstand von $s = 50$ cm und einem Strahlabstand von $d = 2$ cm ergeben sich für Wassertropfen mit einer Brechzahl von $n = 1,33$ in Abhängigkeit von ihrem Radius die in Tabelle 24-2 angegebenen Auslenkungen.

**Tabelle 24-2**   Auslenkung $y$ am Schirm für zwei Tropfengrößen

| $R$ | 50 µm | 300 µm |
|---|---|---|
| $y$ | 7,4 cm | 1,3 cm |

Man könnte nun also mit einem Zollstock die Auslenkung $y$ auf einem Schirm messen und dann mit Gleichung (24-14) den entsprechenden Tropfenradius berechnen. Eleganter und schneller sind aber zwei Detektoren in einem festen Abstand nebeneinander angeordnet anstatt eines Schirms und die Berechnung der Teilchengröße aus einer Phasenmessung. Für ein kleineres Teilchen mit einer größeren Auslenkung $y$ ist dabei die gemessene Phasendifferenz an zwei Detektoren im festen Abstand zueinander kleiner als für ein größeres Teilchen mit einer kleineren Auslenkung.

***Zahlenbeispiel:*** Wertebereiche bzw. Anwendungsgrenzen

Teilchenradius von $R_{min} = 1$ µm bis $R_{max} = 3$–$5$ mm, die Untergrenze ergibt sich aus der Beschränkung auf geometrische Optik im quantitativen Modell, die Obergrenze aus der prinzipiellen Anforderung der Kugelform für PDPA;

Dynamikbereich 1:50 im Partikeldurchmesser, es kann nicht der gesamte Partikelgrößenbereich auf einmal abgedeckt werden, da die stark unterschiedlichen Streulichtintensitäten dann die Detektoren überfordern würden;

Teilchengeschwindigkeit bis zu einigen 100 m/s analog zu LDV;

Datenraten bis zu 150 kHz, bei Partikelraten von größer als 150.000 pro Sekunde kann eine lückenlose Erfassung durch die Elektronik nicht mehr gewährleistet werden;

Messvolumengröße von ca. 1 mm$^3$ bis 1 cm$^3$, je nach Linsengröße, Linsenbrennweite, Strahlabstand und Strahlschnittwinkel;

Teilchenkonzentration von $c_{min} = 10^2$ m$^{-3}$ bis $c_{max} = 10^6$ m$^{-3}$, die Untergrenze ergibt sich aus der Forderung, dass für eine Partikelzahl von mindestens 100 nicht länger als zehn Minuten gemessen werden muss, die Obergrenze daraus, dass immer nur ein Teilchen gleichzeitig im Messvolumen sein sollte.

Damit sind die Modellbetrachtungen abgeschlossen und wir können uns einer konkreten PDPA-Anlage zuwenden. Bild 24-15 zeigt schematisch einen gebräuchlichen Aufbau in der Anordnung mit 30°-Vorwärtsstreuung, die gut geeignet ist für Untersuchungen in Sprühkegeln von Düsen.

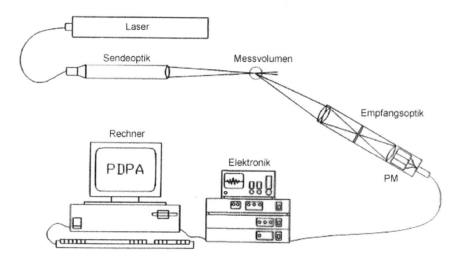

**Bild 24-15**    Gesamt-Schema einer PDPA-Anlage in 30°-Vorwärtsstreuung

Die Sendeseite der Anlage bis zum Messvolumen ist analog zu LDV aufgebaut inklusive Ar-Ionen-Laser, Frequenzshift, Farbtrennung, Glasfaser und Frontlinse. In der Empfangsoptik wird das Streulicht der Teilchen, die das Messvolumen durchqueren, auf eine Schlitzblende fokussiert. Diese Blende dient der Begrenzung und klareren Definition der Messvolumenlänge. Anschließend erfolgt bei Mehrkomponentensystemen die Farbtrennung und die Aufteilung auf mehrere Photomultiplier. Diese können sich entweder direkt in der Empfangsoptik befinden oder sie bekommen das Licht über individuelle Glasfasern aus der Empfangsoptik zugeführt. Ein Zweikomponentensystem hat dabei normalerweise vier Photomultiplier, z. B. drei für das grüne Streulicht zur Bestimmung von Tropfengröße und erster Geschwindigkeitskomponente, und einen für das blaue Streulicht zur Messung der zweiten Geschwindigkeitskomponente. Im Signalprozessor werden die Signale gefiltert und vorverstärkt, dann werden die Phasenbeziehungen bestimmt. Außerdem werden die Signalfrequenzen ausgewertet, heute üblicherweise durch Fourier-Transformation.

Angewendet wird PDPA mit großem Erfolg für die Untersuchung von Zerstäubungsvorgängen. Bild 24-16 zeigt ein System der Firma TSI im Labor des Autors mit einem kleinen Zerstäuberprüfstand. Im Hintergrund ist der luftgekühlte Ar-Ionen-Laser zu erkennen, der eine maximale Leistung von 300 mW hat. Das Messvolumen befindet sich im Sprühkegel einer Airbrush-Düse am Schnittpunkt der optischen Achsen von Sende- und Empfangsoptik.

**Bild 24-16**   Einkomponenten-PDPA mit luftgekühltem Ar-Ionen-Laser

Ein Ergebnis von PDPA-Messungen im Sprühkegel eines Drall-Druckzerstäubers ist in
Bild 24-17 dargestellt. In drei Düsenabständen wurden dafür vollständige Traversen durch den
Sprühkegel vermessen. Die mittleren Durchmesser und Geschwindigkeiten für jeweils ca.
10.000 Tropfen wurden in Form von Kreisen und Pfeilen quantitativ visualisiert. PDPA liefert
natürlich nicht nur Mittelwerte, sondern für jeden Messpunkt auch die vollständige zweidimensionale Häufigkeitsverteilung über der Tropfengröße und -geschwindigkeit. Auf eine weitere
sprühtechnische Analyse der Ergebnisse wird in diesem Buch aber verzichtet, das ist Gegenstand einer großen Zahl von Forschungsarbeiten der letzten 20 Jahre im Rahmen von z. B.
Doktorarbeiten.

Aber auch in der industriellen Forschung und Entwicklung hat sich PDPA inzwischen etabliert.
So gibt es kaum noch Düsenhersteller, die PDPA nicht zur Qualitätskontrolle ihrer Produkte
und zur Entwicklung neuer Düsen verwenden. In allen Bereichen der industriellen Zerstäubung, wie z. B. der Sprühtrocknung oder der Kühlung, aber auch in der Landwirtschaft wollen
die Anwender immer genauere Kontrolle über ihre Prozesse erlangen und benötigen dafür
exakte Kenntnisse über die Tropfenspektren. Und von ganz besonderer Relevanz sind die
Tropfengrößenverteilungen in der Verbrennungstechnik bei der Zerstäubung flüssiger Brennstoffe. So hängt z. B. das Zündverhalten eines Sprühnebels maßgeblich von der gesamten
Tropfenoberfläche ab und ein gewisser Feinanteil ist für eine schnelle Zündung und eine stabile Flamme nötig. Andererseits ist aber ein angemessener Grobanteil für eine gleichmäßige
Mischung von Brennstoff und Luft vorteilhaft. Eine breite Tropfengrößenverteilung wirkt sich
jedoch negativ auf den Verbrennungswirkungsgrad aus.

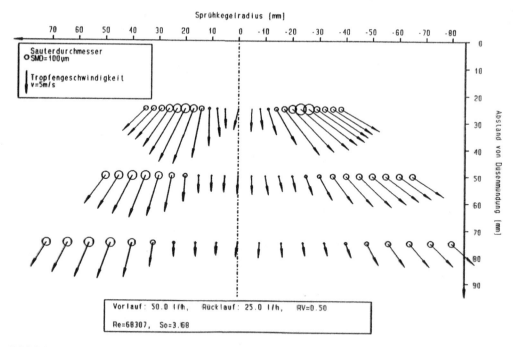

**Bild 24-17**    Mittlere Tropfengrößen und -geschwindigkeiten in einem Sprühkegel

Hinsichtlich der Schadstoffbildung interessiert wiederum oft nur der Anteil und der Durchmesser der größten entstehenden Tropfen. Aufgrund der genannten Einflussgrößen wird in allen Bereichen der Verbrennungstechnik von Haushaltsbrennern bis hin zu Kraftwerksfeuerungen mit PDPA gearbeitet, aber mit ganz besonderem Interesse auch in der Entwicklung von Einspritzdüsen für die motorische Verbrennung z. B. bei der Firma Bosch.

# 25 Teleskope

Wir beginnen dieses Kapitel mit einer Vorüberlegung:

Wie groß erscheint uns ein Gegenstand $G$?

Bild 25-1 zeigt dazu den Strahlengang mit einem schematischen Auge, dem Gegenstand $G$ in der Gegenstandsweite $g$ vor dem Auge und dem Bild $B$ auf der Netzhaut in der Bildweite $b = 2,5$ cm (Augendurchmesser).

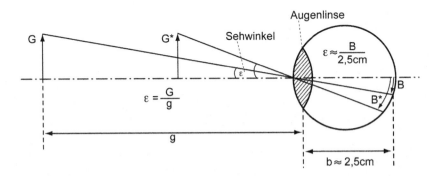

**Bild 25-1**    Abbildung eines Gegenstands durch das Auge auf die Netzhaut

Für den Sehwinkel $\varepsilon$ gilt vor dem Auge $\varepsilon = G/g$ und im Auge $\varepsilon = B/b = B/2,5$ cm. Gleichgesetzt und aufgelöst nach der Bildgröße $B$ ergibt sich:

$$B = 2,5 \text{ cm} \cdot \varepsilon = 2,5 \text{ cm} \cdot G/g \qquad (25\text{-}1)$$

Die scheinbare Größe ist durch das Bild auf der Netzhaut gegeben. Je näher sich der Gegenstand am Auge befindet, desto größer wird sein Bild auf der Netzhaut. Eine beliebige Annäherung ist aber nicht möglich, da entweder die Augenlinse nicht beliebig anpassungsfähig ist für eine starke Annäherung kleiner Gegenstände, oder der Gegenstand so weit entfernt sein kann, dass wir uns nicht nennenswert annähern können (z. B. der Mond). Eine weitere Vergrößerung kann dann nur noch mit optischen Instrumenten erfolgen. Deshalb werden wir uns im Folgenden zunächst mit den optischen Grundlagen von Teleskopen befassen, bevor wir einige Amateurinstrumente besprechen und abschließend einen Ausflug zu Großteleskopen machen.

## 25.1 Grundlagen

Der Zweck eines Teleskops ist die Vergrößerung weit entfernter Gegenstände. Wie bei den meisten optischen Instrumenten möchte man das Bild mit entspanntem Auge betrachten, d. h. ein parallel eintretendes Strahlenbündel (von weit entfernten Gegenständen) soll auch wieder parallel austreten. Ein solches System ohne externen Brennpunkt nennt man afokal. Diese Bedingung kann durch einen Aufbau mit zwei Linsen erfüllt werden, wobei der bildseitige Brennpunkt der ersten Linse mit dem gegenstandsseitigen der zweiten Linse zusammenfällt.

Dafür gibt es zwei Grundtypen: (i) Das Keplersche oder astronomische Fernrohr, siehe Bild 25-2 und (ii) das Galileische oder holländische Fernrohr, siehe Bild 25-3.

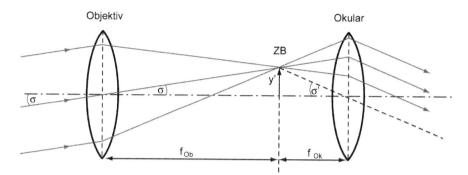

**Bild 25-2**    Strahlengang in einem Keplerschen Fernrohr

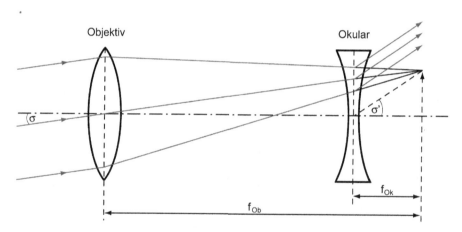

**Bild 25-3**    Strahlengang in einem Galileischen Fernrohr

Beim Keplerschen Fernrohr werden zwei Sammellinsen kombiniert und das Bild steht auf dem Kopf, beim Galileischen kommen eine Sammellinse als Objektiv und eine Zerstreulinse als Okular zum Einsatz und das Bild ist aufrecht.

Die Vergrößerung eines Teleskops ist allgemein definiert durch:

$$\Gamma_{Teleskop} = \frac{\sigma'}{\sigma} \tag{25-2}$$

wobei $\sigma$ der Winkel ist, den das unbewaffnete Auge sehen würde, und $\sigma'$ der durch das Teleskop vergrößerte Sehwinkel. Aus der Skizze des Keplerschen Fernrohrs folgt mit Dreiecksgeometrie für die Winkel:

$$\tan \sigma = \frac{y'}{f_{Ob}} \tag{25-3}$$

$$\tan \sigma' = \frac{y'}{f_{Ok}} \tag{25-4}$$

und damit bei kleinen Winkeln für die Vergrößerung:

$$\Gamma_{Teleskop} = \frac{f_{Ob}}{f_{Ok}} \tag{25-5}$$

Die Vergrößerung gibt gleichzeitig auch das Durchmesserverhältnis des parallel eintretenden Lichtbündels am Objektiv zu dem am Okular austretenden an. Man nennt dies die Eintrittspupille $D_{ein}$ bzw. die Austrittspupille $D_{aus}$:

$$\Gamma_{Teleskop} = \frac{D_{ein}}{D_{aus}} \tag{25-6}$$

Der Lichtgewinn eines Teleskops wächst proportional mit der lichtsammelnden Fläche, d. h. eine Verdreifachung des Objektivdurchmessers erbringt eine Erhöhung des Lichtgewinns um den Faktor neun. Häufig wird der Lichtgewinn als Verhältnis der Objektivfläche zur Pupillenfläche des menschlichen Auges mit einem Durchmesser von 5 mm bei Dunkelheit angegeben:

$$LG = \frac{D_{ein}^2}{D_{Pupille}^2} = \frac{D_{ein}^2}{25 \ mm^2} \tag{25-7}$$

Die Vergrößerung eines Teleskops kann verändert werden durch einen Okularwechsel. Je kleiner man die Okularbrennweite wählt, desto stärker wird die Vergrößerung. Das kann aber nicht beliebig weit getrieben werden, weil mit wachsender Vergrößerung die Austrittspupille $D_{aus}$ immer kleiner wird. Für $D_{aus}$ kleiner als 1 mm wird das Lichtbündel so eng, dass das Auge keine weiteren Details mehr auflösen kann. Man spricht dann von einer leeren Vergrößerung.

*Zahlenbeispiel:* Für ein kleines Teleskop mit einer Objektivbrennweite von 1 m, einem Objektivdurchmesser von 10 cm und bei Verwendung eines Okulars mit 20 mm Brennweite ergibt sich die Vergrößerung zu

$$\Gamma_{Teleskop} = \frac{1000 \ mm}{20 \ mm} = \underline{\underline{50}}$$

Für die Austrittspupille erhält man bei dieser Vergrößerung den Wert $D_{aus} = 2$ mm. Die maximale Vergrößerung sollte den Faktor 100 nicht übersteigen, was man durch Verwendung eines Okulars mit 10 mm Brennweite erreicht. Der Lichtgewinn des Teleskops beträgt $LG = 400$.

Anstatt einer Linse wird heute immer häufiger ein Spiegel als Objektiv verwendet, der entweder sphärisch oder parabolisch gekrümmt sein kann. Der parabolische Hauptspiegel hat den Vorteil, dass die sphärische Aberration keine Rolle spielt (siehe Kapitel zu Abbildungsfehlern im ersten Teil dieses Buchs), allerdings ist die Herstellung aufwändiger. Bei sphärischen Hauptspiegeln werden teilweise Korrekturplatten zum Reduzieren der Aberration eingebaut. Bei den Spiegelteleskopen muss man das Problem lösen, wie man mit dem Okular an die Brennebene herankommt, ohne das gesamte Licht zu blockieren. Dafür gibt es unterschiedliche Lösungen, die alle einen zusätzlichen Hilfsspiegel benötigen. Die zwei gebräuchlichsten Bauformen sind das Newton-Teleskop (siehe Bild 25-4) und das Cassegrain-Teleskop (siehe Bild 25-5).

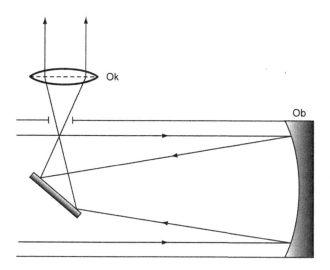

**Bild 25-4**    Strahlengang in einem Newton-Spiegelteleskop

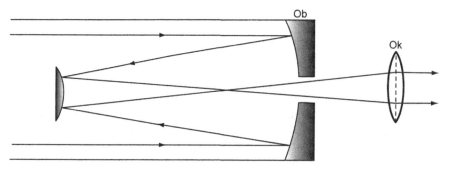

**Bild 25-5**    Strahlengang in einem Cassegrain-Spiegelteleskop

Beim Newton-Teleskop wird das Licht durch einen kleinen ebenen Fangspiegel, der mittig im Teleskoptubus nahe der Eintrittsöffnung aufgehängt ist, seitlich aus dem Hauptrohr heraus in das Okular umgelenkt. Man schaut also vorne seitlich in das Teleskop. Der Tubus hat eine Länge, die ungefähr der Brennweite des Hauptspiegels entspricht.

Beim Cassegrain-Teleskop befindet sich ein gewölbter Sekundärspiegel mittig auf der Innenseite der Frontplatte, die häufig als Korrekturplatte ausgeführt ist. Der Sekundärspiegel lenkt das Licht um 180° um und sendet es durch eine zentrale Bohrung im Hauptspiegel zurück zum Okular. Dieser gefaltete Strahlengang macht das Teleskop kleiner und leichter, wobei der Effekt noch deutlich verstärkt wird durch die konvexe Wölbung des Sekundärspiegels. Durch die Kombination der zwei Spiegel können resultierende Gesamtbrennweiten im Bereich des vier- bis fünffachen der Tubuslänge realisiert werden. Zwei Beispiele dazu werden im nächsten Unterkapitel vorgestellt.

## 25.2 Amateurinstrumente

Aus vielen Jahren Astronomievorlesung ist dem Autor eine immer wiederkehrende Frage präsent: „Was für ein Teleskop soll ich mir kaufen?"

Natürlich kann und will dieses Unterkapitel darauf keine allgemeingültige Antwort geben, sondern eher einen Überblick über einige Möglichkeiten mit ihren Vor- und Nachteilen. Es möchte aber auch warnen vor der Anschaffung eines „tollen" und billigen Supermarkt-Fernrohrs. Immer wieder findet man Angebote für komplette Instrumente inklusiv Stativ zu Preisen, für die man normalerweise nicht einmal ein Fotostativ bekommt. In aller Regel taugen solche Fernrohre nichts, sie zittern bereits bei der leichtesten Berührung so stark, dass man überhaupt nichts mehr sieht. Und berühren muss man das Instrument notwendigerweise immer wieder zum Fokussieren und zum Nachführen.

Ein einfacher und schon eindrucksvoller Einstieg in eigene Himmelsbeobachtungen ist mit einem Feldstecher möglich. Dieser wird charakterisiert durch zwei Maßzahlen in der Form von z. B. 8x20 oder 10x50. Die erste Zahl gibt dabei die Vergrößerung an, die zweite den Objektivdurchmesser bzw. die Eintrittspupille in Millimetern. Besonders gut für astronomische Beobachtungen geeignet erscheint dem Autor ein 10x50 Feldstecher. Eine zehnfache Vergrößerung ist normalerweise mit der freien Hand gerade noch ruhig zu halten, bei stärkeren Vergrößerungen werden auch die Zitterbewegungen der Hand zu stark mitvergrößert. Und eine Eintrittspupille von 50 mm Durchmesser bedeutet gegenüber dem unbewaffneten Auge mit ca. 5 mm Pupille bereits einen hundertfachen Lichtgewinn! Eine nochmalige Steigerung des Lichtgewinns um den gleichen Faktor kann sich der durchschnittliche Amateurastronom finanziell meistens nicht mehr leisten.

Die Vorteile eines solchen Feldstechers liegen klar auf der Hand. Mit Anschaffungskosten im Bereich von 30,00 bis 100,00 € für brauchbare Instrumente bleibt man allemal in einem vernünftigen Rahmen. Man kann den Feldstecher überallhin einfach mitnehmen und durch den Stereoeinblick ist er besonders leicht und angenehm zu verwenden. Wer zum ersten Mal den Mond mit einem Feldstecher betrachtet, der wird beeindruckt sein. Aber auch die Entdeckung der vier galileischen Jupitermonde, die Betrachtung des Orionnebels oder sogar der Blick in die Tiefe des Universums zu unserer Nachbargalaxie Andromeda in über zwei Millionen Lichtjahren Entfernung wird man nicht so schnell wieder vergessen.

**Bild 25-6**
Bildstabilisierter Feldstecher
15x50 von Canon

Ein erfahrener Beobachter kann mit einem 10x50 Feldstecher die gesamten Messier-Objekte, eine Sammlung von 110 besonders attraktiven Himmelsobjekten, bis auf eine Ausnahme am dunklen Nachthimmel auffinden.

Eine edle und sehr teuere Variante des normalen Feldstechers sind bildstabilisierte Systeme, siehe in Bild 25-6 als Beispiel das 15x50 Instrument von Canon in der All-Weather Ausführung mit integriertem „Image Stabilizer". In diesem Feldstecher sind Beschleunigungssensoren eingebaut, die das Zittern der Hand erfassen und über einen Regelkreis direkt auf Piezoaktoren an den Umlenkprismen im Strahlengang einwirken, um die störenden Bewegungen zu kompensieren. Zitterbewegungen mit einer Amplitude bis zu 0,7° werden durch diese Stabilisierung zuverlässig und eindrücklich ausgeglichen.

Preislich in einem ähnlichen Bereich sind auch kleinere Spiegelteleskope angesiedelt. Oberhalb 500,00 bis 600,00 € findet man brauchbare Instrumente mit einer Öffnung von vier bis fünf Zoll (ca. 100 bis 125 mm) auf soliden Stativen inklusive einer automatischen Nachführung. Bild 25-7 zeigt das Modell ETX 125-EC von Meade, ein Cassegrain-Teleskop mit 127 mm Öffnung und einer Objektivbrennweite von 1900 mm. Zusätzlich hat es einen Sucher 8x25 und 12 V-Motoren an beiden Achsen. Der Tubus hat Abmessungen von 15 cm im Durchmesser und 36 cm in der Länge, sein Gewicht beträgt ca. 8 kg. Als Ergänzung ist es mit einem „Autostar Computer Controller" ausgerüstet, der nach einer Justage-Prozedur das Teleskop auf ca. 12.000 intern gespeicherte Objekte ausrichten kann.

**Bild 25-7**
Kleines Cassegrain-Spiegelteleskop,
ETX 125-EC von Meade

Als letzte Stufe in diesem Unterkapitel sei die Klasse der Achtzöller mit GPS-Modul und vollständiger GoTo-Montierung aufgeführt, siehe in Bild 25-8 als Beispiel ein C8 von Celestron. Für Öffnungen von 20 cm und mehr muss man größenordnungsmäßig mindestens 2.000,00 € investieren, bekommt dafür aber einen hohen Lichtgewinn und gute Auflösung. Allerdings werden die Instrumente auch immer größer, schwerer und unhandlicher. Durch das GPS-

Modul kennt das Teleskop seine Position in Raum und Zeit, durch einen eingebauten Kompass auch seine Orientierung. Über eine recht einfache Prozedur, nämlich die Bestätigung und leichte Korrektur der Position von zwei hellen Sternen, die das Teleskop anfährt, wird das Koordinatensystem des Instruments an die Himmelskoordinaten angekoppelt. Damit ist dann der Zugriff auf über 40.000 Objekte durch einen einfachen GoTo-Befehl am Teleskop möglich.

**Bild 25-8**
Spiegelteleskop mit vollständiger
GoTo-Montierung, C8 von Celestron

## 25.3  Großteleskope

Die ersten Teleskope wurden Anfang des 17. Jahrhunderts gebaut. 300 Jahre lang wurden fast ausschließlich Linsen als Objektive verwendet. Das voraussichtlich größte Linsenfernrohr aller Zeiten ist der Yerkes-Refraktor mit einem Objektivdurchmesser von 102 cm und einer Brennweite von 18 m. Er wurde 1897 nördlich von Chicago in Betrieb genommen. Der Yerkes-Refraktor stellt auch heute noch eine technische Grenze dar, denn mit größer werdenden Linsen muss man auch einen immer größeren blasen- und schlierenfreien Glasblock herstellen können. Außerdem wird die Linse immer dicker und damit die Absorption im Glas immer stärker. Und schließlich kann eine Linse nur an den Rändern gefasst werden, was ab einer gewissen Größe und dem entsprechenden Gewicht massive mechanische Probleme mit sich bringt.

Den Ausweg aus diesem Dilemma ermöglichten die neuen Spiegelteleskope Anfang des 20. Jahrhunderts. 1917 wurde auf dem Mount Wilson in Kalifornien der Hooker-Reflektor mit 100-Zoll-Hauptspiegel (ca. 250 cm) in Betrieb genommen. An diesem Instrument hat unter anderem auch Edwin Hubble seine Arbeiten zur Expansion des Universum durchgeführt. Bis 1948 war der Hooker-Reflektor das größte Teleskop der Erde, dann wurde er vom Hale-Reflektor auf dem Mount Palomar südlich von Los Angeles abgelöst. Dieses imposante Teleskop hielt den Rekord mit 508 cm freier Öffnung bis ins Jahr 1976.

Damit war aber schon wieder eine technische Grenze erreicht. Die großen Spiegelträger aus Glas wurden möglichst dick und dadurch auch starr hergestellt, sie wurden immer schwerer. Diese Grenze wurde durchbrochen durch die Idee der aktiven Optik. Heute werden möglichst dünne und leicht verformbare Teleskopspiegel auf einer großen Zahl von Aktoren gelagert. Hat der Hale-Reflektor bei einem Durchmesser von ca. 5 m eine Dicke von über 50 cm, so sind die Spiegel des VLT der ESO bei 8,2 m Durchmesser nur noch 18 cm dick und liegen auf 150 Stellgliedern auf. Die unterschiedliche Verformung der Spiegel je nach Beobachtungsrichtung wird computergestützt ausgeglichen. Damit kann die Genauigkeit der Spiegeloberfläche jederzeit auf besser als ein Zwanzigstel der mittleren Wellenlänge von sichtbarem Licht eingehalten werden.

**Bild 25-9** Die vier Großteleskope des VLT auf dem Cerro Paranal (Quelle: ESO)

Die Anlage der europäischen Südsternwarte (ESO) auf dem Cerro Paranal in Chile stellt momentan je nach Betrachtungsweise die größte Teleskopanlage dar. Es gibt zwar noch einige Einzelteleskope mit geringfügig größerem Durchmesser, aber auf dem Cerro Paranal sind vier 8,2-m-Teleskope zum Very Large Telescope (VLT) verbunden, siehe Bild 25-9. Die in den Jahren 1998 bis 2001 in Betrieb genommenen Einzelteleskope des VLT mit Cassegrain-Strahlengang wurden anschließend in einem gemeinsamen Fokus interferometrisch gekoppelt und haben dadurch einen Lichtgewinn, der dem eines 16 m-Teleskops entspricht. Das Auflösungsvermögen ist sogar noch größer, da es durch die Länge der Basislinie zwischen den Teleskopen bestimmt wird.

Das VLT weist neben aktiver Optik und interferometrischer Kopplung noch eine weitere zukunftsweisende Technologie auf, nämlich adaptive Optik mit Verwendung eines Lasersterns. Dies ist eine Methode, um die auch an besonders geeigneten Beobachtungsstandorten immer noch störenden und auflösungsbegrenzenden Turbulenzen und Dichteschwankungen der Atmosphäre weitgehend auszuschalten. Mit einem Laserstrahl parallel zur optischen Achse des Teleskops werden in 90 km Höhe Natriumatome zum Leuchten angeregt und damit ein künstlicher Stern erzeugt. Die Wellenfronten dieses Lasersterns sollten eigentlich eben sein, sind es aber durch die Störung der Atmosphäre nicht. Ein Wellenfrontensensor (Shack-Hartmann-Sensor) erfasst die Abweichungen der Wellen von der Idealform nach dem Durchgang durch das Teleskop und korrigiert über eine gezielte Deformation des Hauptspiegels und des Sekundärspiegels mit Hilfe der Aktoren der aktiven Optik das gesamte System, siehe Bild 25-10. Diese Korrektur erfolgt bis zu 25 Mal pro Sekunde und wird in der Zwischenzeit auch an anderen Großteleskopen eingesetzt.

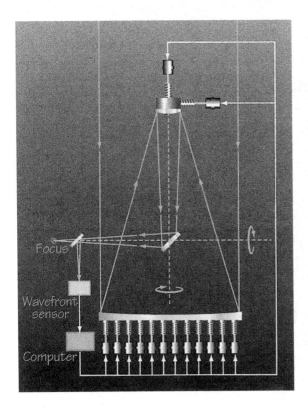

**Bild 25-10**
Prinzip der adaptiven Optik des VLT
(Quelle: ESO)

Für die Zukunft sind noch viel größere Teleskope geplant, wobei in allen Plänen die Spiegel aus mehreren Teilen zusammengesetzt werden sollen. Bereits im Bau befinden sich in den USA Teile für das Giant Magellan Telescope (GMT) mit einer Öffnung von 25 m, siehe Bild 25-11. Hierbei werden sieben runde Spiegel von jeweils 8,3 m Durchmesser auf einer gemeinsamen Montierung zusammengebaut. Die Kosten werden auf eine Milliarde US-Dollar geschätzt, das Zieldatum für das „erste Licht" durch das Teleskop ist 2017.

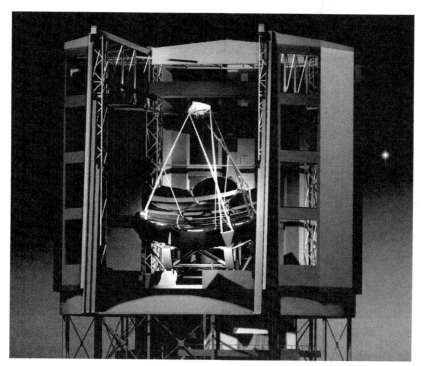

**Bild 25-11**    Konzeptstudie für das GMT (Quelle: NASA)

Das größte Teleskop der Erde wird zur Zeit aber in Europa geplant mit einem Durchmesser von 42 m, siehe Bild 25-12. Der Hauptspiegel wird sich aus einer Vielzahl von wabenförmig angeordneten Segmenten zusammensetzen. Die Kosten von ca. 900 Millionen Euro für das European Extremely Large Telescope (E-ELT) werden von den 12 Mitgliedsländern der ESO erbracht. Mit den Bauvorbereitungen soll in 2011 begonnen werden, der Standort wird in Chile sein.

**Bild 25-12**    Konzeptstudie für das E-ELT (Quelle: ESO)

# Anhang

## A1 Aufgaben (ehemalige Klausuren)

1. Erläutern Sie kurz den aktuellen Kenntnisstand über Licht. Machen Sie dazu mindestens Aussagen über die Lichtgeschwindigkeit und über den Welle-Teilchen-Dualismus!

2. Licht eines HeNe-Lasers ($\lambda_0$ = 632 nm) falle unter 45° aus Wasser ($n$ = 1,33) in Glas; im Glas schließt der Strahl einen Winkel von 52° mit der Grenzfläche ein. Berechnen Sie die Brechzahl des Glases sowie die Lichtgeschwindigkeit, Wellenlänge und Frequenz des Lichtes im Glas!
   ▸ Ergebnis: $n_G$ = 1,53, $c_G$ = 1,96*10$^8$ m/s, $\nu$ = 475 THz, $\lambda_G$ = 413 nm

3. Wie hoch muss ein Spiegel sein, damit Sie Ihren Kopf der Höhe h von oben bis unten sehen können?
   ▸ Ergebnis: $h/2$

4. Eine punktförmige Lichtquelle liegt 20 cm unter einer Wasseroberfläche ($n$ = 1,33). Welchen Durchmesser hat der Kreis auf dem Wasserspiegel, aus dem die Lichtstrahlen in die Luft austreten können?
   ▸ Ergebnis: $d$ = 45,6 cm

5. Licht eines HeNe-Lasers ($\lambda_0$ = 632 nm) fällt unter 45° auf die Oberfläche einer Flüssigkeit und wird dabei von der Einfallsrichtung um 15° abgeknickt. Wie groß ist die Brechzahl der Flüssigkeit? Wie groß sind Lichtgeschwindigkeit, Wellenlänge und Frequenz in der Flüssigkeit?
   ▸ Ergebnis: $n_F$ = 1,41, $c_F$ = 2,12*10$^8$ m/s, $\nu$ = 475 THz, $\lambda_F$ = 448 nm

6. Ein Lichtstrahl geht von Luft in ein erstes, dann in ein zweites Medium und von diesem wieder in Luft über. Alle Grenzflächen sind parallele Ebenen, der Einfallswinkel ist beliebig. Wie groß ist der Austrittswinkel vom zweiten Medium in die Luft (Begründung)?
   ▸ Ergebnis: $\theta_4 = \theta_1$

7. Auf einer Glasscheibe ($n$ = 1,50) befinde sich eine Wasserschicht ($n$ = 1,33). Licht fällt unter 45° aus der Luft auf die Wasserschicht. Berechnen Sie die Winkel in Wasser und Glas und machen Sie eine Skizze! Im umgedrehten Fall treffe das Licht auf die Grenzfläche Glas/Wasser. Berechnen Sie den kritischen Winkel für Totalreflexion!
   ▸ Ergebnis: $\theta_W$ = 32°, $\theta_G$ = 28°, $\theta_k$ = 62,5°

8. Erläutern Sie die unterschiedlichen Modellvorstellungen zur Lichtausbreitung von Fermat und von Huygens! Können Sie jeweils auch Grenzen der Modelle benennen?

9. Eine plankonvexe Linse mit dem Krümmungsradius $r_2 = -20$ cm bildet einen Gegenstand mit der Gegenstandsweite $g = 70$ cm im Abstand $b = 93{,}5$ cm ab. Wie groß ist die Brechkraft $D$ und die Brechzahl $n$ der Linse?

   ▸ Ergebnis: $D = 2{,}5$, $n = 1{,}5$

10. Ein Gegenstand befindet sich 8 cm vor einer Plankonvexlinse mit 3 cm Brennweite. Wo liegt das Bild? Wie groß ist der Abbildungsmaßstab? Skizzieren Sie den Strahlengang im Maßstab 1:1!

    ▸ Ergebnis: $b = 4{,}8$ cm, $V = -0{,}6$

11. Eine Person beobachtet ihr Bild in einem Konkavspiegel mit 40 cm Krümmungsradius. Die Augenpupille, deren Durchmesser 5 mm beträgt, ist 15 cm vom Spiegel entfernt. Wo entsteht das Bild der Pupille, was für ein Bild ist es und wie groß ist der Pupillendurchmesser im Bild (Rechnung und Konstruktion)?

    ▸ Ergebnis: $b = -60$ cm, $B = 20$ mm

12. Berechnen Sie die Bildweite und den Abbildungsmaßstab bei einem Rasier- bzw. Kosmetikspiegel mit einem Krümmungsradius von 40 cm, wobei sich der Gegenstand 10 cm vor dem Spiegel befinde! Skizzieren Sie den Strahlengang für diese Anordnung!

    ▸ Ergebnis: $b = -20$ cm, $V = 2$

13. Berechnen Sie die Bildweite und den Abbildungsmaßstab für einen Überwachungsspiegel mit einem Krümmungsradius von 50 cm, wobei sich der Gegenstand 1 m vor dem Spiegel befinde! Skizzieren Sie den Strahlengang für diese Anordnung!

    ▸ Ergebnis: $b = -0{,}2$ m, $V = 0{,}2$

14. Welchen Abstand muss eine Person von 1,80 m Größe von einer Linse mit 45 mm Brennweite haben, um ein reelles Bild von 35 mm Höhe (Kleinbildformat) zu entwerfen (Prinzipskizze und Rechnung)?

    ▸ Ergebnis: $g = 2{,}36$ m

15. Elektromagnetische Wellen treten in der Natur sehr vielfältig auf, nennen Sie etliche Beispiele (Namen und ungefähre Wellenlängen). Geben Sie außerdem den Gesamtbereich der Wellenlängen sowie den Wellenlängenbereich von sichtbarem Licht an!

16. Geben Sie die Maxwell-Gleichungen für elektromagnetische Wellen im Vakuum an, entweder in integraler oder in differenzieller Form! Wie lauten die entsprechenden Wellengleichungen für das elektrische und magnetische Feld? Zeichnen Sie die beiden Felder für linear polarisiertes Licht!

17. Was ist ein Gaußstrahl? Geben Sie die Intensitätsverteilung in radialer Richtung an! Wie wird der Strahlradius definiert? Skizzieren Sie die Fokussierung eines Gaußstrahls durch eine Linse!

18. Beschreiben Sie kurz das Modell, das dem Termschema von Wasserstoff zugrunde liegt. Zeichnen Sie das Termschema und markieren Sie die Balmer-Serie. Geben Sie für die beiden benachbarten Serien qualitativ die Wellenlängen an (größer/kleiner)!

19. Der Photoeffekt ist Grundlage für eine Reihe von Elementen der optischen Sensorik. Erläutern Sie sowohl den inneren als auch den äußeren Photoeffekt mit Stichworten und einer Skizze! Geben Sie außerdem in einer Graphik die kinetische Energie der Elektronen als Funktion der Lichtfrequenz an! Welche einfachen Elemente kennen Sie, die den inneren Photoeffekt ausnutzen?

20. Erläutern Sie, wie bei Fraunhofer-Beugung die Intensitätsverteilung auf einem Schirm berechnet werden kann! Geben Sie die Transmissionsfunktion einer quadratischen Blende mit Kantenlänge $a$ an!

21. Welche Mechanismen kennen Sie, die zur Polarisation von Licht führen? Erläutern Sie die Mechanismen jeweils kurz!

22. Erläutern Sie die Polarisationszustände „linear", „zirkular" und „elliptisch". Warum werden Laserendflächen normalerweise im Brewsterwinkel angestellt? Welchen Wert hat der Brewsterwinkel für den Übergang Luft-Glas?

    ▶ Ergebnis: $\theta_P = 56°$

23. Unpolarisiertes Licht falle hintereinander durch vier Polarisationsfilter, deren Polarisationsrichtungen jeweils um 60° gegeneinander verdreht sind. Wie hoch ist die Intensität am Ende der Filterstrecke?

    ▶ Ergebnis: $I_4 = 1/128\, I_0$

24. Skizzieren Sie die Strahlengänge bei sphärischer und chromatischer Aberration! Welcher dieser Abbildungsfehler tritt bei einem Parabolspiegel auf? Welche Maßnahmen zum Verringern dieser Fehler können bei Linsen ergriffen werden?

25. Zeichnen Sie den Strahlenverlauf eines breiten, monochromatischen, achsparallelen Lichtbündels, das (i) auf einen Parabolspiegel und (ii) auf eine sphärische Konvexlinse auftritt. Geben Sie einige Stichworte zu den möglicherweise auftretenden optischen Fehlern an!

26. Welche Größe müssen Strukturen auf der Sonnenoberfläche haben, damit sie von der Erde aus mit bloßem Auge noch wahrgenommen werden können (Licht benötigt 8 min von der Sonne zur Erde, $\lambda = 600$ nm)? Wie klein dürfen sie bei Beobachtung mit einem VLT (Objektivdurchmesser $D = 8{,}2$ m) der ESO in Chile sein?

    ▶ Ergebnis: $\Delta x_{Auge} = 21.082$ km, $\Delta x_{VLT} = 12{,}9$ km

27. Welches ist die lichttechnisch äquivalente Größe zur strahlungsphysikalischen Leistung? Was ist der prinzipielle Unterschied zwischen den beiden Größen? Geben Sie die zugehörige Umrechnungsgleichung und die Einheiten an!

28. Was bedeutet die Abkürzung „Laser"? Wie würden Sie einem Abiturienten das grundlegende Prinzip des Lasers erläutern? Welche momentane und welche mittlere Leistung hat ein Rubin-Laser mit einer Pulsenergie von 4 J, einer Pulsdauer von 20 ns und einer Wiederholrate von 50 Hz?

    ▶ Ergebnis: $P_{momentan} = 200$ MW, $P_{mittel} = 200$ W

29. Zeichnen Sie ein Dreiniveau-Energieschema für einen Laser und erläutern Sie alle Übergänge!

30. Geben Sie die Bedeutung des Kunstwortes LASER an. Zeichnen Sie außerdem das Spektrum eines Helium/Neon-Lasers (mit Achsenbeschriftungen)!

31. Welcher Laser ist gefährlicher, Klasse 1, Klasse 2 oder Klasse 4? Erläutern Sie die jeweiligen Gefahren!

32. Welche Angaben müssen auf dem Schild einer Laserschutzbrille vorhanden sein? Geben Sie ein Beispiel und erläutern Sie die Bedeutungen!

33. Wann muss ein Unternehmen einen Laserschutzbeauftragten bestellen und worin bestehen die wesentlichen Aufgaben des Laserschutzbeauftragten? Von der Berufsgenossenschaft existiert eine Lasersicherheitsvorschrift, kennen Sie deren Namen und Bezeichnung?

34. Welche Gefahren gehen von einem Laser aus, der einen Aufkleber hat mit „Klasse 3R", bzw. von einem Laser der „Klasse 4"?

35. Was ist die Grundlage einer Laserdiode und was sind ihre wesentlichen Vorteile im Vergleich zu einem Laser? Wie sieht die spektrale Abstrahlung einer Laserdiode aus? Vergleichen Sie die Laserdiode auch mit einer LED (Skizze und kurze Begründung)!

36. Skizzieren und erläutern Sie den Resonator einer Laserdiode! Wie sieht die räumliche Abstrahlcharakteristik einer Laserdiode aus (Skizze und Begründung)? Wie verändert sich die abgestrahlte Leistung, wenn man den Strom von Null aus hochdreht (Graphik)?

37. Beschreiben Sie die Wirkungsprinzipien von LED und Photodiode (Skizze und Erläuterung)! Wodurch unterscheiden sich die beiden pn-Dioden?

38. Beschreiben Sie die folgenden Detektoren mit einigen Stichworten und jeweils einer Skizze: Photozelle, Photomultiplier und Photodiode!

39. Wofür steht die Abkürzung CCD und wie funktioniert ein einzelnes Element (Pixel) eines CCD-Sensors? Nennen Sie eine Möglichkeit, um Farbbilder zu erzeugen. Was kann man machen, um den Dunkelstrom zu reduzieren?

40. Erläutern Sie anhand einer Skizze das Funktionsprinzip eines Photomultipliers! Wie viele Dynoden hat ein Photomultiplier typischerweise und welche Verstärkung wird damit erreicht, wenn jedes Photon ein Primärelektron erzeugt und die Sekundärelektronenausbeute fünf beträgt?
   ▶ Ergebnis: $3,9 \cdot 10^5$ bis $1,5 \cdot 10^{11}$

41. Erklären Sie die Unterschiede zwischen Monomode-, Stufenindex- und Gradientenfaser! Welchen Öffnungswinkel darf ein Lichtbündel maximal haben, um noch vollständig in eine Stufenindexfaser einzukoppeln und keine wesentlichen Verluste an der Wand zu erleiden ($n_{Kern}$ = 1,50; $n_{Mantel}$ = 1,47)? Was sind mögliche Fehler, die zu Lichtverlusten in Glasfasern führen?
   ▶ Ergebnis: $\theta_{max}$ = 34,8°

42. Unter welchem maximalen Winkel kann Licht aus einem Lichtwellenleiter austreten, der eine Kernbrechzahl von 1,53 und eine Mantelbrechzahl von 1,50 hat?

 ▶ Ergebnis: $\theta_{max} = 35,1°$

43. Geben Sie die zwei Grundtypen von Lichtschranken mit Skizze und Beschreibung an! Skizzieren Sie den Aufbau eines optischen Rauchmelders mit Strahlengang und beschreiben Sie seine Wirkungsweise!

44. Welche Anwendungen kennen Sie für die Laser-Triangulation? Nennen Sie mindestens drei Einflussgrößen, welche die Auflösung der Triangulation beeinträchtigen!

45. Skizzieren Sie den Aufbau eines Triangulationssensors mit Strahlengang. Was ist die primäre Messgröße und welche Anwendungen kennen Sie?

46. Beschreiben Sie den Aufbau von zwei möglichen optischen Maussensoren (mit Skizzen) und erläutern Sie, wie man damit prinzipiell die Verschiebung der Maus bestimmen kann! Haben Sie Ideen, welche weiteren Anwendungen es für diese Sensoren geben könnte?

47. Welche physikalischen Eigenschaften des Lichtes kommen für Fasersensoren in Frage? Welche Möglichkeiten zur Beeinflussung des Lichtes in einer Glasfaser kennen Sie? Nennen Sie drei Beispiele für Fasersensoren und beschreiben Sie jeweils kurz die Funktionsweise!

48. Erläutern Sie den prinzipiellen Aufbau für ein Fasergyroskop (Skizze)! Wie funktioniert die Messmethode und welches ist die primäre Messgröße?

49. Erklären Sie die Spektralanalyse mit einem Gitter- bzw. Beugungsspektrometer! Wie ist die Auflösung definiert und welche Werte sind mit einem solchen System erreichbar?

 ▶ Ergebnis: $AV = 10^5$ bis $10^6$

50. Welches sind die wesentlichen Komponenten eines FTIR-Spektrometers und wozu werden diese Systeme verwendet? Geben Sie die IR-Bereiche an, die zum Einsatz kommen, sowohl in Wellenlängen, als auch in Wellenzahlen!

51. Skizzieren Sie den prinzipiellen Aufbau für die Laserbeugung. Was sind die Messgrößen und wie funktioniert der iterative Vorgang zur Bestimmung der Größenverteilung?

52. Erklären Sie die Geschwindigkeitsmessung mit Laser-Doppler-Velocimetrie anhand des Interferenzstreifen-Modells! Unterstützen Sie Ihre Erklärung durch die Skizze eines Doppler-Signals!

53. Beschreiben Sie die prinzipielle Funktionsweise eines Phasen-Doppler-Systems (PDPA), am besten mit einer Skizze! Welche physikalischen Größen werden mit dieser Methode bestimmt und in welchem Partikelgrößen- und Partikelgeschwindigkeitsbereich arbeiten PDPA-Systeme normalerweise?

54. Erklären Sie die Geschwindigkeitsmessung mit der Phasen-Doppler Methode anhand des Interferenzstreifen-Modells! Wie können Sie auf einfache Weise die zusätzliche Partikelgrößenbestimmung erläutern? Unterstützen Sie Ihre Erklärungen durch die Skizze der Doppler-Signale an den Detektoren!

55. Erstellen Sie eine Tabelle zum Vergleichen dreier Messmethoden. Sie benötigen drei Zeilen für PDPA (Phasen-Doppler-Methode), LDV (Laser-Doppler-Velocimetrie) und Laserbeugung. In den insgesamt fünf Spalten machen Sie ganz kurze Angaben zu den folgenden Punkten: Messgröße, Messbereich, Messvolumengröße, Vorteile, Nachteile!

56. Zeichnen Sie den Strahlengang für ein Linsenteleskop! Wie muss der Strahlengang bzw. die Konstruktion bei einem Spiegelteleskop modifiziert werden? Skizzieren Sie eine mögliche Anordnung! Wie stark vergrößert ein Teleskop mit einer Objektivbrennweite von 1,82 m, einer Öffnung von 125 mm und einer Okularbrennweite von 26 mm? Wie groß ist der Lichtgewinn im Vergleich zum bloßen Auge (Pupille 5 mm)?
    ▶ Ergebnis: Vergrößerung 70, Lichtgewinn 625

57. Zeichnen Sie den Strahlengang für ein Cassegrain-Teleskop! Welche Vergrößerung ergibt sich für unser Meade ETX 125 mit der Spiegelbrennweite von 1,82 m, Spiegelöffnung 125 mm und einem Okular von 26 mm Brennweite?
    ▶ Ergebnis: $\Gamma = 70$

58. Zeichnen Sie den Strahlengang für ein Newton-Teleskop! Welche Vergrößerung ergibt sich für ein Fernrohr mit der Spiegelbrennweite von 1,25 m, Spiegelöffnung 100 mm und einem Okular von 25 mm Brennweite?
    ▶ Ergebnis: $\Gamma = 50$

59. Ein Kepler-Fernrohr soll zur Vergrößerung des Durchmessers eines Lichtstrahls von 0,7 mm auf 5 mm eingesetzt werden. Die Baulänge soll 12 cm betragen. Berechnen Sie die Brennweiten der beiden Linsen des Fernrohrs!
    ▶ Ergebnis: $f_1 = 105,3$ mm, $f_2 = 14,7$ mm

60. Die Europäische Südsternwarte (ESO) betreibt in Chile vier VLTs, jedes dieser Teleskope ist mit einer adaptiven Aktivoptik ausgestattet. Was bedeuten die beiden Begriffe adaptiv und aktiv in diesem Zusammenhang und warum gibt es zusätzlich einen „Laserstern"?

61. Wie wird mit dem VLT der ESO in Chile interferometrisch gemessen? Welches entscheidende Hilfsmittel wird dafür benötigt und wie wird es realisiert?

# A2  Weiterführende Literatur

http://www.agilent.com

Alonso, Finn: Physik. Addison-Wesley

http://www.ansyco.de

http://www.avagotech.com

http://www.brukeroptics.com

http://www.canon.de

http://www.celestron-deutschland.de

http://www.coherent.de

http://www.conrad.de

Czarske, Büttner, Pfister: Laser-Doppler-Sensoren; berührungslos messen mit Licht. Phys. Unserer Zeit, 38 (2007), S. 282–289

http://www.dantecdynamics.com

Del Fabro: Entwicklung einer Nanosekunden-Lichtquelle für die Online-Bildanalyse. Master-Thesis (2011), HTW Saarbrücken

http://www.diamond-fo.com

http://www.directindustry.de

Di Lorenzo: Aufbau einer LDA-Optik und Inbetriebnahme eines MIOC. Bachelor-Thesis (2008), HTW Saarbrücken

Donges, Noll: Lasermesstechnik. Hüthig

Durst: Theorie und Praxis der LDA. Braun

Eichler, Eichler: Laser. Springer

http://www.eso.org

http://www.evergreenlaser.com

Griffiths, de Haseth: Fourier Transform Infrared Spectrometry. Wiley

Hecht, Zajac: Optics (Optik). Addison-Wesley

http://www.helmut-heller.de

Hering, Martin, Stohrer: Physik für Ingenieure. Springer

http://www.imk-asf.kit.edu/english/sat.php

Jansen: Optoelektronik. Vieweg

http://www.keyence.de

http://www.laserkontor.de

Liess, Weijers, Heinks, van der Horst, Rommers, Duijve, Mimnagh: A miniaturized multidirectional optical motion sensor and input device based on laser self-mixing. Meas. Sci. Technol., 13 (2002), p. 2001–2006

Litfin: Technische Optik. Springer

Löffler, Raasch: Grundlagen Mechanische Verfahrenstechnik. Vieweg

Löffler-Mang: Düseninnenströmung, Tropfenentstehung und Tropfenausbreitung bei rücklaufgeregelten Drall-Druckzerstäubern. Dissertation (1992), Universität Karlsruhe

Löffler-Mang, Joss: An optical disdrometer for measuring size and velocity of hydrometeors. J. Atmos. Oceanic Technol., 17 (2000), p. 130–139

Löffler-Mang, Steffen: Vorrichtung und Verfahren zur Unterscheidung von Nebelarten. Internationales Patent PCT/EP2007/006183 (2007)

http://www.logitech.com/de/

http://www.lstm.uni-erlangen.de/index.shtml

http://www.malvern.de

http://www.meade.de/produkte/teleskope.html

http://www.nasa.gov

http://www.nasaimages.org

Obermeier: Sensortechnik. Springer

http://www.oceanoptics.com

Pedrotti, Pedrotti, Bausch, Schmidt: Optik für Ingenieure. Springer

Pohl: Optik und Atomphysik. Springer

http://www.polytec.com/de/

Ruck: Laserdoppler-Anemometrie. AT-Fachverlag

Ruck: Lasermethoden in der Strömungsmeßtechnik. AT-Fachverlag

Schiffner: Optische Nachrichtentechnik. Teubner

Schröder: Technische Optik. Vogel

http://www.sdu.dk/Om_SDU/Institutter_centre/Mci_mads_clausen

http://www.tsi.com

Stößel: Fourier-Optik. Springer

http://www.trumpf-laser.com

Würfel: Solarzellen. Spektrum

Young: Optik, Laser, Wellenleiter. Springer

# Sachwortverzeichnis

Printed in the United States
By Bookmasters